初等数学经典题型览胜

Pristine Landscapes in Elementary Mathematics

[美] 蒂图·安德雷斯库(Titu Andreescu) 著

姚妙峰 译

哈尔滨工业大学出版社
HARBIN INSTITUTE OF TECHNOLOGY PRESS

黑版贸审字 08 - 2017 - 067 号

内 容 简 介

本书共包含十四章,主要介绍了一些我们熟知的数学概念,如最大公约数、平方数、等差数列和等比数列等内容,同时将其应用于解决各种问题. 书中各章均包含三个部分:理论探讨、经典试题和试题解答.

本书适合高中生或大学生、教师及数学爱好者参考阅读.

图书在版编目(CIP)数据

初等数学经典题型览胜/(美)蒂图·安德雷斯库
(Titu Andreescu)著;姚妙峰译. —哈尔滨:哈尔滨
工业大学出版社,2021.5(2023.1 重印)

ISBN 978 - 7 - 5603 - 5836 - 9

Ⅰ.①初… Ⅱ.①蒂… ②姚… Ⅲ.①初等数学—习
题集Ⅳ.①O12 - 44

中国版本图书馆 CIP 数据核字(2021)第 060667 号

策划编辑 刘培杰 张永芹
责任编辑 刘立娟 毛 婧
封面设计 孙茵艾
出版发行 哈尔滨工业大学出版社
社 址 哈尔滨市南岗区复华四道街 10 号 邮编 150006
传 真 0451 -86414749
网 址 http://hitpress. hit. edu. cn
印 刷 哈尔滨市颉升高印刷有限公司
开 本 787 mm×1 092 mm 1/16 印张 13.25 字数 212 千字
版 次 2021 年 5 月第 1 版 2023 年 1 月第 2 次印刷
书 号 ISBN 978 - 7 - 5603 - 5836 - 9
定 价 28.00 元

(如因印装质量问题影响阅读,我社负责调换)

美国著名奥数教练蒂图·安德雷斯库

○ 前 言

本书主要介绍了一些我们所熟知的数学概念(可能有些没有那么广为人知),同时将其应用于解决各种问题.本书面向的对象是一些进取心很强的高中生或者大学生,他(她)们希望对数学奥林匹克级别竞赛中经常出现的话题、论证及经典推论的应用有一个具体的"宏观"视野.关于这些话题的"宏观"视野在这里被隐喻为"景观",这些景观通常隐含着一些可以被我们的慧眼所发现的美妙细节.

本书各章节与习题正是依此进行编排的.正如我们即将看到的,有时候一些最简单的概念反而具有最强的概括力,或者说可以解决大量的问题.我们希望本书会在广度和深度上为读者提供丰富的题材.这些话题所涵盖的科目领域包括代数、几何、数论,甚至含有数学分析的一些元素,本书各章将考察那些用于阐述上述科目领域的具体主题和概念.

本书各章均包含三个部分:理论探讨、经典试题和试题解答.每章的理论探讨部分通过引介和提出相关主题来为不同的"景观"构建平台,通常还会回顾一些定义或者经典推论.理论部分的其他内容则致力考察一些阐释性的案例,即展示一些经典试题并就每一试题给出至少一种解答方案.我们默认读者一开始就熟悉本书中的这些话题,它们为标准高中数学课程(一直到微积分的预备课程)所涵盖.对于个别章节来说,如果读者提前从离散数学和数论中了解过相关话题,那将会很有帮助.

在领略了各章"景观"之后,本书鼓励读者去深入探求一些更加精细的知识点和微妙的细节.但是,有言在先:不要心急.这些"景观"只是提供了这些领域的一个"(宏观)视野".尽管我们在标准课程中学到这些领域的知识时感觉并不那么深刻而独特,但是它们都有着深刻的内涵.我们希望即使不擅长论证的读者也能喜爱并掌握严谨的标准,并将其作为呈现有逻辑和说服力的论辩的必要条件.我们还希望这些例子和解法不仅能够为基础数学提供深刻的启示,还可以成为数学分析的优秀案例.

在这里,我们要向我们的朋友 Gabriel Dospinescu 和 Chris Jeuell 致以衷心的感谢. 他们在本书完成过程中向我们提供了很多帮助,同时他们也为本书的完善以及终稿的形成做出了巨大贡献.

我们诚挚地邀请您前来享受和观赏我们精心挑选的这些数学"美景".

蒂图·安德雷斯库

克里斯蒂内尔·莫特里奇

玛丽安·特提瓦

目　　录

第一章 无处不在的鸽巢原理

"哦,不,不要再来了!"我们会听到你这样说.你可能是对的,但也可能不完全正确. 鸽巢原理出现在大量的书刊以及互联网上,每个人对它都很熟悉,并且了解有关该怪异 原理的"一切".谁愿意听有关它的课啊!是的,这种观点也许是对的,但同样也许并不完 全正确.那么就读一下、笑一下,然后享受一下吧(我们会从最简单的问题开始,然后逐步 深入探讨更难的问题)!伟大的罗马尼亚哲学家康斯坦丁·诺伊卡(Constantin Noica)曾 经说过:"你可以从任何地方开始学习哲学——可以是你想读的任何一本书,也可以是你 喜欢的任何一位哲学家."很明显,这对于学习数学是行不通的,但是我们敢说从"鸽巢原 理"进入数学学习是一个很好的开端.尽管鸽巢原理看上去粗浅,但是它对于整个数学世 界来说却是必不可少的.正如本章标题所言,你可以在美妙的人类知识王国中的任何一 个地方看到它,你我皆生存其中.因此,我们将这一简明而奇妙的思想作为本书的开篇. 最后,还请记住鸽巢原理的另一个名称——"狄利克雷(Dirichlet)抽屉原理"(狄利克雷 首次明确地使用了该原理).既然该原理与伟大数学家狄利克雷有关,那是不是更值得我 们学习一下了呢?

读者肯定已经熟知鸽巢原理的极简表达式(如果不知道,那就从现在开始了解).我 们可以这样来阐述该原理:当你试图将一些物品放入一些盒子中时,如果物品数量超过 盒子数量,那么,必然至少有一个盒子中所含的物品会多于一件.比如,你将五只鸽子养 在四个鸽子巢里,那么两只或者两只以上的鸽子就要挤在同一个鸽子巢里.更为形式化 的表达方式则是:

鸽巢原理(狄利克雷抽屉原理) 如果要将 $m > n$ 个物品放入 n 个盒子中,那么(至 少)有一个盒子必须包含(至少)两件物品.

如果我们试图推进这一形式化表达,那么可以进一步表述为:

鸽巢原理(狄利克雷抽屉原理) 如果 A 和 B 为有限集合,且 $|A| > |B|$(A 中元素个 数大于 B 中元素个数),那么从集合 A 到集合 B 将不存在映射函数.

假设 A 为鸽子的集合,B 为鸽巢的集合,从集合 A 到集合 B 的函数就表示将鸽子放 入鸽巢的方式,必然至少有一只处于某个鸽巢中的鸽子会使该函数不能实现映射.

事实上,该表达式不需要我们多费工夫,但是进一步的拓展却可能引发我们的兴趣.

举例来说,如果有一堆红色与蓝色混杂的圆球,那么你(至少)要从中取出三个才能保证其中两个的颜色相同.在此例中,鸽巢就是颜色(红色和蓝色),数量显然为2,所以你需要3只或者3只以上的鸽子(圆球)才能保证至少有2只落入同一鸽巢中(也就是有相同的颜色).又或者,据说我们每个人的头上最多也就一百万根头发,如果你随意拉来1 000 001个人,然后打赌说其中必然有一个人和另一个人的头发数量是相同的,假设在每个人身上都押注一美元(你当然都会赢,不是吗?),那么,仅仅通过对鸽巢原理的这一次正确应用,你就会成为百万富翁.

当然,要数清每个人的头发数量是很难的,所以你可以想一些更切实际的例子.比如,你可以拉来 q 个人,然后打赌说其中必然有两人的生日是在同一天. q 的值应该是多少才能保证赢钱呢?我们确信你已经知道答案了.请不要因为没赚到一百万而伤心难过,钱数虽少,但你还是赢了,而且很容易,难道不是吗?

现在,我们转到一些"正经"问题上来.

例1①　请证明:在任意 n 个人当中,我们总能找出两个人,其在剩余 $n-1$ 个人中各自所拥有的熟人数量相同.

证法1　若 $n=1$,命题为真,虽然没有意义;若 $n=2$,这两个人要么相熟,要么不相熟,在这两种情况中,他们各自所拥有的熟人数量相同(当然,我们假定"认识"是一种相互的关系,正如命题:A 认识 B,当且仅当 B 认识 A.而且,我们不考虑 A 认识 A 的情况——这不是一种反身关系);如果有三个人互相认识(或者互相都不认识),结论明显是相同的.那么还剩下两种情况:任意两人(假设是 A 和 B)互不认识却都认识第三人(假设为 C),以及任意两人(A 和 B)互相认识却都不认识第三人(C).在这两种情况中,A 和 B 各自所拥有的熟人数量也是相同的.

然而,这显然不是解答该问题的可取之径:随着 n 的增大,事情变得越来越复杂.而此时,鸽巢原理却几乎能立马解答该问题,即:这 n 个人中,每人最多有 $n-1$ 个熟人.人(鸽子)有 n 个而熟人数量仅有 $n-1$ 个值,所以必然有两个人所拥有的熟人数量相同.问题解决了吗?

当然没有,我们忘记了熟人数量还可以为0:我们并没有说不存在一个人与其他人都不认识,所以上述解法仅在每人至少认识人群中其他一人的情况下才可行.但是,这一缺陷并不难弥补.如果至少有两个这样的熟人,该问题显然就能得以解决了.若每个人与剩余 $n-1$ 人中任意一人所拥有的熟人数量可以是 1 到 $n-2$(也就是最多有 $n-1$ 个熟人),于是,按照上述推理就可以证明有两个人所拥有的熟人数量相同了.

证法2　通过分析上述情况,我们可以用以下(更为简便的)论述来证明该命题.我们先从 n 个人当中找出 k 个在该人群中没有熟人的人,那么剩下的 $n-k$ 个人每人所拥有

---

① 原书中无序号,为了使内容编排与检索更加清晰便捷,特于每章中按问题出现顺序先后加注自然序号,以下定理、命题等同此.——译者注

的熟人数量至少为 1 而至多为 $n-k-1$，于是根据鸽巢原理就可以保证有两个人在该人群中拥有的熟人数量相同. 是不是很简单？其实，我们可以想见第一种情况（每个人至少认识其他某个人）足以解决该问题——该问题也可以用图论的语言来转述：在具有 n 个顶点的任一简图中，总有两个顶点的度数（价）相同（即从这两个顶点所延伸出的边数相同）.

另一个人与人相识（或不相识）的著名问题则表述如下：

例 2 请证明：在任意一个六人组中，总是存在三个人彼此（相互）认识，或者彼此不（相互）认识.

证明 如果用图论的语言会更加易于阐述，即以平面上的六个点（图论中的顶点）代表六个人，若两人彼此认识（不认识），则在这两个顶点间画红（蓝）线. 依此，我们便得到了一张包含六个顶点及其所有红色或蓝色连接边（有多少呢？答案对该题并不重要，但还请思考一下！）的图，而我们想要证明的是（在任意着色方案中）存在一个红色三角形或蓝色三角形. 当然，一个"红色/蓝色三角形"意味着所有边都以红/蓝着色. 为了解答该问题，我们需要用到以下更为常用的鸽巢原理的一般形式：

鸽巢原理一般形式 如果要将多于 nk 个物品放入 n 个盒子中，那么就（至少）有一个盒子要放（至少）$k+1$ 个物品.

对于 n 个盒子每个最多放 k 个物品的情况，此时最多只能放 nk 个物品，与前提不符. $k=1$ 的情况便是我们在前文中所述的极简形式.

现在，回到我们的问题上来. 先来看一下顶点 A（任意选定）及其附带的五条边. 由于 $5=2\times2+1$ 且只有两种颜色（盒子或者鸽巢），所以，必然存在从该点延伸出的三条边，其颜色相同. 令该三条边分别为 AB,AC 和 AD，并假定（不失一般性）其共同颜色为红色. 现在我们已经快成功了. 事实上，如果 BC,BD,CD 中有一条边为红色，我们就会有一个红色三角形：$\triangle ABC,\triangle ABD$ 或者 $\triangle ACD$；否则，如果 BC,BD,CD 都为蓝色，那么就会有蓝色三角形：$\triangle BCD$.

同样值得注意的是，该原理的一般形式可以被拓展成以下形式，从而涉及对无穷多个物品情况的处理：

鸽巢原理无限情形 假定将无穷多个物品放入 n（相应地也是无限多）个盒子内，那么其中一个盒子将盛放无穷多个物品.

我们用这一形式的鸽巢原理来证明下述舒尔定理（Schur theorem）：

定理 1 将正整数集合划分成无穷多个组，那么在同一组中将存在三个数字 x,y 和 z，使得 $x+y=z$（x 和 y 不要求互异）.

证明 假定 N^* 被划分成 A,B,C 三个组，令 $a_1<a_2<\cdots$ 是 A 的元素（当然，集合 $A,B,$ C 中至少有一个是无限集，并且我们不失一般性地假定 A 为无限集），如果正整数 $a_2-a_1,a_3-a_1,\cdots$ 都属于 A，那么我们就成功了（若我们假定 $a_i-a_1=a_j$，也就可以得到 a_1+

$a_j = a_i$,即 $x + y = z$ 的一个解,其中 x, y, z 属于集合 A). 另一方面,因为任意正整数都(仅)属于集合 A, B, C 之一,所以根据鸽巢原理的无限情形,集合 B, C 之一也包含无穷多个上述差. 假定(同样不失一般性)数字 $b_1 = a_{i(1)} - a_1, b_2 = a_{i(2)} - a_1, \cdots$ 属于集合 B,如果任意差值 $b_2 - b_1, b_3 - b_1, \cdots$ 都属于集合 B,那么我们显然已经完成了证明(可以得到 $x, y, z \in B$ 使得 $x + y = z$). 而如果任意这些差值都属于集合 A,我们同样也已经完成了论证. 即,若 $b_m - b_1 = b_{i(m)} - a_{i(1)}$ 都属于 A,则可以得到 $x + y = z$ 的一个解,使得该式中各元素都属于 A. 现在,如果 $c_1 = b_2 - b_1, c_2 = b_3 - b_1, \cdots$ 都属于集合 C,那么差值 $c_n - c_1 = b_{n+1} - b_2 = b_{i(n+1)} - a_{i(2)}$ 必然(仅)属于集合 A, B, C 的其中之一,但是由于这些差值的三重复合特性,$x + y = z$ 的解在任何情况下都能在这三个组中求得.

读者可以尝试在一般情况下通过选定任意(有限)组数进行证明. 事实上,需要注意的是,该定理仅仅是舒尔定理的简化形式,其一般表述如下:

定理 2 对于任意正整数 k,都存在一个正整数 $S = S(k)$. 将 $\{1, 2, \cdots, N\}$ $(N \geqslant S)$ 划分成 k 组,其中必有一组包含数字 x, y, z 使得 $x + y = z$.

数列 $S(k)$ 被称为舒尔数列,其已知的值只有 $S(1) = 2, S(2) = 5, S(3) = 14$ 和 $S(4) = 45$. 读者可以尝试证明这些数值的正确性,但是我们现在不得不转到其他话题上去了,因为这些问题已经超出本书的范围.

人人皆知,从任意 n 个整数中我们总是可以选出一些(至少一个)数字,其和可以被 n 整除. 这是狄利克雷抽屉原理的经典结论. 另一个解答该问题的重要思想则是,当且仅当两个整数之差可以被 n 整除时,这两个整数分别被 n 除的余数相同. 基于同一理念,我们可以来证明以下结论.

例 3 对于任意三个整数 a, b, c,数字 $N = abc(a - b)(a - c)(b - c)$ 可以被 3 整除.

证明 如果任意三个数都可以被 3 整除,显然 N 也具备同样的特点. 另一种情况,以 3 除 a, b, c,得到的余数中有一个为 1 或者 2. 所以,也就是将三个数(鸽子)分配于两个小组中,即(仅有的 2 个鸽巢)取 3 的模数. 根据鸽巢原理可知,有一组中必定存在两个数字,其差值可以被 3 整除,所以 N(其各因数中包含全部三个差值)也可以被 3 整除. 读者应该可以很快将其归纳到 n 个数的情况:若 $a_1, \cdots, a_n$ 为整数,则 $N = a_1 \cdots a_n \prod_{1 \leqslant i < j \leqslant n} (a_i - a_j)$ 可以被 n 整除. 当然,这并不是一个非常高明的表述(只要我们知道 $\prod_{1 \leqslant i < j \leqslant n} (a_i - a_j)$ 总能被 $\prod_{1 \leqslant i < j \leqslant n} (i - j)$ 整除就不难得出这一结论),但这可以作为初学者练习鸽巢原理的一个很好的方式. 又或者,读者也许更愿意证明:$abc(a-1)(b-1)(c-1)(a-b)(a-c)(b-c)$ 可以被 4 整除(其中 a, b, c 为整数).

这里还有一些关于整除的题目.

例 4 若从集合 $\{1, 2, \cdots, 2n\}$ 中任选 $n + 1$ 个数,请证明:其中存在两个数互为质数.

解　根据题意可知,鸽巢的集合为$\{1,2\}$,$\{3,4\}$,$\cdots$,$\{2n-1,2n\}$,而鸽子则是我们选定的$n+1$个数.有两只鸽子必须在同一鸽巢中,也就是说有两个数字是连续的,所以它们也就互素.简单吧?但是还请读者先读完下面的内容再来下结论(如果您不急着解答该问题的话).

爱尔特希(Erdös,P)曾将该题(和其他题目一起)出给一个十二岁的男孩路易斯·波萨,当时他们是第一次见面并且在一起共进午餐.根据爱尔特希自己的陈述(并被罗斯·洪斯伯格引述),波萨在喝完汤之前就解答出了所有题目,且解答此题用了不到一分钟.顺便提一下,爱尔特希尽管当时自己没有做,但其实他需要花费十分钟左右才能想出上述简单而自然的解法.

同样值得注意的是,若要使任意两个数都有一个大于1的公因数,n是从$\{1,2,\cdots,2n\}$中选出的各数中最大的一个,因为我们可以选择$2,4,\cdots,2n$(偶数),从而使其具备这一特性.(事实上,它们都共有同一个公因数,但是这对我们解题并不重要.)

例5　从$\{1,2,\cdots,2n\}$中选出一些数,使得其中任意一个数字都不能被其他选定数字整除.求选定数字中的最大值.

解　我们可以发现具备这一特点的n个数字即为$n+1,n+2,\cdots,2n$,其中任意数字不能被另一数字整除是因为其中最小数字的最小倍数大于其中的最大数字.需要证明的是,如果我们从$\{1,2,\cdots,2n\}$中选出$n+1$个数字,那么就会有两个(当然是不同的)数,其中一个能被另一个整除.为了证明该论断,我们需要知道任意正整数x都可以被写成一个特定的表达式$x=2^y(2z+1)$,其中y和z为非负整数.虽然2^y也有可能是奇数($y=0$时),但是在这里我们将$2z+1$称作该表达式的奇数部分.现在,我们选定的这$n+1$个数字的奇数部分的最大值即为$2n-1$(因为这些数字本身最大值为$2n$),所以对于这$n+1$个数字来说,其奇数部分最多只有n个值.根据鸽巢原理可知,必定有两个数的奇数部分相同,于是在本题中,小数字自然就是大数字的约数.请注意,类似(本质相同)的问题还可以用集合$\{1,2,\cdots,2n-1\}$代替集合$\{1,2,\cdots,2n\}$.

例6　令$m(m\geq2)$和a为互素整数.请证明:存在小于或等于$\sqrt{m}$的正整数x和y,使得$ax\pm y$其中之一可以被m整除.

证明　我们假定所有的表达式为$au+v$,其中u和v遍历集合$\{0,1,\cdots,[\sqrt{m}]\}$(方括号表示取整)中的各元素.这些表达式的数量为$([\sqrt{m}]+1)^2>(\sqrt{m})^2=m$,所以其中必有两个数被$m$除时会得到相同的余数.但是,如果我们假设$au_1+v_1\equiv au_2+v_2\pmod{m}$(其中$u_1\neq u_2$,或者$v_1\neq v_2$),那么对于$x=|u_1-u_2|$和$y=|v_1-v_2|$,就会有$ax+y\equiv0\pmod{p}$或者$ax-y\equiv0\pmod{p}$.如果我们满足于所求$x$和$y$为非负值且不同时为零,那么我们的证明便可止步于此.但是,我们需要证明的是x和y为绝对正数,所以我们还得继续.若$u_1=u_2$,则根据上述等量关系就可以得到$v_1\equiv v_2\pmod{m}$,其中,只有令$v_1=v_2$才

能使得这两个数为非负整数且最大值为 $[\sqrt{m}]$（所以小于或等于 $\sqrt{m}$）. 然而在这种情况下，数组 (u_1, v_1) 和 (u_2, v_2) 相等，这显然是错误的. 而且 $v_1 = v_2$ 表明 $au_1 \equiv au_2 (\bmod m)$，所以，$u_1 \equiv u_2 (\bmod m)$（因为 a 与 m 互素，所以对 m 的模可逆）. 于是，如前所述，$u_1 = u_2$ 与 $(u_1, v_1) = (u_2, v_2)$ 是一对矛盾体. 因此，$u_1 \neq u_2$ 且 $v_1 \neq v_2$，同时正如我们所求，x 和 y 是绝对的正数.

该题看上去简单，其结论（以图耶（Thue）定理著称）对于一些伟大定理的证明是非常关键的. 我们在这里仅给出费马大定理的例子：以两个完全平方数来表示整数（事实上，这仅仅是证得伟大结论所需的诸多重要步骤中的一步）.

定理3 任意质数 $p \equiv 1(\bmod 4)$ 都可以表述为两个完全平方数之和.

证明 将所有 $j \equiv -(p-j)(\bmod p)$ 的等量关系一一相乘，就可以得到 $1 \cdot 2 \cdots \cdot \left(\dfrac{p-1}{2}\right) \equiv (-1)^{\frac{p-1}{2}} \left(\dfrac{p+1}{2}\right)\left(\dfrac{p+3}{2}\right) \cdots (p-1)(\bmod p)$，其中，$j = 1, 2, \cdots, \dfrac{p-1}{2}$. 而 $p \equiv 1(\bmod 4)$ 则表明 $\dfrac{p-1}{2}$ 为偶数，如果我们再将该等量关系乘以 $\left(\dfrac{p-1}{2}\right)!$，就可以得到 $\left(\left(\dfrac{p-1}{2}\right)!\right)^2 \equiv (p-1)! \ (\bmod p)$. 现在，根据威尔森定理可知 $(p-1)! \equiv -1(\bmod p)$，所以就可以得到 $\left(\left(\dfrac{p-1}{2}\right)!\right)^2 \equiv -1(\bmod p)$.

或者，我们可以设 $a = \left(\dfrac{p-1}{2}\right)!$，于是，$a^2 + 1$ 就能被 p 整除，这样我们就完成了证明的第一步. 在这一经典变换中，在获得可以表示成两个完全平方数之和的 p 的倍数关系之后，我们就可以知道其中最小的倍数关系就是 p 本身，也就是我们所要证明的结论. 然而，通过应用上述解题过程中的图耶定理，我们还可以继续推进. 具备 $a^2 + 1 \equiv 0(\bmod p)$ 这一特性的 a 与 p 互素，于是根据图耶定理可知：存在小于 $\sqrt{p}$ 的正整数 x 和 y，使得 $ax - y \equiv 0(\bmod p)$ 或者 $ax + y \equiv 0(\bmod p)$. 在这两种情况中，我们都能得到 $a^2 + x^2 - y^2 \equiv 0(\bmod p)$. 根据该等量关系（借助 $a^2 \equiv -1(\bmod p)$）可以推出 $x^2 + y^2 \equiv 0(\bmod p)$，也就意味着 $x^2 + y^2$ 是 p 的倍数. 而我们前面假定了 $x < \sqrt{p}$ 和 $y < \sqrt{p}$，于是可以得到 $x^2 + y^2 < p + p = 2p$. $x^2 + y^2$ 是 p 的非零倍数且小于 $2p$，所以就只剩下 $x^2 + y^2 = p$ 这一种可能性了，定理得证.

我们最后以几道几何题来结束本节内容. 举个例子，人人皆知，在一个单位正方形中的五个点（在这里以及下文中，在一个几何图形"中"指的是在图形的内部或者边上），任意两点间的最大距离为 $\dfrac{\sqrt{2}}{2}$. 当然，我们更喜欢解以下类似的问题.

例7 在边长为 3 的等边三角形中任意设置十个点，请证明：这十个点中的任意两点间的最大距离为 1.

证明 将该三角形的每条边平均分成三等份，然后在每个等分点处画各边的平行线. 于是, 我们就将该三角形分割成了九个边长为 1 的小等边三角形. 我们有十个点, 所以其中两个点会在同一个三角形中. (如果一个点位于两个小三角形的共同边上, 那么可以认为该点属于其中任意一个小三角形.) 接下来就是要意识到: 位于同一个小三角形中的两点间的最大距离即为小三角形的边长.

请注意, 上述论断虽然显而易见, 但仍需证明. 现在, 就请读者证明一下吧!

例 8 在半径为 1 的一个封闭圆盘中有六个点, 请证明: 其中有两个点的最大距离为 1.

证法一 若有七个点, 问题就简单了. 我们可以想象在给定圆形 (圆盘的边缘) 中存在一个内接正六边形, 经过六边形各顶点的半径将圆盘分割成六个扇区 (圆心角皆为 $60°$). 若假定有七个点, 那么其中必定有两个点位于同一个扇区中, 其最大距离就是 1 (请证明前述论断!). 当然, 我们还是可以将这种分割圆盘的方式应用于本题中, 即只给定六个点. 选定一个扇区, 并从六个点中任选一个 (记为点 A), 使其位于构成扇区的其中一条半径上 (即扇区的边缘). 若在其中一个以该半径为界的 $60°$ 扇区中存在另一点 (记为点 B), 那么点 A 和点 B 就处于同一个 (封闭) 扇区中, 其最大距离为 1. 另一种情况则是, 除了点 A 以外的五个点都不在 (共享包含点 A 的半径) 这两个扇区中, 那么这五个点就只能位于剩下的四个扇区中了. 根据鸽巢原理可知, 必有两个点位于同一扇区中, 其相互间距离小于或等于 1.

证法二 在圆内过圆心 O 和任意给定的六点之一画出半径, 那么其中必有两条半径所成交角的最大角度为 $60°$ (因为连续半径所形成的相邻交角之和为 $360°$). 假设点 A 和点 B 是其中两个点, 并且 $\angle AOB$ 最大角度为 $60°$. 而同时, $\triangle AOB$ 中必然有一个角的最小角度为 $60°$ (因为三角形内角和为 $180°$, 所以其中的最大角就具备这一角度值). 假设 (不失一般性) $\angle ABO$ 大于或等于 $60°$, 于是它也就大于或等于 $\angle AOB$. 而在三角形中, 大角对大边, 因此, 正如我们所期望的那样, 我们最后可以得到 $AB \leqslant OA \leqslant 1$.

需要注意的是, 我们可以在一个单位圆盘中任选五个点, 使其各点对点距离都大于 1. (如何证明呢?)

例 9 在面积为 1 的三角形中有七个点, 从中任选三个点使其组成三角形, 请证明: 该三角形的最大面积为 $\dfrac{1}{4}$.

证明 如果有九个点, 事情就好办了. 那样的话, 根据鸽巢原理一般形式就可以得到, 其中三个点将同时位于由中位线和边构成的四个三角形 (面积均为 $\dfrac{1}{4}$) 中的一个, 于是这三个点形成的三角形便是我们所求. 不幸的是, 我们没有九个点而只有七个点. 万幸的是, 上述解题思路同样适用于七个点的情况, 只是我们需要再仔细思考一下. 令 $\triangle ABC$ 为给定三角形, 点 M, N, P 分别为线段 BC, AC, AB 的中点. 我们将三角形分割成 $\triangle BMP$,

△MCN 以及平行四边形 MNAP. 七点中必然有三点会同时落在这三个区域中的一个,若它们落在其中一个三角形中,则其构成三角形的最大面积就是 △BMP 或 △MCN 的面积,即最大值为 $\frac{1}{4}$. 而如果它们落在平行四边形中,结果也是一样的. 此时,我们借助以下(并非琐碎的)论断:平行四边形中任意三点组成三角形的面积小于或等于该平行四边形面积的一半. (请证明该论断)在本题中,平行四边形 MNAP 的面积为 $\frac{1}{2}$,所以其内(或边上)三点所构成的三角形的最大面积就是 $\frac{1}{4}$,结论得证.

推荐习题

1. 请证明:本章中剩下的没有得到证明的论断,即:

(1)等边三角形内两点间的最大距离等于此三角形的一边长.

(2)60°扇区向量上两点间的最大距离等于该扇区的半径.

(3)矩形内两点间的距离小于或等于该矩形的对角线长度. (尽管这部分没有在本章正文中出现,但是我们会看到它们是存在联系的.)

(4)由平行四边形内三点确定的三角形面积小于或等于该平行四边形面积的一半.

2. 请证明:在单位正方形内的九个点中,由任意三点组成的三角形面积的最大值为 $\frac{1}{8}$.

3. 在平面内任意给定 $2n(n \geqslant 2)$ 个点,现在将其用线段联结. 请证明:至少要画出 $n^2 + 1$ 条线段才会出现一个三角形.

4. 请证明:对于任意整数 a,b,c,d,数字 $N = abcd(a^2 - b^2)(a^2 - c^2)(a^2 - d^2)(b^2 - c^2)$ · $(b^2 - d^2)(c^2 - d^2)$ 都能被 7 整除.

5. 请证明:从任意三个整数中,总是可以选出两个数,比如 a 和 b,使得 $ab(a-b)$ · $(a+b)$ 能被 10 整除.

6. 请证明:每一个多面体中总有两个面的边数相等.

7. 在保证不相互攻击的前提下,一个棋盘上所放象的最大数量是多少? (当两个象在同一对角线上时,它们就会互相攻击.)

8. 在一个棋盘上放了 17 个车. 请证明:可以从中选出三个不相互攻击的车. (当两个车位于棋盘上同一行或者同一列时,它们就会互相攻击.)

9. 令 $(G, \cdot)$ 是一个由 n 个元素构成的群,其单位元是 e. 同时令 $a_1, a_2, \cdots, a_n$ 是 G 的元素. 请证明:其中一些元素的乘积是 e. (这不是说,我们将空积看作是 e,但是单个元素的乘积是包括在结论范围内的.)

10. 令 $(G, \cdot)$ 是一个有限群,集合 A 和集合 B 是 G 的子集,并且 $|A| + |B| > |G|$ (其

中,$|X|$表示X的基数,即元素个数). 请证明:$AB = G$,也就是说,对于每一个$g \in G$,存在$a \in A$和$b \in B$使得$g = ab$.

11. 令$(G, \cdot)$是一个有限群,H是封闭于G中乘法运算的一个非空子集. 请证明:H是G在乘法运算下的一个子群.

12. 令$(S, \cdot)$是半群(也就是说"$\cdot$"在S上满足结合律,并且具有单位元)证明任何$s \in S$的元素具有幂等幂. (也就是,对于每个$s \in S$,存在正整数n,使$(S^n)^2 = S^n$.)

13. 请完成(弱)舒尔定理的证明过程. 其表述为:若正整数在一个有限集合中被任意分组,那么在x, y, z被分到同一组的情况下,方程$x + y = z$有一个解.

14. 请证明:$14 \leqslant S(3) \leqslant 16$. 也就是说,你必须找出一种方法将$\{1, 2, \cdots, 13\}$分成三组,使得每组都不包含满足$x + y = z$的三个数,这样的集合被称为无和集合(sum-free set);然后证明,将$\{1, 2, \cdots, 16\}$分成三组,其中必定有一组不是无和集合.

15. 请证明:拉格朗日四方定理. 其表述为:任意自然数都可以表示为(至多)四个完全平方数之和,像$3 = 1^2 + 1^2 + 1^2$这样的数可以通过增加一个零来将其变成四个平方数之和.

(1)请证明:欧拉四方等式

$$(a_1^2 + a_2^2 + a_3^2 + a_4^2)(b_1^2 + b_2^2 + b_3^2 + b_4^2)$$
$$= (a_1b_1 + a_2b_2 + a_3b_3 + a_4b_4)^2 + (a_1b_2 - a_2b_1 + a_3b_4 - a_4b_3)^2 +$$
$$(a_1b_3 - a_2b_4 - a_3b_1 + a_4b_2)^2 + (a_1b_4 + a_2b_3 - a_3b_2 - a_4b_1)^2$$

所以,这也表明分别由四个平方数作和得到的两个数(或者更多),其乘积也可以表示为四个平方数之和. 请推出,如果拉格朗日定理对于所有质数以及0和1都成立的话,那么它对所有非负整数也都成立.

(2)请证明:可以求出一个整数组a和b使得$a^2 + b^2 + 1 \equiv 0 \pmod{p}$,所以也存在一个$p$的倍数(非零)可以被表示为四个平方数之和.

(3)对于任意整数a和b,恒等式方程组$x \equiv ax + bt \pmod{p}$,$y \equiv bz - at \pmod{p}$在非负整数域中有一个解$(x, y, z, t)$,其值不全为0,且其绝对值都小于$\sqrt{p}$.

(4)请推出上述p值自身可以被表示成四个平方数之和.

答案

1.(1)令点P和点Q是等边$\triangle ABC$内(或者其边界上)的任意点. 经过点P和点Q的直线分别与$\triangle ABC$相交于点P'和点Q',我们取$PQ \leqslant P'Q'$,这显然已经表明本命题中的最大值只有通过位于$\triangle ABC$边上的点才能得到. 我们可以不失一般性地假设点P和点Q是$\triangle ABC$边上的点,于是存在经过$\triangle ABC$一个顶点(记为点A)且平行于PQ的直线与对边线段(此处为BC)相交于一点(记为点M),这样就得到$PQ \leqslant AM$. 而我们显然也可以得到$AM \leqslant AB$,因为点B和点C到其中点的距离要大于点M到该中点的距离(并且斜边长度大于对应直角边长度),因此我们得到所求结果 $PQ \leqslant AM \leqslant AB$.

事实上,我们用类似的推理方法还可以证明任意三角形内两点间的最大距离就是三角形最长边的边长.

(2)我们将该扇区置于坐标系内,原点即其圆心(其实是相应圆的圆心),x 轴是界定该扇区的一条半径,另一条边界半径则与 x 轴形成 $60°$ 角. 令点 M 和点 N 是该扇区内的两个点,位置可用其极坐标或者其复数附标来表示,于是我们可以得到 $z_M = r_M(\cos t_M + i\sin t_M)$ 和 $z_N = r_N(\cos t_N + i\sin t_N)$,其中 $r_M = OM$ 和 $r_N = ON$ 在区间 $[0, R]$(R 为该扇区半径)上,t_M 和 t_N 在区间 $[0°, 60°]$ 上. 通过简单计算(即应用余弦定理)就可以得到

$$MN = |z_M - z_N| = \sqrt{r_M^2 + r_N^2 - 2r_M r_N \cos(t_M - t_N)}$$

因为 $t_M - t_N$ 的差在区间 $[-60°, 60°]$ 上,所以 $\cos(t_M - t_N) \geqslant \dfrac{1}{2}$,从而可以求得 $r_M^2 + r_N^2 - 2r_M r_N \cos(t_M - t_N) \leqslant r_M^2 + r_N^2 - r_M r_N$. 现在,如果 $r_M \leqslant r_N$,我们就可以得到 $r_M^2 + r_N^2 - r_M r_N = r_N^2 + r_M(r_M - r_N) \leqslant r_N^2 \leqslant R^2$. 类似地,当 $r_N \leqslant r_M$ 时,我们可以证明该表达式的极大值还是 R^2. 因此,无论通过哪一条途径,我们都可以得到所要证明的结论

$$MN = \sqrt{r_M^2 + r_N^2 - 2r_M r_N \cos(t_M - t_N)} \leqslant \sqrt{r_M^2 + r_N^2 - r_M r_N} \leqslant R$$

(3)若点 M 和 N 是矩形 $ABCD$ 内的点,$\dfrac{P}{Q}$ 与 $\dfrac{R}{S}$ 分别是点 M 和 N 在 $\dfrac{AB}{AD}$ 上的投影,我们很容易就能看出 $MN^2 = PQ^2 + RS^2$,且 $PQ \leqslant AB$,$RS \leqslant AD$. 于是

$$MN = \sqrt{PQ^2 + RS^2} \leqslant \sqrt{AB^2 + AD^2} = AC$$

显然,只有在 $\{M, N\} = \{A, C\}$ 或者 $\{M, N\} = \{B, D\}$ 时,我们才能取等号. 具体而言,只有当两点分别是正方形对角顶点时,我们才能得到正方形内两点间的最大距离,当然也就是对角线的长度. 其实,该结论在本章正文中并未出现,但是证明出该结论还是很有用的. 比如说,在单位正方形内的五个点中任意两点的最大距离都是 $\dfrac{\sqrt{2}}{2}$(正文中提到了该论断).

(4)令点 X,点 Y,点 Z 是平行四边形 $ABCD$ 内的点,读者可以得到,过 $\triangle XYZ$ 的一个顶点且平行于 AB 或 AD 的直线会将该三角形分割成两个小三角形(可能其中一条平行线正好就是三角形的边,此时其中一个小三角形就不存在了,而另一个小三角形则是最初的 $\triangle XYZ$). 为了便于说明,我们设 AB 的一条平行线经过顶点 X 且与对边 YZ 相交于点 T,于是 $\triangle XYZ$ 就被分割成两个小 $\triangle XYT$ 和 $\triangle XZT$. 令 $d = d(AB, CD)$ 是平行线 AB 和 CD 之间的距离(即平行四边形对应边 AB 和 CD 之间的高),我们就可以得到

$$A_{\triangle XYZ} = A_{\triangle XYT} + A_{\triangle XZT} = \frac{1}{2} \cdot XT \cdot d(Y, XT) + \frac{1}{2} \cdot XT \cdot d(Z, XT)$$

其中 $A_{\triangle XYZ}$ 是 $\triangle XYZ$ 的面积,$d(Y, XT)$ 是从点 Y 到 XT 的垂直距离. 现在,我们已知 $XT \parallel$

$AB \parallel CD$,点 X 和点 T 在平行四边形内,于是 $XT \leq AB$,且 $d(Y, XT) + d(Z, XT) \leq d$,因此,

$$A_{\triangle XYZ} = \frac{1}{2} \cdot XT \cdot (d(Y, XT) + d(Z, XT)) \leq \frac{1}{2} \cdot AB \cdot d = \frac{1}{2} \cdot A_{\text{平行四边形}ABCD}, 证毕.$$

2. 我们将单位正方形分割成四个边长为 $\frac{1}{2}$ 的小正方形. 我们将 $9 = 4 \times 2 + 1$ 个点分别放在这四个小正方形中,于是至少有一个小正方形中包含三个点. 根据上题中最后部分的证明,我们可以知道由这三个点构成的三角形的最大面积为该正方形面积的一半,即 $\frac{1}{8}$. 当然,用面积为 1 的平行四边形来代替这里的正方形,结论同样成立,证明过程同上.

3. 该题的另一种表述就是,包含 $2n$ 个顶点和至少 $n^2 + 1$ 条边的图形必定包含一个三角形(即拥有三个顶点的子图). 我们现在将其归纳到 n 的形式. 当 $n = 2$ 时,令 A, B, C, D 四点由五条线段联结,已知 AB,同时给定 AC 和 BC,或者 AD 和 BD,否则我们最多只能得到四条线段. 所以,要么出现 $\triangle ABC$,要么出现 $\triangle ABD$.(该结论对于 $n = 1$ 时的情况同样成立.)相同的理念基本上同样适用于所有的归纳步骤.

假设结论对于 n 都成立,给定 $2n + 2$ 个点以及至少 $(n+1)^2 + 1$ 条联结其中任意两点的线段. 我们还是已知线段 AB,并来讨论除点 A 和 B 以外 $2n$ 个点的集合(记为 X). 如果在这些点之间已知至少有 $n^2 + 1$ 条线段,那么根据归纳可知,其中任意三点都构成一个三角形. 另一种情况,如果在这些点之间已知最多只有 n^2 条线段,那么至少有 $2n + 1$ 条线段将点 A 或 B 与集合 X 中其他 $2n$ 个点之一相联结. 令 $A_1, \cdots, A_k$ 是集合 X 中与点 A 相连的线段,$B_1, \cdots, B_l$ 是集合 X 中与点 B 相连的线段. 这些点的总数是 $k + 1 = 2n + 1 > 2n$,也就是大于其所属 X 中元素的总数,所以必定至少有两个点是重合的. 但是 A_i 都是各不相同的点,B_j 也是如此,所以剩下的唯一可能性就是对于某个 $1 \leq i \leq k$ 和 $1 \leq j \leq l$ 存在 $A_i = B_j$. 现在,如果我们取 $C = A_i = B_j$,那么就可以得到 $\triangle ABC$.

我们可以画出不构成三角形的 n^2 条线段,只要将 $2n$ 个点任意划分成各自包含 n 个元素的两个集合,然后画出将一个集合中的点与另一个集合中的点相联结的所有线段(于是就可以得到一个由 $2n$ 个顶点构成的完整二分图). 这是曼特尔定理的其中一种情况:一个包含 m 个顶点且不构成三角形的图形的最大边数是 $\left[\frac{m^2}{4}\right]$.(这也是爱尔特希早年给波萨的另一道算题,波萨很快就解出了这道题.)

4. 若 a, b, c, d 四个数中有一个可以被 7 整除,那么结论就是显而易见的. 另一种情况是,它们恒等于 ± 1, ± 2 或 ± 3 关于 7 的模,于是,它们的平方恒等于 1,4 或 2 关于 7 的模. 所以,我们就有四个平方数,当它们除以 7 时只有三种余数. 根据鸽巢原理,a^2, b^2, c^2, d^2 中有两个平方数在除以 7 时会得到同样的余数,于是其对应的差可以被 7 整除,N 也就具备了这一特性.

5. 显然,对于所有整数 x 和 y,$xy(x-y)(x+y)$ 都是偶数(当 x 和 y 同奇同偶时,该数其实可以被 4 整除),所以剩下要证明的就是从已知三个数中选出的两个数 a 和 b 能够使得 $ab(a-b)(a+b)$ 可以被 5 整除. 如果已知数中至少有一个数可以被 5 整除,那么上述论断显然成立,所以我们可以进一步假设这些数中没有一个数可以被 5 整除. 我们来看一下这些数除以 5 的余数,现在本题就转变成了以下命题的证明:如果已知有三个数来自集合 $\{1,2,3,4\}$,那么其中就有两个数 a 和 b 使得 $a+b$ 能够被 5 整除. 事实上,我们有三个数而它们只属于两个集合 $\{1,4\}$ 和 $\{2,3\}$. 因此,来自其中一个集合的两个数必定是在这三个数当中,这两个数的和就是 5.

该题是在 20 世纪 80 年代由托梅斯库(Ioan Tomescu)为罗马尼亚 TST 设计的.

6. 多面体中 F 面拥有最多的边数,令其边数为 n,那么 n 个与 F 面有公共边的面就会有 3 到 n 条边. 根据鸽巢原理,这些面中有两个面的边数相等.

类似地也可以证得,在任一凸多面体中存在连接相同边数的两个点. 我们就取连接边数最多的顶点为 V,那么从任何其他的点引出的边就会是 3(或 4,或 5,等等,直到 n),因此就有两个顶点恰好连接相同的边数.

7. 棋盘上存在 7 条黑色对角线(仅由黑色方格相连接):最"长"的一条是从 $a1$ 到 $h8$,然后是其平行线,即从 $c1$ 到 $h6$ 等. 同样地,也有 7 条白色的对角线(最长的一条是从 $a8$ 到 $h1$). 这 14 条对角线包含了棋盘上所有的方格,所以如果棋盘上有 15 个象,其中两个在同一条对角线上,那么它们就会相互攻击. 因此,所求数的最大值就是 14.

另一方面,存在一种将 14 个象以不相互攻击的方式布局的方法:只要将其中 8 个摆放在第一行的方格中(从 $a1$ 到 $a8$),然后剩下的六个象就摆放在最后一行,即从方格 $h2$ 到 $h7$. 因此,不相互攻击的象的最大个数就正好是 14.

关于车的类似算题就相对简单了,请读者尝试解答.(当车位于同一行或者同一列时,它们就会相互攻击.)

8. **解法** 1 有 $17=8\times 2+1$ 个车而棋盘上只有 8 列方格,所以我们将其中三个车放在同一列上,并将该列命名为 C_1. 在 C_1 上最多只能摆放 8 个车,所以在剩下除 C_1 外的其他七列上至少要摆放 9 个车. 根据鸽巢原理,有一列(记为 C_2)至少包含两个车. 当然,在 C_1 和 C_2 上最多只能摆放 16 个车,所以在剩下除 C_1 和 C_2 外的其他六列上至少要摆放一个车. 我们将不同于 C_1 和 C_2 且至少包含一个车 R_1 的列称为 C_3. 因为在 C_2 上至少有两个车,我们可以选择其中一个(称之为 R_2),使其所在行不同于 R_1 所在行. 最后,由于 C_1 至少有三个车,我们可以选择其中一个(R_3),使其所在行不同于 R_1 和 R_2 所在行. 显然,因为 R_1,R_2,R_3 中的任意两个都分别位于不同列 C_3,C_2,C_1 上,它们也位于不同行上,因此它们互不攻击.

解法 2 将棋盘上相对的两边黏合起来,这样就变成了一个圆柱体. 跟随圆柱体表面同色方格链可以得到:存在八条这样的链,每条链由八个方格组成. 由于 $17=8\times 2+1$,所以有三个车所在方格是在同一条链上的,摆放在未黏合棋盘上的这些车并不互相攻击.

这里有一道(为数学竞赛爱好者所熟知)的亚历山大·索伊费尔(Alexander Soifer)算题的变形:如果在 10×10 方形棋盘上放有 41 个车,那么我们能找到 5 个不互相攻击的车. 读者现在就可以用上述两种方法中的任意一种来解答该题了.

9. 如果 $a_1, a_1 a_2, \cdots, a_1 a_2 \cdots a_n$ 中有任意一个元素等于 e,我们就可以解出该题了. 另一种情况是,我们已知来自集合 $G = \{e\}$(只包含 $n-1$ 个元素)的 n 个元素,那么有两个元素必然相等. 这意味着存在 $1 \le i < j \le n$ 使得 $a_1 \cdots a_i = a_1 \cdots a_j$. 用 $a_1 \cdots a_i$ 对左侧进行简化(请注意,这里不需要用到交换律),我们就得到 $e = a_{i+1} \cdots a_j$,我们的证明就结束了.

读者肯定了解这道非常著名的算题:我们可以从 n 个整数中任意选出一些数,其和能被 n 整除(该题一般可以具体地阐述为 mod n 的余数群,当然该群作为一个附加群的事实对于该题的解答并不是很重要).

10. 集合 $AB = \{ab \mid a \in A, b \in B\}$ 包含于 G,所以我们只需要证明反向包含的关系即可. 基于此,令 g 是集合 G 中的任意元素. 集合 A 中的元素各不相同,且其数量为 $|A|$. 同样地,g 乘以集合 B 中元素倒数的乘积也是互异的,其数量为 $|B|$. 这两个集合(A 和 gB^{-1})共有 $|A| + |B|$ 个元素,所以从已知条件可知,这两个集合的并集所包含的元素个数大于 G. 根据鸽巢原理,必定有一个元素 $a \in A$ 等于另一个元素 $gb^{-1} \in gB^{-1}$. 但是,将 $a = gb^{-1}$ 左右两边同乘以 b 可以得到 $ab = g$,也就是说 $g \in AB$.

举例来说,我们再次具体化为"模 n"的余数群 $(\mathbb{Z}_n, +)$,于是可以得到以下(用余数语言重新组织的)命题:如果 A 和 B 是两个整数集,且 $|A| + |B| > n$,那么当用元素 $a + b$($a \in A, b \in B$)除以 n 时就可以得到所有的余数(从 0 到 $n-1$).

11. 因为已知 H 封闭于 G 中的运算,所以剩下要证明的就是反过来也是封闭的(当然,H 与 G 具有相同的单位元素 e). 令 h 是 H 的任意元素,它的幂 $h, h^2, \cdots$ 是在有限集合 G 中的无限多个元素. 根据鸽巢原理的无限情形,必定存在两个包含不同指数的元素是相等的. 我们以 $h^m = h^{m+p}$(m 和 p 为正整数)为例,乘以 $(h^m)^{-1}$ 可以得到 $h^p = e$,所以 e 属于 H(因为 H 封闭于乘法运算). 该等式同样表明 h 的倒数为 h^{p-1}(因为 $hh^{p-1} = h^{p-1}h = e$),因此它也同样属于 H,原因同上.

12. 上题中的第一部分可以在本题中进行重复,从而得到以下结论:若 $s \in S$,我们就有 $s^m = s^{m+p}$ 对于所有正整数 m 和 p 都成立(但是我们不能约分). 通过归纳,继而可以得到 $s^{m+kp} = s^m$ 对于所有正整数 k 都成立,于是(乘以 s^n)可以得到 $s^{m+n+kp} = s^{m+n}$ 对于所有正整数 k 和 n 都成立. 现在,取足够大的 k 值使得 $kp > m$,同时取 $n = kp - m$,于是上述等式就变成了 $s^{2kp} = s^{kp}$,这意味着 s^{kp} 就是我们所求的 s 的幂等.(事实上,上述解答过程表明存在无数个这样的 s 的幂.)

13. 正如前面所讨论的,若某个数集中不包含满足 $x + y = z$ 的三个数 x, y, z,我们则可以称该数集为无和数集. 于是,无和数集自然也就无差. 这样的话,该集合的元素之差 $u -$

v 不可能是另一个元素 w（因为这样的话就构成 $u=v+w$，且 u,v,w 都属于同一个集合）．我们继续使用反证法，于是将正整数划分为 $\mathbb{N}^{*}=C_{1}\cup\cdots\cup C_{k}$，其中所有子集 $C_{1},\cdots,C_{k}$ 都是无和集合．因为有无限多个元素被划分成有限个子集，所以其中有一个集合必定包含无限个正整数元素．不失一般性地假设 C_{1} 是这个无限集合，同时令 $a_{1}^{(1)}<a_{2}^{(1)}<\cdots$ 是 C_{1} 中的元素．根据我们的假设，C_{1} 是无和集合，所以 $a_{2}^{(1)}-a_{1}^{(1)}<a_{3}^{(1)}-a_{1}^{(1)}<\cdots$ 这些差中没有一个属于 C_{1}，因此它们必定属于 $C_{2}\cup C_{3}\cup\cdots\cup C_{k}$．我们再次应用鸽巢原理的定义，得到 $C_{2},C_{3},\cdots,C_{k}$ 中有一个集合包含无限多个上述差值．假定这个集合是 C_{2}，把这些属于 C_{2} 的差值记为 $a_{1}^{(2)}<a_{2}^{(2)}<\cdots$（以递增的顺序）．根据定义，$a_{2}^{(2)}-a_{1}^{(2)}<a_{3}^{(2)}-a_{1}^{(2)}<\cdots$ 则是 C_{2} 中各元素的差值，而它们同时也是 C_{1} 中元素的差值．实际上，存在一个正整数递增数列 $2\leqslant i_{1}<i_{2}<\cdots$ 使得对于所有 j 都有 $a_{j}^{(2)}=a_{i_{j}}^{(1)}-a_{1}^{(1)}$，于是对于所有 j 也都有 $a_{j}^{(2)}-a_{1}^{(2)}=a_{i_{j}}^{(1)}-a_{i_{1}}^{(1)}$．所以，根据我们所用反证法中的假设，这些差值（仍旧是正整数）必定属于 $C_{3}\cup\cdots\cup C_{k}$，因此同样可以得到有无限多个这些差值属于上述这些集合中的一个（假设就是 C_{3}）．我们将这些属于 C_{3} 的差值

$$a_{2}^{(2)}-a_{1}^{(2)}<a_{3}^{(2)}-a_{1}^{(2)}<\cdots$$

记为

$$a_{1}^{(3)}<a_{2}^{(3)}<\cdots$$

我们再来看一组新的差值 $a_{2}^{(3)}-a_{1}^{(3)}<a_{3}^{(3)}-a_{1}^{(3)}<\cdots$，它们既是 C_{3} 中各元素的差值，同时也都是 C_{2} 和 C_{1} 中元素的差值．根据我们的假设，可知这些新的差值不可能属于 C_{1},C_{2} 和 C_{3}，所以就有无限多个这些差值属于 C_{4}（如果需要的话，我们可以通过改变这些数组的角标来继续表示），我们将其表示为

$$a_{1}^{(4)}<a_{2}^{(4)}<\cdots$$

并取差值为

$$a_{2}^{(4)}-a_{1}^{(4)}<a_{3}^{(4)}-a_{1}^{(4)}<\cdots$$

剩下的可以依此类推．通过这一方式，我们可以得到无数个由 C_{l} 中元素构成的数列 $a_{1}^{(l)}<a_{2}^{(l)}<\cdots$，对于任意 $1\leqslant l\leqslant k$，差值 $a_{2}^{(l)}-a_{1}^{(l)}<a_{3}^{(l)}-a_{1}^{(l)}<\cdots$ 不仅是 $C_{l}(1\leqslant l\leqslant k)$ 中元素的差值，而且也是每一个 $C_{j}(1\leqslant j\leqslant l)$ 中元素的差值．因此，我们所得到的最后一个差值数列，记为 $a_{2}^{(k)}-a_{1}^{(k)}<a_{3}^{(k)}-a_{1}^{(k)}<\cdots$，就是每一个 $C_{j}(1\leqslant j\leqslant k)$ 中元素的差值，于是根据我们的假设，该数列不可能属于 $C_{1},\cdots,C_{k}$ 中的任何一个数列，这当然是荒谬而不切实际的．

14. 将 $\{1,2,\cdots,13\}$ 划分为三个无和子集的一个例子是 $\{1,2,\cdots,13\}=\{1,4,10,13\}\cup\{2,3,11,12\}\cup\{5,6,7,8,9\}$，所以 $S(3)\geqslant 14$（$S(3)$ 是满足将 $\{1,2,\cdots,S\}$ 划分成三个子集后有一个子集不是无和集合的最小正整数）．

现在，令 $\{1,2,\cdots,16\}=A\cup B\cup C$ 是将 $\{1,2,\cdots,16\}$ 三等分的一种方案．通过反证法，

假设 A,B,C 都是无和集合(证明方法与上一题非常类似). 根据鸽巢原理,A,B,C 有一个集合至少包含 6 个元素. 我们可以不失一般性地假设 $a<b<c<d<e<f$ 都属于 A. 根据假设,五个差值 $b-a<c-a<d-a<e-a<f-a$ 都属于 $B\cup C$. 再次根据鸽巢原理,其中至少有三个差值属于同一个集合. 我们再次不失一般性地假设集合 B 就是这个至少包含其中三个差值的集合,并且这三个差值是 $b-a,d-a$ 和 $e-a$. 因为它们属于集合 B 并且集合 B 是无和集合,所以差值 $(d-a)-(b-a)=d-b$ 和 $(e-a)-(b-a)=e-b$ 不属于 B,而且它们也不属于 A,因为 A 也是无和集合. 因此,$d-b$ 和 $e-b$ 必然属于集合 C,并且现在这二者的差值 $(e-b)-(d-b)=(e-a)-(d-a)=e-d$ 不属于集合 A,B,C 中的任何一个. 这显然为假,因为 $e-d$ 是小于 e 的正整数,所以也小于 16(于是也就属于这划分出来的三个集合之一).

因此,$S(3)\leqslant 16$,事实上 $S(3)=14,15$ 或 16. 要想证明 $S(3)=14$,我们需要做更多的工作,分析多种不同的情况,而这些工作并非我们的目的. 然而,感兴趣的读者肯定能够证明 $S(2)=5$(当然还有 $S(1)=2$).

15. (1)我们已知对于两组包含虚数的四元实数 $a_1,a_2,a_3,a_4;b_1,b_2,b_3,b_4$,其模的乘积等于其乘积的模. 而除了该方法以外,我们通过基本的代数学方法也可以很容易求得一个解(这对于符合交换律的所有 $a_1,a_2,a_3,a_4;b_1,b_2,b_3,b_4$ 都成立). 我们将平方式展开为如下等号右侧的式子

$$(a+b+c+d)^2=a^2+b^2+c^2+d^2+2ab+2ac+2ad+2bc+2bd+2cd$$

而通过归纳所有 16 个平方式后(从 $a_1^2b_1^2$ 到 $a_4^2b_1^2$),则可以得到等号左侧的表达式. 读者肯定会发现所有其他右侧的展开式都可以相互抵消,所以该等式最后就能成立.

接下来,通过应用一次简单而标准的归纳法,就可以知道有限个数(每一个数都可以表示成四个平方数之和)的乘积也可以表示成四个平方数之和. 由于大于 1 的任何整数都是一系列质数的乘积,所以只要我们能够证明对于质数这一定理都成立,那么该定理自然就对所有大于 1 的数都成立(我们后面会证明).

(2)共有 $\dfrac{p+1}{2}$ 个不同平方数在取 p 的模时有不同的结果. 其实,当且仅当 $(u-v)\cdot(u+v)\equiv 0(\bmod p)$ 时,也就是当且仅当 p 可以整除 $u-v$ 或 $u+v$ 时,我们可以得到

$$u^2\equiv v^2(\bmod p)$$

所以,$0^2,1^2,\cdots,\left(\dfrac{p-1}{2}\right)^2$ 取 p 的模都有不同的结果. (因为如果 $0\leqslant u,v\leqslant\dfrac{p-1}{2}$,那么此时除非 $u=v=0$,否则 $u+v$ 不能被 p 整除,也只有当 $u=v$ 时 $u-v$ 才可以被 p 整除,所以通过上述任何一条途径,从 $u^2\equiv v^2(\bmod p)$ 都可以推得 $u=v$). 由于 $(p-j)^2\equiv j^2(\bmod p)$,所以从 $\left(\dfrac{p+1}{2}\right)^2$ 到 $(p-1)^2$ 的平方数重复着 $1^2,2^2,\cdots,\left(\dfrac{p-1}{2}\right)^2$ 的值,于是正好存在 $\dfrac{p+1}{2}$ 个

不同的平方数在取 p 的模时有不同的结果. 现在,整数 $0^2, 1^2, \cdots, \left(\dfrac{p-1}{2}\right)^2$ 在取 p 的模时都有不同的结果,这同样适用于 $-0^2-1, -1^2-1, \cdots, -\left(\dfrac{p-1}{2}\right)^2-1$. 然而,以上各数一起组成了一个包含 $p+1$ 个整数的数集,所以(根据鸽巢原理)存在两个数使得 $A \equiv B \pmod{p}$. 显然,必须是第一个数列中的数恒等于第二个数列中的数,所以存在 a 和 b(两者都来自 $\left\{0, 1, \cdots, \dfrac{p-1}{2}\right\}$,但是关系不大)使得 $a^2 \equiv -b^2-1 \pmod{p} \Leftrightarrow a^2+b^2+1 \equiv 0 \pmod{p}$. 于是,就得到了我们的结论:对于整数 a 和 b,a^2+b^2+1 是 p 的一个倍数,或者我们也可以说 p 的一个非零倍数可以表示成 $a^2+b^2+1^2+0^2$,也就是四个平方数之和. 通常,还需要继续证明满足该特性的 p 的最小非零倍数正好就是 p,但是我们后面会以另外一种方式进行后续的证明.

(3)该问题非常类似图耶定理的证明.

我们来看一下形如 $(m-ap-bq, n+aq-bp)$ 的整数对,其中 m, n, p, q 都遍历集合 $\{0, 1, \cdots, [\sqrt{p}]\}$ 中各元素,所以共有 $([\sqrt{p}]+1)^4 > (\sqrt{p})^4 = p^2$ 个这样的数对. 因为将一对整数取 p 的模时只存在 p^2 种可能结果,所以(根据鸽巢原理)必定存在两个四元数组 $(m_1, n_1, p_1, q_1) \neq (m_2, n_2, p_2, q_2)$ 使得 $(m_1-ap_1-bq_1, n_1+aq_1-bp_1)$ 和 $(m_2-ap_2-bq_2, n_2+aq_2-bp_2)$ 在取 p 的模时有相同结果. 但是那样的话,整数 $x=m_1-m_2, y=n_1-n_2, z=p_1-p_2, t=q_1-q_2$ 就不可能同时为零,且其绝对值都小于 $\sqrt{p}$. 它们验证了所要求的恒等式 $x \equiv az+bt \pmod{p}$ 和 $y \equiv bz-at \pmod{p}$.

(4)现在,来最后证明一下拉格朗日定理. 对于满足 $a^2+b^2+1 \equiv 0 \pmod{p}$ 的 a 和 b,存在满足上述恒等式的整数 $0 \leqslant x, y, z, t < \sqrt{p}$(不同时为 0). 于是,得到 $x^2+y^2 \equiv (az-bt)^2+(bz-at)^2 = (a^2+b^2)(z^2+t^2) \pmod{p}$. 然而,由于 $a^2+b^2 \equiv -1 \pmod{p}$,所以上述恒等式就变成了

$$x^2+y^2 \equiv -(z^2+t^2) \pmod{p} \Leftrightarrow x^2+y^2+z^2+t^2 \equiv 0 \pmod{p}$$

因此,存在可以表示成四个平方数之和的 p 的一个倍数 $sp = x^2+y^2+z^2+t^2$. 因为 x, y, z, t 不同时为 0,并且它们都小于 $\sqrt{p}$,所以 s 只可能是 1,2 或者 3. 如果 $s=1$,那么本题自然就得解. (再次根据鸽巢原理)我们可知 x, y, z, t 中至少有两个具有相同的对称性(parity,我们设为 x 和 y),对于 $s=2$ 的情况,等式 $2p = x^2+y^2+z^2+t^2$ 就表明 z 和 t 具有相同的对称性. 于是,我们可以得到

$$p = \left(\frac{x+y}{2}\right)^2 + \left(\frac{x-y}{2}\right)^2 + \left(\frac{z+t}{2}\right)^2 + \left(\frac{z-t}{2}\right)^2$$

并且 p 可以表示成四个平方数之和. 最后是 $s=3$ 的情况时,我们可以得到 $3p = x^2+y^2+z^2+t^2$.

整数 u 的平方要么是 $0(\bmod 3)$（也就是当 u 可以被 3 整除时），要么是 $1(\bmod 3)$（当 $u \equiv \pm 1(\bmod 3)$ 时）. 所以我们就必定会得到以下两种情况中的一种：x, y, z, t 都可以被 3 整除，或者其中正好有一个能被 3 整除. 令 x 能被 3 整除，那么剩下的 y, z, t 要么都恒等于 $0(\bmod 3)$，要么都恒等于 $\pm 1(\bmod 3)$. 于是，我们可以假设（如果需要，我们可以改变第二种情况中各数的符号）$y \equiv z \equiv t(\bmod 3)$. 此时，我们得到以下用四个整数之和表示 p 的表达式

$$p = \left(\frac{y+z+t}{3}\right)^2 + \left(\frac{x+y-z}{3}\right)^2 + \left(\frac{x+z-t}{3}\right)^2 + \left(\frac{x+t-y}{3}\right)^2$$

现在证明过程就完毕了.（当然，对于一个完整的证明，还不能忘了验证 $0, 1, 2$ 是否也可以表示成四个平方数之和.）

第二章 最大公约数之特性

顾名思义,两个或两个以上自然数的最大公约数准确地说就是:这些数的公约数中最大的一个.举例来说,12 的(自然数)约数为 1,2,3,4,6 和 12,18 的约数为 1,2,3,6,9 和 18.可以看到,12 和 18 的最大公约数就是 6.我们将其写成 gcd(12,18) = 6,或者简写成(12,18) = 6.在自然整数范围内,上述定义在多数情况下都是正确的,但在整除理论可能得到拓展的结构中(比如说多项式),该定义就不可行了.

请注意,6 = (12,18) = 18 - 12,或者 6 = (12,18) = 2 × 12 - 18,同时,也可以用 12x + 18y(x 和 y 为整数)的其他值来表示 6.(请找出更多的表示方式.)通常,对于整数 a 和 b 及其最大公约数 d 来说,都会有整数 x 和 y 使得 d = ax + by(不是仅有唯一值而是存在无穷多种组合).这就是本章所关注的最大公约数之特性.可以确切地说,这应该是最大公约数的核心特点,但是对于这些理论问题,我们不必追究过细.无论如何,我们将会看到这一特性在解题过程中所发挥的作用.但是在此之前,我们还是先要回顾一下有关整除的一些特性.

我们假定 a 和 b 是两个整数,a 可以被 b 整除(或者 b 可整除 a,a 是 b 的倍数,b 是 a 的一个约数).并且,如果存在一个整数 c 使得 a = bc,那么我们就将其表示为 a : b 或者 b | a.当 b ≠ c 时,以上表述相当于说 a 被 b 除后的余数为零.例如,343 能被 7 整除,即 343 = 7 × 49,而 343 不能被 8 整除,那么 343 被 8 除后的余数为 7 ≠ 0.当 b = 0 时,就只能得到 a = 0(0 的唯一一个倍数就是 0,尽管所有整数都是 0 的约数).那么,接下来的这些简单而实用的性质就留给读者自己去证明吧!(以下表述中出现的所有变量指代的都是整数.)

命题 1 (以下所有变量皆指代整数.)

(1)对于非零整数 b,当且仅当 a 被 b 辗转相除后的余数为 0 时,我们便认为 a 能被 b 整除;

(2)若 a : b 且 a ≠ 0,则 $|a| \geqslant |b|$;

(3)由于 $a | 0, 1 | a, a | a$(自反性),所以,若 $a | b$ 且 $b | c$,则 $a | c$(传递性);

(4)若 $a | b$ 且 $b | a$,那么,或者 $a = b$,或者 $a = -b$(我们称 a 和 b 为联合数);

(5)若 $d | a_i$,其中 $1 \leqslant i \leqslant n$,则 d 也可整除 $b_1 a_1 + \cdots + b_n a_n$.特别需要指出,a 和 b 的任意一个公因数既可以整除两数之和,又可以整除两数之差.

整数 $a_1, a_2, \cdots, a_n$ 的最大公约数就是指能够将所有这些整数都整除且具备极大性的整数 d(即,若 d' 是 $a_1, a_2, \cdots, a_n$ 的一个公约数,那么 d' 必须能够整除 d). 事实证明,互为联合数的两个数通常都具备上述特点. 我们通常选取其中的那个正整数,称之为 $a_1, \cdots, a_n$ 的最大公约数,将其表示成 $\gcd(a_1, \cdots, a_n)$,或者进一步表示成 $(a_1, \cdots, a_n)$. 例如: $(12, 18) = 6$(我们已经在前文中看到过),尽管从对整数 $a_1 = 12$ 和 $a_2 = 18$ 的最大公约数之定义来看, -6 同样具备上述特点. 这倒不是问题,因为(与整除相关的)联合数也具有同样的特点. 值得注意的是,当 a 是 b 的一个约数时, a 和 b 的最大公约数就是 $|a|$. 特别是对于任意整数 a 来说,都有 $(1, a) = 1$ 和 $(a, a) = |a|$. 读者可以把这些等量关系归纳到针对 n 个整数的情况. 这些等量关系包括 $(0, 0) = 0$,只要恰当应用上述定义,我们就会发现,不管有多少个 0, $(0, \cdots, 0)$ 的值只有一个,就是 0,尽管在有些书上并没有将其纳入该定义中.

类似地, $a_1, \cdots, a_n$ 的最小公倍数同样具有该特点:如果 m' 为 $a_1, \cdots, a_n$ 的公倍数,那么 $m \mid m'$. 最小公倍数是指具备上述特点的两个联合数中的正整数,我们将其表示为 $\operatorname{lcm}(a_1, \cdots, a_n)$,或者简化为 $[a_1, \cdots, a_n]$(用方括号). 例如: $[12, 18] = 36$. 通过列举 12 和 18 最开始的一些倍数,我们很容易就能验证结果. 需要注意的是,根据该定义可知,非零整数 $a_1, \cdots, a_n$ 的最小公倍数也是非零的(因为 $a_1, \cdots, a_n$ 的公倍数是非零的,而 0 不能整除非零数字),尽管 0 是所有整数的一个公倍数;但是,只要在 a_i 中有一个数字为 0,那么最小公倍数就是 0,因为此时 0 是这些数字唯一的公倍数. 同时也请注意,如果数列 $a_1, \cdots, a_n$ 中有一些数字被其联合数替换,其最大公约数和最小公倍数都不变. 所以, $(-12, 18) = (12, 18) = 6$, $[-12, -18] = [12, 18] = 36$. 而如果我们改变数列中各数字序列,其最大公约数和最小公倍数也都不变. 还应注意的是,若 a 是 b 的一个约数,则 $(a, b) = |a|$(如上所述)且 $[a, b] = |b|$. 这里特别要指出, $(a, 1) = 1$, $[a, 1] = |a|$, $(a, 0) = |a|$, $[a, 0] = 0$.

质数包括 $2, 3, 5, 7, 11, \cdots$,在整数范围内则是 $\pm 2, \pm 3, \pm 5, \pm 7, \pm 11, \cdots$. 如果整数 p 不等于 $-1, 0, 1$,并且其约数只有 ± 1 和 $\pm p$(请注意,任何整数 k 都可以被 ± 1 和 $\pm k$ 整除),那么我们就称之为质数. 换言之,若 p 的两整数之积的表达式只有 $p = 1 \cdot p = (-1) \cdot (-p)$,或者,若等式 $p = ab$(a 和 b 为整数)是 a 和 b 二者之一为 p 的联合数的充分条件,则 p 就为质数. 接下来的定理将非常重要.

定理 1 除 $-1, 0, 1$ 之外的任意整数均可唯一性地表示为多个质数的乘积. 更准确地说,若 $n \in \mathbb{Z} \setminus \{-1, 0, 1\}$,则存在相异正质数 $p_1, \cdots, p_k$ 和正整数 $a_1, \cdots, a_k$,使得 $n = \pm p_1^{a_1} \cdots p_k^{a_k}$. 若 $n = \pm q_1^{b_1} \cdots q_l^{b_l}$ 是 n 的另一个表示式,其中 $q_1, \cdots, q_l$ 为正质数, $b_1, \cdots, b_l$ 为正整数,则 $k = l$,且 $p_1, \cdots, p_k$ 与 $q_1, \cdots, q_l$ 保持顺序一致, $a_1, \cdots, a_k$ 则以同样的顺序与 $b_1, \cdots, b_l$ 保持一致(若选定的质数并非为正,则 $p_1, \cdots, p_k$ 还是以同样的顺序与 $q_1, \cdots, q_l$ 保持一致).

该定理被称作算术基本定理(从该专名便可窥见其重要性),其所表示的内容正如 $12=2^2\times3,343=7^3$ 或者 $-100=-2^2\times5^2$ 之类,所以一般也可以表述为:任意整数(除 $-1,0$ 和 1 之外)可以唯一性地表示为质数的乘积. 当然,你也可以说 $12=2\times2\times3=3\times2\times2=2\times3\times2$,但这种分解方式本质上也没什么不同.

算术基本定理的其中一种应用就是计算一组整数的最大公约数和最小公倍数. 我们在这里可以回顾一下关于两个整数的(著名)结论,当然这同样适用于任意有限(有时候甚至是无限)个整数的情况. 首先,我们同样可以通过下列方式将一个整数因式分解为一些质数的乘积. 令 $p_1=2,p_2=3,\cdots$ 为正质数序列,那么除 $-1,0,1$ 外的任意整数便可表示为 $m=\pm\prod_{i\geqslant1}p_i^{a_i}$,其中 $a_1,a_2,\cdots$ 为非负整数且并非全部都为非零. 于是,我们便可得到以下命题:

命题 2 令 $m=\pm\prod_{i\geqslant1}p_i^{a_i}$ 和 $n=\pm\prod_{i\geqslant1}p_i^{b_i}$ 分别为整数 m 和 n 的两个因数分解式,其中 $m,n\notin\{-1,0,1\},a_i$ 和 b_i 为非负整数,且只有有限数量的 a_i 和 b_i 非零. 那么

$$(m,n)=\prod_{i\geqslant1}p_i^{\min\{a_i,b_i\}},[m,n]=\prod_{i\geqslant1}p_i^{\max\{a_i,b_i\}}$$

于是可以得到

$$(12,18)=(2^2\times3,2\times3^2)=2^{\min\{2,1\}}\cdot3^{\min\{1,2\}}=2\times3=6$$
$$[12,18]=[2^2\times3,2\times3^2]=2^{\max\{2,1\}}\cdot3^{\max\{1,2\}}=2^2\times3^2=36$$

通过应用算术基本定理,我们马上可以得到最大公约数和最小公倍数的以下特性.
推论:
(1) $(a,na+b)=(a,b)$,其中 a,b,n 为整数(此条不需要用到算术基本定理);
(2) 若 a 和 b 互素(即最大公约数为 1),则 $(a,c)(b,c)=(ab,c)$;
(3) 若 a 和 b 互素且 $a\mid bc$,则 $a\mid c$;
(4) 对于任意整数 a 和 b,都有 $(a,b)[a,b]=|ab|$;

尽管这些推论的证明很简单(我们将其留给读者),但是它们仍是最大公约数和最小公倍数的重要特性. 最后一条的含义为:两个整数的最大公约数与最小公倍数的乘积等于这两个整数乘积的绝对值(即等于这两个数的自然数的乘积). 比如说,$6\times36=12\times18$. 但是请注意,这在多于两个数的情况中是不成立的:尽管 $(2,3,5)[2,3,5]=2\times3\times5$,但是只要稍微有一点改变就会让等式不成立,比如 $(2,3,6)[2,3,6]=1\times6=6\neq2\times3\times6$(这在很多情况下都会发生). 尽管如此,我们还是可以找到各数字之间及其最大公约数和最小公倍数的关系,比如,$[a,b,c](a,b)(a,c)(b,c)=abc(a,b,c)$,或者 $[a,b,c](ab,ac,bc)=abc$. 请尝试用这些数字的因式分解及其最大公约数和最小公倍数来证明这些关系.

现在是时候进入本章的核心内容了. 接下来,我们将陈述并证明本章标题所标明的

最大公约数之特性.

定理 2　令 $a_1, \cdots, a_n$ 为整数，d 为其最大公约数. 那么，d 就是 $a_1, \cdots, a_n$ 的一个线性组合，也就是说，存在整数 $x_1, \cdots, x_n$ 使得 $d = a_1 x_1 + \cdots + a_n x_n$.

证明　令 $I = \{a_1 z_1 + a_2 z_2 + \cdots + a_n z_n \mid z_1, z_2, \cdots, z_n \in \mathbb{Z}\}$ 是以整数 $a_1, \cdots, a_n$ 为系数的线性组合集合(I 被称作由 $a_1, \cdots, a_n$ 构成的理想集合). 显然，I 的任意一个元素都能被 d 整除(见命题 1).

若 $a_1 = a_2 = \cdots = a_n = 0$，结论是显而易见的(因为 $d = 0$)，所以我们可以假设在 $a_1, a_2, \cdots, a_n$ 中存在非零整数，这样的话就不会出现 $\{0\}$ 的情况了. 令 c 为 I 中最小的元素(因为如果 $x \in I$，那么同样有 $-x \in I$，所以 I 中必定存在正数元素)，那么 c 本身(即 I 的任意一个元素)就能被 d 整除. 我们已知 d 也能被 c 整除，所以得到 $c = d$(因为它们都是整数且互为联合数).

其实，我们可以令 $a_1 = cq + r$，q 和 r 分别是 a_1 被 c 除后的商和余数. 已知 $c \in I$，于是就有 $c = a_1 z_1 + \cdots + a_n z_n(z_1, \cdots, z_n$ 为整数)，因此，$r = a_1 - cq = a_1(1 - z_1 q) + a_2(-z_2 q) + \cdots + a_n(-z_n q)$，也属于 I. 但是，$r < c$，而 c 是 I 中最小的元素，所以 $r = 0$ 是唯一的可能性，这样 c 就能整除 a_1. 依此类推，我们可以得到 c 是所有 a_i 的一个约数，所以 c 也是 d 的一个约数. 正如我们上述所言 $d = c$，所以 d 属于 I，也就是 $a_1, \cdots, a_n$ 的一个线性组合，结论得证.

推论　(1)令 $a_1, a_2, \cdots, a_n$ 为互素整数(即最大公约数为 1)，于是存在整数 $x_1, x_2, \cdots, x_n$ 使得 $a_1 x_1 + \cdots + a_n x_n = 1$.

(2)若 $d = (a_1, a_2, \cdots, a_n)$，则对于任意整数 k 来说，当且仅当 d 能整除 k 时，存在整数 $v_1, v_2, \cdots, v_n$ 使得 $a_1 v_1 + a_2 v_2 + \cdots + a_n v_n = k$.

证明　第一条推论是显而易见的，至于第二条推论，如果说 $a_1 v_1 + a_2 v_2 + \cdots + a_n v_n = k$，那么 $a_1, \cdots, a_n$ 的任何一个公约数(包括 d)就都是 k 的一个约数. 请注意，根据定理 2 继续反推，我们就可以得到存在整数 $x_1, \cdots, x_n$ 使得 $a_1 x_1 + \cdots + a_n x_n = d$. 那么，对于 $v_i = \dfrac{k}{d} x_i$，我们显然可以得到 $a_1 v_1 + \cdots + a_n v_n = k$.

我们同样可以得到以下命题：

命题 3　令 a 和 b 为互素正整数，于是存在正整数 u 和 v 使得 $au - bv = 1$.

证明　数字 $ax(x = 0, 1, \cdots, b-1)$ 是 b 的不同模，也就是说，它们被 b 除后的余数是不同的，所以余数的个数当然也就是 b. 它们构成了模 b 的完整余数系统. 也就是说，它们提供了任意数字被 b 除后的所有余数值.(其实，对于 $x, y \in \{0, 1, \cdots, b-1\}$，如果 $ax \equiv ay \pmod{b}$，那么 b 就能整除 $a(x - y)$，所以 b 也能整除 $x - y$，因为 b 和 a 互素. 而 $|x - y| < b$ 和 $b \mid x - y$ 则表明 $x = y$.)所以，必定存在 $u \in \{0, 1, \cdots, b-1\}$(而且马上就能看出，除了 $b = 1$ 的情况，u 事实上不可能为 0)，使得 $au \equiv 1 \pmod{b}$，也就是说，$au - 1$ 能被 b 整除. 于是我们便可得到 $au - 1 = bv$，也就是我们所要求证的结论. 当 $a = 1$ 时，我们也可

以得到 $u=1$,于是 $au-1=0$,求得 $v=0$. 然而,在这种情况下,我们可以得到很多组整数 u 和 v 使得 $au-1=u-1=bv$(例如:$u=b+1,v=1$). 我们可以用类似的方式来处理 $b=1$ 的情况. 当 $a\geqslant2$ 且 $b\geqslant2$ 时,我们得到的 $au-1$ 是一个正整数,v 同样也会是一个正整数.

请注意,当 $a\geqslant2$ 且 $b\geqslant2$ 时,我们可以在 $0<u<b$ 中选择 u 的值(同时在 $0<v<a$ 中选择 v 的值). 同样值得注意的是,该命题可以作为证明本章核心定理的一个新起点(我们将此证明过程作为一道习题留给读者,请看本章"推荐习题"部分). 通过观察,我们还可以得到以下推论:

推论 令 n 为正整数,当且仅当 x 与 n 互素时,环 $\dfrac{\mathbb{Z}}{n\mathbb{Z}}$ 中的元素 $\bar{x}$ 为可逆元. 我们用 $\bar{x}$ 表示整数 x 取 b 的模的余数集合.

证明 如果 $\bar{x}$ 为可逆元,那么存在 $\bar{y}\in\dfrac{\mathbb{Z}}{n\mathbb{Z}}$ 使得 $\overline{xy}=\bar{1}$. 也就是说,$xy-1$ 可以被 n 整除,或者 $xy-1=nz$(z 为整数). 这显然就意味着,x 和 n 的任何一个公约数也都能整除 1.

反推之,若 x 和 n 互素,则存在整数 u 和 v 使得 $xu-nv=1$,也就得到:在 $\dfrac{\mathbb{Z}}{n\mathbb{Z}}$ 中,$\overline{xu}=\bar{1}$,即为所求.

通过对上述定理和推论的证实,有一个问题自然就出现了:对于给定的 $a_1,\cdots,a_n$ 和 k,我们如何求得整数 $v_1,\cdots,v_n$ 使得 $a_1v_1+\cdots+a_nv_n=k$ 呢?(当然,这里的前提是等式 $a_1x_1+\cdots+a_nx_n=k$ 在整数域中有解.)我们还可以进一步提问:是否可以以及如何求得等式 $a_1x_1+\cdots+a_nx_n=k$ 在整数域中的所有解呢?

作为一个简单的入门案例,我们可以看一下等式 $5x+7y=3$. 该等式必然有解,因为 $(5,7)=1$ 是 3 的一个约数. 但是,我们如何求得哪怕是其中的一个解呢? 最通常的方法(虽然幼稚)是用具体数值代入 x 直到我们找到 $5x-3$ 是 7 的一个倍数为止(即,使得 $5x\equiv3(\bmod 7)$). 正如我们在上述命题中所看到的,我们至少要尝试六次:即 $5\times1-3$,$5\times2-3,5\times3-3,5\times4-3,5\times5-3$ 和 $5\times6-3$ 的其中之一必定可以被 7 整除. 最终,我们得到 $5\times2-3=7$。$5\times2+7\times(-1)=3$,所以 $x_0=2$ 和 $y_0=-1$ 就是上述等式的一个解.

所以,当且仅当 $5x+7y(=3)=5x_0+7y_0$,即 $5(x-x_0)=-7(y-y_0)$ 时,存在整数组合 (x,y) 为等式的一个解(因为 5 和 7 互素),而这种情况只有在 $x-x_0=7t$ 和 $y-y_0=-5t$(t 为整数)时才会出现. 所以,等式 $5x+7y=3$ 的整数解可以表示为 $x=x_0+7t=2+7t$ 和 $y=y_0-5t=-1-5t$(t 为整数).

尽管这并非求得等式 $ax+by=c$ 解的最好方法(因为我们可能需要在 $x\in\{1,2,\cdots,b-1\}$ 的范围内试遍所有 $b-1$ 的值,而 b 可能大到足以让这个过程变得复杂),但是,读者很容易就能发现这种试遍等式 $ax+by=c$(a 和 b 互素)解的方法还是能奏效的.(显然,我们还需要考虑 $(a,b)=1$ 这一种情况;至于其他情况,(在等式有解的前提下)我们

可以将其简化成 $a_1x + b_1y = c_1$,其中 $a_1 = \dfrac{a}{(a,b)}$,$b_1 = \dfrac{b}{(a,b)}$,$c_1 = \dfrac{c}{(a,b)}$ 且 $(a_1,b_1) = 1$.)

换一种表述方式,我们便能得到以下命题,读者当然也应该能找到其证明过程.

命题 4　令 a,b,c 为正整数,且 a 和 b 非零且互素. 如果 (x_0,y_0) 是等式 $ax + by = c$ 的一个解,那么该等式的其他解就是 $x = x_0 + bt$,$y = y_0 - at$(t 为整数).

我们推荐以下基于欧几里得算法来求解(但请记住也存在其他的方法),这是一种求两个正整数最大公约数的方法. 欧几里得算法是通过下列连续作除法的方式推进的. 假设我们要求 a 和 b 的最大公约数($a > b$),那么首先用 b 除 a,得到商 q_1 和余数 r_1,然后用 r_1 除 b,得到商 q_1 和余数 r_1,接下来依此类推,总是以上一步的余数去除上一步的除数. 于是得到一系列除法(顺便说一下,这也被称作欧几里得除法)

$$a = bq_1 + r_1$$
$$b = r_1q_2 + r_2$$
$$r_1 = r_2q_3 + r_3$$
$$\vdots$$
$$r_{n-2} = r_{n-1}q_n + r_n$$
$$r_{n-1} = r_nq_{n+1}$$

这些除法的余数构成一个非负整数的递减数列 $r_1 > r_2 > \cdots$,所以在某个时候,余数势必会为 0(假设这个值为 0 的余数就是 r_{n+1}). 我们在这里就不再证明这一论断了(同样还是作为习题让读者自己来证明),但是有一点必然为真,那就是 a 和 b 的最大公约数正好就是 r_n,也就是最后一个非零余数.

将其代换后,我们一开始会得到

$$(a,b) = r_n = r_{n-2} - r_{n-1}q_n = r_{n-2} - (r_{n-3} - r_{n-2}q_{n-1})q_n = -r_{n-3}q_n + r_{n-2}(1 + q_{n-1}q_n)$$

并且可以继续回溯. 从中我们会发现 (a,b) 是 r_{n-2} 和 r_{n-1} 的线性组合,然后也是 r_{n-3} 和 r_{n-2} 的线性组合,并且依此类推,直到获得某整数 x 和 y 使得 $(a,b) = ax + by$.

例如,我们如果要求 $7x + 19y = 1$ 的解,那么通过应用欧几里得算法便可解得:$19 = 7 \times 2 + 5$,$7 = 5 \times 1 + 2$,$5 = 2 \times 2 + 1$,$2 = 1 \times 2 + 0$. 于是也就能得到

$$1 = 5 - 2 \times 2 = 5 - (7 - 5 \times 1) \times 2 = 7 \times (-2) + 5 \times 3$$
$$= 7 \times (-2) + (19 - 7 \times 2) \cdot 3 = 7 \times (-8) + 19 \times 3$$

并且等式的一个解为 $(-8,3)$. 因此,$7x + 19y = 1$ 的解就是数对 $(-8 + 19t, 3 - 7t)$(t 为整数).

接下来我们就来看看这一定理在具体问题中的应用(其中一些问题也可以被看作是一些理论性的结论,并可应用于其他问题的解答中,但是我们在这里还是将其作为问题、习题或者案例来看待).

例 1　令 a,b,c 为整数,a 和 b 互素,且 a 能够整除 bc. 请证明:a 也能整除 c.

证明 我们让读者自己借助算术基本定理来证明这一结论了. 现在我们用另外一种方式来证明:存在整数 x 和 y 使得 $ax + by = (a,b) = 1$,所以 $acx + bcy = c$,又因为 ac 和 bc 可以被 a 整除,因此 c 也能被 a 整除.

例2 令 a,b,c,d 为正整数,且 $ab = cd$. 请证明:存在 p,q,r,s 使得 $a = pq, b = rs, c = pr, d = qs$.

证明 若 a,b,c,d 中至少有一个数为 0,那么答案就很简单. 反之,如果假定 $e = (a,c) \neq 0$,且 $a_1 = \dfrac{a}{e}$ 与 $c_1 = \dfrac{c}{e}$ 互素,那么就会存在整数 x 和 y 使得 $a_1 x + c_1 y = 1$. 将其与 $a_1 b - c_1 d = 0$ 相加,得到 $a_1(x + b) + c_1(y - d) = 1$. 因此,根据本章最后一个命题可知 $x + b = x + c_1 t$ 和 $y - d = y - a_1 t$(t 为整数). 于是,我们便得到了 $a = ea_1, b = c_1 t, c = ec_1$ 和 $d = a_1 t$.

例3 令 m 和 n 为正整数,$d = (m,n)$. 等式 $z^m = 1$ 和 $z^n = 1$ 的公共(复数)解就是等式 $z^d = 1$ 的解.(特别指出,如果 m 和 n 互素,那么 $z^m = 1$ 和 $z^n = 1$ 的唯一公共解就是 $z = 1$.)

解法1 显然,将等式 $z^d = 1$ 的解代入 $z^m = 1$ 和 $z^n = 1$ 中必然也成立(因为 $z^m = (z^d)^{\frac{m}{d}}$,$z^n$ 同此). 反推之,令 z 为 $z^m = 1$ 和 $z^n = 1$ 的一个公共解. 已知必定存在 $k \in \{0, 1, \cdots, m-1\}$ 和 $l \in \{0, 1, \cdots, n-1\}$ 使得 $z = \cos\left(\dfrac{2k\pi}{m}\right) + i\sin\left(\dfrac{2k\pi}{m}\right) = \cos\left(\dfrac{2l\pi}{n}\right) + i\sin\left(\dfrac{2l\pi}{n}\right)$.

第二个等式若要成立,则必须存在一个整数 p 使得 $\dfrac{2k\pi}{m} = \dfrac{2l\pi}{n} + 2p\pi$,这也就意味着 $kn = lm + pmn$. 通过代入 $m = dm_1$ 和 $n = dn_1$(m_1 和 n_1 为互素整数),可以得到 $kn_1 = lm_1 + pdm_1 n_1$. 所以,m_1 可以整除 kn_1. 又因为 $(m_1, n_1) = 1$,所以 m_1 也必定能够整除 k. 若我们令 $k = m_1 q$(q 为整数),那么就可以得到

$$z = \cos\left(\frac{2k\pi}{m}\right) + i\sin\left(\frac{2k\pi}{m}\right) = \cos\left(\frac{2q\pi}{d}\right) + i\sin\left(\frac{2q\pi}{d}\right)$$

其中,z 是等式 $z^d = 1$ 的解集中第 d 个根,即本题所求.

解法2 现在,我们来看一看本章核心定理的作用. 我们只需要证明:若 $z^m = 1$ 和 $z^n = 1$,则 $z^d = 1$. 令 s 和 t 为整数,使得 $d = ms + nt$. 同时,令 z 为任意复数,使得 $z^m = z^n = 1$. 于是,便可得到 $z^d = z^{ms+nt} = (z^m)^s (z^n)^t = 1$,结论得证.(是不是简单一点呢?)

以下问题没有用到核心定理,但是我们还是将其归为本题的一个特殊方面. 我们已经发现等式 $ax - by = c$ 在非负整数域中有解,其中 a 和 b 为正整数,且 (a,b) 能整除 c. 对于等式 $ax + by = c$,我们也可以(在同样的前提条件下)问同样的问题. 比如,我们会发现 $3x + 5y = 4$ 在非负整数域中无解(尽管 $3 \times (-2) + 5 \times 2 = 4$,或者可以更一般地表述为 $3(-2 + 5t) + 5(2 - 3t) = 4$,其中 t 为任意整数). 该问题也可以这样来问:不能用面值分别为 3 和 5 的货币单位支付的最大款值是多少? 不难证明答案就是 7(所以对于 $k \geqslant 8$,等

式 $3x + 5y = k$ 在非负整数域中有解, 而 $3x + 5y = 7$ 则无解). 这就是为什么该问题也被称作货币问题(或者弗罗贝尼乌斯货币问题)的原因. 其通常的问法为: 不能用面值分别为 $a_1, \cdots, a_n (a_1, \cdots, a_n$ 为互素正整数)的货币单位支付的最大款项是多少? 换种表述就是: 使等式 $a_1 x_1 + \cdots + a_n x_n = k$ 在非负整数阈中无解的最大整数 k 是多少? 我们对于 $n \geq 3$ 时弗罗贝尼乌斯问题(Frobenius problem)的具体答案还未确定, 但是 $n = 2$ 时的情况已经在 1884 年被西尔维斯特(Sylvester)解答, 这也正是我们下一个问题所涉及的主题.

例 4 令 a 和 b 为互素正整数, 那么不能用非负正整数 x 和 y 以 $ax + by$ 的形式表示的最大整数就是 $ab - a - b$.

解 我们首先来证明一下在整数 $x \geq 0, y \geq 0$ 的域中, 等式 $ax + by = ab - a - b$ 无解. 假设存在这样的 x 和 y, 那么就会有 $a(x + 1) + b(y + 1) = ab$, 于是 a 将是 $b(y + 1)$ 的一个约数, 所以也会是 $y + 1$ 的一个约数(因为 $(a, b) = 1$), 也就可以推出 $y + 1 \geq a$. 类似地, 我们也可以得到 $x + 1 \geq b$, 但是那样的话, $ab = a(x + 1) + b(y + 1) \geq ab + ab$, 这是不可能的.

我们进一步可知, 对于任意整数 $k \geq ab - a - b + 1$, 等式 $ax + by = k$ 在非负整数域中都有解. $a \cdot 0, a \cdot 1, \cdots, a \cdot (b - 1)$ 中的任一值都等于 k 取 b 的模(它们构成了模 b 的完整余数系统). 所以存在整数 x 和 y, 其中 $x \in \{0, 1, \cdots, b - 1\}$ (所以是非负的), 使得 $ax + by = k$. 而那样的话, $by = k - ax \geq ab - a - b + 1 - a(b - 1) = -b + 1$ 就是 b 的一个倍数, 且大于 $-b$, 所以其最小值为 0, 这也就表明 y 非负, 证毕.

接下来的这道问题出现在很多数学竞赛中(比如, 我们就是从 1983 年的罗马尼亚数学奥林匹克竞赛中知道这道题的), 该题的很多特殊形式也已经被广泛知晓.

例 5 令 d 和 n 为正整数, 且 d 与 $n!$ 互素. 请证明: 公差为 d 的等差数列中 n 个连续整数项的乘积能被 $n!$ 整除.

证法 1 我们用 n 来进行论证. 对于 $n = 1$ 的情况, 无须多加证明. 所以我们可以直接在 $n \geq 2$ 的情况下, 假设公差与 $(n - 1)!$ 互素的等差数列中 $n - 1$ 个连续整数项的乘积能被 $(n - 1)!$ 整除. 接下来, 我们就来证明以下具体情况: 若 $(d, n!) = 1$ 且 a 为任意整数, 则 $a(a + d) \cdots (a + (n - 1)d)$ 可以被 $n!$ 整除. 显然, 若 d 与 $n!$ 互素, 那么 d 也与 $(n - 1)!$ 互素. 此时, 要想证实前述归纳, 就必须确保: 对于任意整数 k, $(a + (k + 1)d)(a + (k + 2)d) \cdots (a + (k + n - 1)d)$ 都能被 $(n - 1)!$ 整除. 究其缘由, 若以 $P_k = (a + kd)(a + (k + 1)d) \cdots (a + (k + n - 1)d) (k \in \mathbb{Z})$ 来代换, 我们可以得到, 对于任意整数 k, $P_{k+1} - P_k = nd(a + (k + 1)d)(a + (k + 2)d) \cdots (a + (k + n - 1)d)$ 都可以被 $n!$ 整除, 这样就足以证明存在一个 k 值使得 P_k 能被 $n!$ 整除, 当然我们也能推出这一整除关系对于任意 k 值都成立. 特别是我们可以推导出 $P_0 = a(a + d) \cdots (a + (n - 1)d)$ 能被 $n!$ 整除.

由于 $n!$ 和 d 互素, 所以存在整数 s 和 t 使得 $sn! - td = 1$, 进而推出 $a + atd = asn!$. 而这显然表明 P_{at} 能被 $n!$ 整除(因为其首项就能被 $n!$ 整除), 这也正是我们所要求证的结论.

证法 2 首先请注意,如果 d 和 m 为互素整数,那么等差数列 $a, a+d, a+2d, \cdots, a+(n-1)d$ 的 n 项数字中必定存在 $[n/m]$ 能被 m 整除. 事实上,如果我们仔细观察前述理论性结论的证明过程,就会发现以上数列的任意连续 m 项数字就构成了模 m 的一个完整余数系统,所以它也必定包含一个能够被 m 整除的数字. 由于至少存在 $[n/m]$ 组这样的连续数字,我们的结论就可以得到证明.(我们在这里用 $[x]$ 表示实数 x 的整数部分,即如果 k 是使 $k \leqslant x < k+1$ 成立的唯一整数值,那么 $[x] = k$.)

现在,令 p 为出现在 $n!$ 的因数分解中的任意一个质数,$e_p(N)$ 表示在整数 N 的质因数分解中 p 的幂. 显然,如果我们能证明对于任意 p 值都有 $e_p(a(a+d) \cdots (a+(n-1)d)) \geqslant e_p(n!)$,那么问题就解决了. 根据著名的勒让德定理(Theorem of Legendre)可知,$e_p(n!) = \sum_{j \geqslant 1} \left[\dfrac{n}{p^j} \right]$. 请注意,该加和并非包含无穷多项,而是终止于第 n 项($p^j \leqslant n < p^{j+1}$). 所以,我们还要像 $e_p(n!)$ 一样讨论 $e_p(a(a+d) \cdots (a+(n-1)d))$ 的值.

由于 $p \mid n!$ 且 $(d, n!) = 1$,我们也就得到 $(p, d) = 1$. 而事实上,对于任意正整数 j 都有 $(p^j, d) = 1$. 我们以 l_j 表示数列 $a, a+d, a+2d, \cdots, a+(n-1)d$ 中可以被 p^j 整除的项的个数,于是,可以得到 $l_j \geqslant \left[\dfrac{n}{p^j} \right] (j \geqslant 1)$.

另一方面,$a(a+d) \cdots (a+(n-1)d)$ 中 p 的幂为 $l_1 - l_2 + 2(l_2 - l_3) + 3(l_3 - l_4) + \cdots = l_1 + l_2 + l_3 + \cdots$(这同样是一个有限和). 显然,$l_j - l_{j+1}$ 代表了数列 $a, a+d, a+2d, \cdots, a+(n-1)d$ 中能被 p^j 整除而不能被 p^{j+1} 整除的项的个数(这对于求得幂的总和 $j(l_j - l_{j+1})$ 非常重要). 因此,最后,$e_p(a(a+d) \cdots (a+(n-1)d)) = \sum_{j \geqslant 1} l_j \geqslant \sum_{j \geqslant 1} \left[\dfrac{n}{p^j} \right] = e_p(n!)$.

该等式对于所有能够整除 $n!$ 的质数 p 都成立. 随之,我们便可得到 $a(a+d) \cdots (a+(n-1)d)$ 能被 $n!$ 整除.

读者可以观察到,我们其实也已经基本证明了关于 $e_p(n!)$ 的勒让德定理.

推荐习题

1. 请将本章的核心定理归纳成 n 的形式.

2. 求恒等式方程组的解:$x \equiv 7 \pmod 9$,$x \equiv 1 \pmod{11}$.

3. 解恒等式方程组:$x \equiv 1 \pmod 3$,$x \equiv 2 \pmod 5$,$x \equiv 3 \pmod 7$.

4. 令 $(G, \cdot)$ 是一个以 e 为单位元的群,令 m 和 n 是整数. 请证明:对于 $x \in G$,当且仅当 $x^{(m,n)} = e$ 时,我们可以得到 $x^m = e$ 和 $x^n = e$.

5. 令 $(G, \cdot)$ 是由 n 个元素组成的有限群. 请证明:当且仅当 $(n, k) = 1$ 时,形如

$f(x) = x^k$ 的函数 $f: G \rightarrow G$ 对于所有 $x \in G$ 都是一个对射函数.

6. 令 $(G, \cdot)$ 是一个群.

(1)假定 $x \in G$ 与 y^m, y^n 都满足交换律,其中 $y \in G, m, n \in \mathbb{Z}$. 请证明: x 与 $y^{(m,n)}$ 也满足交换律.

(2)对于整数 k,有 $f_k: G \rightarrow G$,其函数表达式为:对于所有 $x \in G$ 都有 $f_k(x) = x^k$. 假定对于某整数 n,函数 f_n, f_{n+1} 和 f_{n+2} 都是从 G 到 G 的同态. 请证明: G 是阿贝尔群(Abelian group).

7. 借用上题的概念,假定 m 和 n 为整数,使得 $(m(m-1), n(n-1)) = 2$,且 f_n 和 f_n 都是 G 的自同态. 请证明: G 是阿贝尔群.

8. 令 $(G, \cdot)$ 是以 e 为单位元的群,m 和 n 是非零整数. 假定对于 $x \in G$,存在 $y \in G$ 和 $z \in G$,使得 $x = y^m = z^n$ 并且 y 和 z 满足交换律. 请证明:同时也存在 $t \in G$ 使得 $x = t^{[m,n]}$(其中,$[m, n]$ 是 m 和 n 的最小公倍数).

9. 令 m 和 n 为正整数,请证明:如果一个等差数列的首项和公差是互素非负整数,且该数列包含一个 m 次幂项和一个 n 次幂项,那么它必定也包含一个 $[m, n]$ 次幂项. (一个 m 次幂项是指某项以整数为底数并以 m 为指数.)

10. 请证明:对于任意正整数 m 和 n 都有 $(2^m - 1, 2^n - 1) = 2^{(m,n)} - 1$. 该结论可以被归纳成 $(a^m - 1, a^n - 1)$(其中整数 $a \geq 2$)吗?

11. 令 a 和 b 是正整数. 请证明:不能以 $ax + by$(x 和 y 为非负整数)表示的非负整数有 $\dfrac{(a-1)(b-1)}{2}$ 个.

12. 令 S 为正整数集的子集,其中,对于所有 $x, y \in S$ 都有 $x + y \in S$. 请证明: S 由特定正整数 d 的倍数所构成(除了个别有限数量的倍数之外).

13. 令 $a_1, \cdots, a_n (n \geq 2)$ 为正整数,使得 $(a_1, \cdots, a_n) = 1$. 请证明:存在一个最小自然数 $N = g(a_1, \cdots, a_n)$,使得任意正整数 $x > N$ 都可以表示成 $x = x_1 a_1 + \cdots + x_n a_n$(其中 $x_1, \cdots, x_n$ 是非负整数). N 的最小性意味着 N 自身不能再以 $x = x_1 a_1 + \cdots + x_n a_n$(其中 $x_1, \cdots, x_n$ 是非负整数)来表示.

14. 令 a, b, c 是满足 $(a, b) = (a, c) = (b, c) = 1$ 的正整数. 请证明:在不能以 $xbc + yac + zab$(x, y, z 是非负整数)表示的数中,最大值是 $2abc - ab - ac - bc$.

15. 令 $0 < r < 1$ 是一个有理数. 请证明:存在正整数 $n_1 > \cdots > n_k > 1$ 使得 $r = \dfrac{1}{n_1} + \cdots + \dfrac{1}{n_k}$.

答案

1. 正如我们在理论部分所证明的,对于正质数 a 和 b,存在整数 u 和 v 使得 $au - bv =$

1. 所以等式 $ax+by=1$ 有整数解. 但是本情形中 a 和 b 的正负性是没有严格限定的. 举例来说,如果 $a>0$ 和 $b<0$ 互素(同样对于 a 和 $-b$ 也是如此),那么等式 $ax-by=1$ 也有整数解,因为等式 $ax-by=1$ 也可以写成 $ax+b(-y)=1$,等式 $ax+by=1$ 依然有整数解. 类似地,我们可以继续讨论其他的情况(我们分别来讨论 $a=0$ 和 $b=0$ 的情况).

现在,如果 $(a,b)=d$,那么 a/d 和 b/d 是互素的,于是等式 $(a/d)x+(b/d)y=1$ 有整数解. 显然,任何一个这样的解都满足 $ax+by=d$,所以 $n=2$ 的情形就解决了.

我们现在假设该定理对于 $n-1$ 也成立,然后我们用它来证明 n 的情况. 根据前述归纳,我们可以求出整数 $u_1,u_2,\cdots,u_{n-1}$ 使得 $a_1u_1+a_2u_2+\cdots+a_{n-1}u_{n-1}=(a_1,a_2,\cdots,a_{n-1})$. 上述已经证明的 $n=2$ 的情况确保了存在某个 $x\in\mathbb{Z}$ 和 $y\in\mathbb{Z}$ 使得 $(a_1,\cdots,a_{n-1})=((a_1,\cdots,a_i),(a_{i+1},\cdots,a_n))$. (通过应用最大公因数的定义或者因式分解的计算,可以证明 $(a_1,\cdots,a_n)=((a_1,\cdots,a_i),(a_{i+1},\cdots,a_n))$ 对于所有整数 $a_1,\cdots,a_n$ 和 $1\leqslant i\leqslant n$ 都成立). 现在,我们很容易看出 $x_j=u_jx(1\leqslant j\leqslant n-1)$ 和 $x_n=y$ 是 $a_1x_1+\cdots+a_nx_n=(a_1,\cdots,a_n)$ 其中一个解的组成部分,这就是我们所要证明的结论.

2. 已知 $x\equiv 7(\bmod 9)\Leftrightarrow x=9p+7$ 和 $x\equiv 1(\bmod 11)\Leftrightarrow x=11q+1$ 对于某整数 p 和 q 成立,于是,我们可以得到等式

$$9p+7=11q+1\Leftrightarrow 9p-11q=-6$$

用上述方法求出 $p=3$ 和 $q=3$ 后,我们必须令 $p=3+11t$ 和 $q=3+9t(t$ 为整数),同时也就得到了开头那个恒等式的解 $x=34+99t(t\in\mathbb{Z})$.

用同样的方式,我们可以证明对于 $r_1,r_2,m_1,m_2\in\mathbb{Z}$($m_1$ 和 m_2 是互素正整数),恒等式方程组 $x\equiv r_1(\bmod m_1),x\equiv r_2(\bmod m_2)$ 总是有正整数解,且该解模 m_1m_2 恒等.

事实上,我们还需要令 $x=r_1+m_1p=r_2+m_2q(p,q\in\mathbb{Z})$,从而使得

$$m_1p-m_2q=r_2-r_1$$

于是,如果 (p_0,q_0) 是该方程的一个解(由于 $(m_1,m_2)=1$,所以这样的解是存在的),那么我们就可以得到 $p=p_0+m_2t,q=q_0+m_1t(t\in\mathbb{Z})$. 因此,$x=r_1+m_1p_0+m_1m_2t(t\in\mathbb{Z})$ 就是该方程组的所有解. 我们也可以计算出 $x=r_2+m_2q_0+m_1m_2t$. 显然,所有的解都模 m_1m_2 恒等.

3. 如果 $x\equiv 1(\bmod 3),x\equiv 2(\bmod 5),x\equiv 3(\bmod 7)$,那么我们必定能得到 $x=1+3p=2+5q=3+7r(p,q,r$ 为整数). 根据所得到的 $3p-5q=1$,我们像上题一样令 $p=2+5s$ 和 $q=1+3s$,于是得到 $x=7+15s(s\in\mathbb{Z})$,现在根据 $3+7r=7+15s\Leftrightarrow 7r-15s=4$,求得 $r=7+15t$ 和 $s=3+7t(t\in\mathbb{Z})$,进而得到 $x=52+105t(t\in\mathbb{Z})$

以同样的方式,我们可以(归纳性地)证明中国剩余定理:如果 $m_1,\cdots,m_n$ 为两两互素的整数,$r_1,\cdots,r_n$ 为任意整数,那么包含恒等式 $x\equiv r_j(\bmod m_j)(1\leqslant j\leqslant n)$ 的方程组有解,并且这些解恒等于 $\bmod m_1\cdots m_n$. 其实,$n=1$ 的情况是不需要证明的,$n=2$ 的情况在上题中已经得到了解答. 如果该定理对于 $n-1$ 为真,那么方程组 $x\equiv r_j(\bmod m_j)(1\leqslant j\leqslant n)$ 有

解,为 $x = x_0 + t m_1 \cdots m_{n-1} (t \in \mathbb{Z})$. 所以,这些 n 的恒等式方程组的解其实就等于仅由两个恒等式构成的方程组的解,即 $x \equiv x_0 (\bmod\ m_1 \cdots m_{n-1})$ 和 $x \equiv r_n (\bmod\ m_n)$. 两个等式的情况已经得到证明,所以上述方程组也有解(请记住该定理中的 $m_1 \cdots m_{n-1}$ 和 m_n 是互素的),这些解的模恒等于 $(m_1 \cdots m_{n-1}) m_n = m_1 \cdots m_n$.

4. 该题正好是上题的一个特例,即关于复数方程组 $z^m = 1$ 和 $z^n = 1$ 的公共解. 所以,如果令 $x^m = x^n = e$,并通过整数 u 和 v 构建 $(m,n) = um + vn$,那么我们就可以得出 $x^{(m,n)} = x^{um+vn} = (x^m)^u (x^n)^v = e$,反过来也显然是成立的. 上题中是将群 G 具体到 $\mathbb{C}^*$——非零复数的乘法运算群,但是不管怎样,该结论在不符合交换律的群中依然成立,因为相同元素的幂永远是符合交换律的.

5. 如果 k 和 n 不互素,那么它们就会有一个最大公质因数,记为 p. 根据柯西定理,由于 p 整除该群的阶 n,所以在 G 中存在阶 n 的元素 g,于是 $g \neq e$,且 $g^p = e (e$ 是 G 的单位元素). 但是,如果 $g^p = e$ 且 p 可以整除 k,那么我们也可以得到 $g^k = e$,也就得到了 $f(g) = e = f(e) (g \neq e)$,也就是说 f 不是单射函数. 于是我们就可以用换质换位法证明,如果 f 是一个对射函数,那么 n 和 k 必定互素.

反过来,假设 $(n,k) = 1$,我们已知存在整数 p 和 q 使得 $pn + qk = 1$. 根据拉格朗日定理,我们知道 $u^n = e (u \in G)$. 所以,对于给定的 $y \in G$,我们可以得到 $y = y^{pn+qk} = (y^n)^p (y^q)^k = (y^q)^k = f(y^q)$,这表明 f 是一个满射函数. 但是,由于 G 是一个有限集合,f 是一个满射函数的话也就意味着它也是一个单射函数,同时也就是一个对射函数(其实对于任意函数关系式及其值都在 G 中定义的函数都如此),结论得证.

6.(1)我们很容易看出,对于 $g \in G$,集合 $C(g) = \{z \in G \mid gz = zg\}$ 是一个由 G 中与 g 满足交换律的元素组成的一个 G 的子群(我们称之为 g 在 G 中的中心化群).

如果 $h, k \in C(g)$,我们就可以得到 $gh = hg$ 和 $gk = kg$,于是
$$g(hk) = (gh)k = (hg)k = h(gk) = h(kg) = (hk)g \Rightarrow hk \in C(g)$$
同样,$gh = hg$ 表明,通过乘以 h 的倒数 h^{-1} 显然可以得到 $h^{-1}g = gh^{-1}$,所以 $h^{-1} \in G$.

现在我们令 $(m,n) = am + bn$ 对于整数 a 和 b 成立,并且题中条件告诉我们 $y^m \in C(x)$ 和 $y^n \in C(x)$,所以就可以得到如下结论: $y^{(m,n)} = y^{am+bn} = (y^m)^a (y^n)^b$ 也属于 $C(x)$,也就是说 $y^{(m,n)}$ 与 x 也满足交换律.

(2)我们已知 $(xy)^k = x^k y^k$ 对于所有 $x, y \in G$ 和 $k \in \{n, n+1, n+2\}$ 都为真. 于是得到
$$x^{n+1} y^{n+1} = (xy)^{n+1} = (xy)^n (xy) = x^n y^n xy \quad (x, y \in G)$$
通过消去 $x^n y$,我们得到 $xy^n = y^n x$.

类似地,根据 $(xy)^{n+1} = x^{n+1} y^{n+1}$ 和 $(xy)^{n+2} = x^{n+2} y^{n+2}$,我们得到 $xy^{n+1} = y^{n+1}x$. 现在我们看到 x 和 y^n 以及 y^{n+1} 都满足交换律. 由于 n 和 $n+1$ 互素,从第一部分的结果可以得到 x 与 $y^{(n,n+1)} = y$ 符合交换律,所以 $xy = yx$ 对于所有 $x, y \in G$ 都为真.

我们还可以将这部分的结论转述为以下形式:若 x 和 y 是群 G 的元素,该群满足等

式 $(xy)^k = x^k y^k (k \in \{n, n+1, n+2\}, n$ 为整数$)$，那么 $xy = yx$.

7. 该题相对来说较为复杂. 我们用 $\mathrm{End}(G)$ 表示群 G 的自同态群集合（所以已知条件就可以表述为 f_m 和 f_n 属于 $\mathrm{End}(G)$），然后先来证明如下结论：

结论 （1）若对于整数 p 和 q，我们可以得到 $f_p, f_{pq} \in \mathrm{End}(G)$，则 $f_{p-pq} \in \mathrm{End}(G)$. 具体而言，若 $f_q \in \mathrm{End}(G)$，则也可以得到 $f_{1-q} \in \mathrm{End}(G)$.

（2）若 $f_p \in \mathrm{End}(G)$ 且 $f_{-p} \in \mathrm{End}(G)$，则集合 $f_p(G) = \{g^p | g \in G\}$ 中的任意两个元素都满足交换律，并且 $f_p(G)$ 中的每一个元素都是中心元素，也就是说它们与 G 中的每一个元素都满足交换律.

（3）若 $f_p, f_{-p} \in \mathrm{End}(G)$ 和 $f_q, f_{-q} \in \mathrm{End}(G)$，则对于所有 $k, l \in \mathbb{Z}$ 都有 $f_{kp+lq} \in G$. 具体而言，可以得到 $f_{(p,q)} \in \mathrm{End}(G)$.

（4）若 $f_p, f_q \in \mathrm{End}(G)$，则 $f_{pq} \in \mathrm{End}(G)$.

（5）若 $f_2 \in \mathrm{End}(G)$，则 G 就是一个阿贝尔群.

证明 （1）我们已知

$$x^{pq} y^{pq} = (xy)^{pq} = ((xy)^p)^q = (x^p y^p)^q = x^p (y^p x^p)^{q-1} y^p = x^p ((yx)^p)^{q-1} y^p = x^p (yx)^{pq-p} y^p$$

约去左边的 x^p 和右边的 y^p，我们得到 $x^{pq-p} y^{pq-p} = (yx)^{pq-p}$. 现在，我们取两边的倒数，然后（利用 $(uv)^{-1} = v^{-1} u^{-1}$）得到

$$(yx)^{p-pq} = y^{p-pq} x^{p-pq}$$

对于 G 中所有的 x 和 y 都成立，这意味着 f_{pq-p} 是 G 的一个自同态群. 第二部分就是 $p=1$ 的情况，因为 f_1 肯定是 G 的一个自同态群.

（2）我们现在已知对于 $x, y \in G$ 有 $(xy)^p = x^p y^p$ 和 $(xy)^{-p} = x^{-p} y^{-p}$. 根据第二个等式还可以得到 $(xy)^p = y^p x^p$（取倒数），于是我们就得到 $x^p y^p = y^p x^p$，第一部分的结论得证. 关于第二部分，我们已知

$$xy^p x^{-1} = (xyx^{-1})^p = x^p y^p x^{-p} = x^p x^{-p} y^p = y^p \quad (由于以 p 为指数的各幂互相满足交换律)$$

所以 $xy^p = y^p x$ 对于所有属于 G 的 x 和 y 都成立.

（3）根据上一结论我们可知 g^p 和 $g^q (g \in G)$ 分别与 G 的每一个元素都符合交换律. 所以，重新调整 x^p, x^q, y^p, y^q 的顺序后可以得到

$$(xy)^{kp+lq} = (xy)^{kp}(xy)^{lq} = (x^p y^p)^k (x^q y^q)^l = (x^p)^k (x^q)^l (y^p)^k (y^q)^l = x^{kp+lq} y^{kp+lq}$$

根据本章的核心定理，即 (p,q) 可以表示成 $kp+lq$ 的形式（p 和 q 为整数），第二部分的结论自然就出来了.

（4）显然，若对于每一个 G 中的 x 和 y 都有 $(xy)^p = x^p y^p$ 和 $(xy)^q = x^q y^q$，那么我们可以得到

$$(xy)^{pq} = ((xy)^p)^q = (x^p y^p)^q = x^{pq} y^{pq}$$

对于任意 $x, y \in G$ 也都成立.

（5）该结论是众所周知的. 其实,如果我们将 $(xy)^2 = x^2y^2 \Leftrightarrow xyxy = xxyy$ 约去左边的 x 和右边的 y,那么就正好可以得到 $yx = xy$.

现在我们来解答该题. 已知条件告诉我们 f_m 和 f_n 是 G 的自同态. 根据结论（1）可知 $f_{1-m} \in \mathrm{End}(G)$,然后根据结论（4）还可知 $f_{m-m^2} = f_{m(1-m)} \in \mathrm{End}(G)$,通过再次代入结论（1）（由于 $p = 1-m, q = 1+m, pq = 1-m^2$）,最终可以得到 $f_{m^2-m} = f_{(1-m)-(1-m)(1+m)} \in \mathrm{End}(G)$. 所以,如果 f_m 是一个自同态,那么 f_{m-m^2} 和 f_{m^2-m} 也是 G 的自同态. 类似地,由于 f_n 是一个自同态,于是 f_{n-n^2} 和 f_{n^2-n} 也是如此. 因此,我们可以应用结论（3）,因为 $p = m^2-m, q = n^2-n$. 于是,可知 $f_2 = f_{(m^2-m, n^2-n)}$ 也是一个自同态,再通过结论（4）也就证实了 G 的可交换性. 现在,证明过程就结束了.

该题是由米歇尔·韦尔墨朗（Michiel Vermeulen）发表在 2006 年 1 月的 *Nieuw Archief voor Wiskunde* 上的题 D,之后由 R. Bos 于 2006 年 3 月在同一杂志上给出了解答. 该题的最初陈述是经过修饰的,此处的陈述更像是原题解题过程中证明的定理. 在同一证明过程中,还得到了 $m(m-1)$ 和 $n(n-1)$ 的最大公约数大于 2,于是也就存在一个不符合交换律的群 G 使得 f_m 和 f_n 仍是 G 的自同态.

8. 若 $d = (m,n)$,我们令 $m = dm_1, n = dn_1$,其中 m_1 和 n_1 是互素整数,此时 $[m,n] = \dfrac{mn}{(m,n)} = dm_1n_1$. 对于互素的 m_1 和 n_1,存在整数 u 和 v 使得 $um_1 + vn_1 = 1$. 根据已知条件,可知 $x = y^m = y^{dm_1}$ 和 $x = z^{dn_1}$. 于是,我们可以得到

$$\begin{aligned} x &= x^{um_1+vn_1} = x^{um_1}x^{vn_1} = (z^{dn_1})^{um_1}(y^{dm_1})^{vn_1} = (z^u)^{dm_1n_1}(y^v)^{dm_1n_1} \\ &= (z^uy^v)^{dm_1n_1} = t^{[m,n]} \quad (t = z^uy^v \in G) \end{aligned}$$

当然,我们也可以得到 $[m,n] = -dm_1n_1$（当 m 和 n 都为正数时）,但这不是问题,因为如果这种情况发生的话,我们可以取 $t = z^{-u}y^{-v}$. 如果 $m = 0$ 或者 $n = 0$,那么结论也是成立的.

9. 令 a 和 d 分别是数列的首项和公差,则 a 和 d 是互素的非负整数. 当 $d = 0$ 时,我们需要证明的是:如果 a 既是一个 m 次幂也是一个 n 次幂,那么 a 也是一个 $[m,n]$ 次幂. 该结论对于 $a = 0$ 和 $a = 1$ 显然都成立,而当 $a \geqslant 2$ 时,这就是一个符合代数基本定理的数列. 事实上,由于 a 是一个 m 次幂,那来自 a 分解因式的质数指数必定是 m 的倍数. 类似地,因为 a 是一个 n 次幂,所以这些指数必定也是 n 的倍数. 而 m 和 n 的倍数必定也是 $[m,n]$ 的倍数,这意味着 a 是一个 $[m,n]$ 次幂. 当 $d = 1$ 时,结论也很明显,因为此时数列就包含所有有限数量的非负整数.

我们进一步令 $d \geqslant 2, p, q, b, c$ 是满足 $a + pd = b^m$ 和 $a + qd = c^n$ 的非负整数. 在 $\dfrac{\mathbb{Z}}{d\mathbb{Z}}$ 的余数组系列中,这意味着

$$\bar{a} = \overline{b^m} \text{ 或 } \bar{a} = \overline{c^n} \quad （我们用 \bar{x} 表示 x(\mathrm{mod}\ d)）$$

根据 $(a,d)=1$ 可知 $\bar{a}$ 在 $\dfrac{\mathbb{Z}}{d\mathbb{Z}}$ 中不可逆,所以上述等式实际上可以被看成是属于 $\dfrac{\mathbb{Z}}{d\mathbb{Z}}$ 中不可逆元素(可交换)群 $U\left(\dfrac{\mathbb{Z}}{d\mathbb{Z}}\right)$ 的等量关系. 根据上一题的结论,可知存在 $\bar{t}\in U\left(\dfrac{\mathbb{Z}}{n\mathbb{Z}}\right)$ 使得 $\bar{a}=\overline{t^{[m,n]}}$,即 $t^{[m,n]}=a+rd$(r 为整数). 我们可以找出一个足够大的 t 使得 r 为正整数,于是 $[m,n]$ 次幂 $t^{[m,n]}$ 就是等差数列 $(a+kd)_{k\geq0}$ 的一个项,证毕. 我们希望读者们自己证明一下:即使我们没有 $(a,d)=1$ 这一条件,本题结论依然成立.(参见第五章"等差数列和等比数列"一章中"推荐习题"中的第21题.)

10. 证法1 令

$$m=nq_1+r_1$$
$$n=r_1q_2+r_2$$
$$r_1=r_2q_3+r_3$$
$$\vdots$$
$$r_{k-2}=r_{k-1}q_k+r_k$$
$$r_{k-1}=r_kq_{k+1}$$

是关于 m 和 n 的欧几里得算法方程,使得 $d=(m,n)=r_k$. 我们已知

$$2^m-1=2^{r_1}(2^{nq_1}-1)+2^{r_1}-1=(2^n-1)2^{r_1}(2^{n(q_1-1)}+\cdots+2^n+1)+2^{r_1}-1$$

所以 2^m-1 除以 2^n-1 的余数是 $2^{r_1}-1$. 类似地,当 2^n-1 除以 $2^{r_1}-1$ 时,我们得到的余数是 $2^{r_2}-1$,后面依此类推. 这也意味着 2^m-1 和 2^n-1 的欧几里得算法为

$$2^m-1=(2^n-1)Q_1+2^{r_1}-1$$
$$2^n-1=(2^{r_1}-1)Q_2+2^{r_2}-1$$
$$2^{r_1}-1=(2^{r_2}-1)Q_3+2^{r_3}-1$$
$$\vdots$$
$$2^{r_{k-2}}-1=(2^{r_{k-1}}-1)Q_k+2^{r_k}-1$$
$$2^{r_{k-1}}-1=(2^{r_k}-1)Q_{k+1}$$

其中 $Q_1,\cdots,Q_{k+1}$ 为整数(这与我们的计算其实没什么关系). 因此,2^m-1 和 2^n-1 的最大公约数就是 $2^{r_k}-1=2^{(m,n)}-1$.

证法2 在第一种证法中,我们用到了以下规律:若 x 和 y 为正整数且 x 可以被 y 整除时,则 2^x-1 可以被 2^y-1 整除. 更加确切地说,若 $x=yz$,则可以得到

$$2^x-1=(2^y)^z-1=(2^y-1)(2^{y(z-1)}+2^{y(z-2)}+\cdots+2^y+1)$$

所以,如果 $d=(m,n)$,由于 $d\mid m$ 和 $d\mid n$,我们也可以得到 2^d-1 可以同时被 2^m-1 和 2^n-1 整除. 进而可知,存在正整数 s 和 t 使得 $sm-tn=d$,所以可以得到

$$(2^m - 1)(2^{m(s-1)} + 2^{m(s-2)} + \cdots + 2^m + 1)$$
$$= 2^{sm} - 1$$
$$= 2^d(2^{tn} - 1) + 2^d - 1$$
$$= (2^n - 1)2^d(2^{n(t-1)} + 2^{n(t-2)} + \cdots + 2^n + 1) + 2^d - 1$$

现在,方程

$$(2^m - 1)(2^{m(s-1)} + 2^{m(s-2)} + \cdots + 2^m + 1)$$
$$= (2^n - 1)2^d(2^{n(t-1)} + 2^{n(t-2)} + \cdots + 2^n + 1) + 2^d - 1$$

表明 $2^m - 1$ 和 $2^n - 1$ 的任意一个约数同样也能整除 $2^d - 1$,并且我们可以得到

$$2^d - 1 = (2^m - 1, 2^n - 1)$$

我们可以看到,如果用某个 $a \geq 2$ 代换 2,都不会改变上述任何一种证法. 因此,对于任意正整数 $a \geq 2, m, n$,我们都可以得到 $(a^m - 1, a^n - 1) = a^{(m,n)} - 1$.

11. 如果存在非负整数 x 和 y 使得 $n = ax + by$,那么我们就称 n 是可以被代表的(否则,如果不存在这样的 x 和 y,那么就是不可被代表的). 正如我们见到的,$N = ab - a - b$ 是最大的不可被代表的整数,所以不可被代表的数就在 $0, 1, \cdots, N$ 之中. 令 $n \in \{0, 1, \cdots, N\}$,我们马上可以看出 n 和 $N - n$ 不可能同时都是可被代表数,因为,如果那样的话,其和 N 也将可以被代表,而我们知道事实并非如此.

现在假设 n 是一个不可被代表的数,于是必定存在一个 $y \in \{0, 1, \cdots, a-1\}$ 使得 $n - by$ 是 a 的一个倍数,记为 $n - by = ax$(x 为整数). 由于 $n = ax + by$($y \geq 0$),且 n 不可被代表,所以我们必然得到 $x \leq -1$ 或 $x + 1 \leq 0$. 因此

$$N - n = ab - a - b - ax - by = -(x+1)a + (a-1-y)b$$

就是可被代表的,因为 $-(x+1) \geq 0$ 且 $a - 1 - y \geq 0$.

最后,对于任意 $n \in \{0, 1, \cdots, N\}$,$n$ 和 $N - n$ 中恰好有一个是可被代表的. 这表明不可被代表的整数数量是 $\{0, 1, \cdots, N\}$ 基数的一半,也就是 $\dfrac{N+1}{2} = \dfrac{(a-1)(b-1)}{2}$.

12. 显而易见,S 是无限数列,因为某一元素 $x \in S$ 的所有倍数 nx($n \in \mathbb{N}^*$)必定也都属于 S. 实际上,通过一次标准的归纳论证表明,如果 $x_1, \cdots, x_p \in S$ 且 $n_1, \cdots, n_p \in \mathbb{N}^*$,那么 $n_1 x_1 + \cdots + n_p x_p$ 也属于 S. 由于对 S 的每一个元素来说,其所有倍数都属于 S,所以集合 $M = \{m \in \mathbb{N}^* \mid \exists k_0 \in \mathbb{N}^*\}$ 使得 $km \in S, \forall k \geq k_0$ 是一个非空集合. 作为正整数集合的一个子集,我们将该集合的最小元素记为 d,于是关于 d 我们可以得到对于所有的正整数 $k \geq k_0$(k_0 为已知数)都有 $kd \in S$,并且如果某个 $d_1 \in \mathbb{N}^*$ 对所有 $k \geq k_1$ 也都满足 $kd_1 \in S$,则 $d_1 \geq d$(请注意,d 不必属于 S).

现在令 x 是 S 的任意元素,$\delta = (d, x)$ 是 d 和 x 的最大公约数. 同时,设 $q \geq k_0$,使得 $(q, x) = 1$(我们总能找出这样的 q 值,比如说 $1 + tx$,只要 t 足够大就可以). 由于 q 和 x

没有公约数(除了 1 以外),所以我们可以得到 $qd \in S$ 和 $(qd, x) = \delta$. 因为 $\dfrac{qd}{\delta}$ 和 $\dfrac{x}{\delta}$ 互素,而 (根据针对两个数的弗罗贝尼乌斯(Frobenius)问题)我们知道每个足够大的正整数都可以表示成

$$n_1\left(\frac{qd}{\delta}\right) + n_2\left(\frac{x}{\delta}\right) \quad (n_1 \text{ 和 } n_2 \text{ 是非负整数})$$

所以 δ 的所有有限数量的倍数都可以表示为 $n_1(qd) + n_2 x (n_1, n_2 \in \mathbb{N})$,正如前面所提到的(同时因为 qd 和 x 都属于 S),这些倍数也都属于 S. 这意味着 δ 是 M 的一个元素,因此 $\delta \geq d$. 另一方面,由于 δ 是 d 的一个约数,所以 $\delta \leq d$. 所以最终我们得到 $\delta = d$,进而得到 $d = (d, x)$,也就是说 d 是 x 的一个约数(这对于任意 $x \in S$ 都成立).

简而言之,我们得到了

$$\{kd \,|\, k \geq k_0\} \subseteq S \subseteq \{kd \,|\, k \in \mathbb{N}^*\}$$

这正是我们想要证明的:S 包含了 d 的所有倍数(可能会有有限个例外). 正如我们前面所说,d 不是必须属于 S,比如说 S 可以是 $6, 10, 12, 16, 18, 20, 22, 24, \cdots$(在这里,$d = 2$,$S$ 包含 2 的所有倍数 $2k(k \geq 8)$ 以及 $6, 10$ 和 12). 但是,如果 $d \in S$,那么 S 当然完完全全地包括了 d 的所有正倍数.

上述例子也说明 S 的集合表达式并非必须是 $\{kd \,|\, k \geq k_0\}$,而可以是由 d 的倍数中小于 $k_0 d$ 的数组成的有限集合.

13. $g(a_1, \cdots, a_n)$ 被称为集合 $\{a_1, \cdots, a_n\}$ 的弗罗贝尼乌斯数,当 $n = 2$ 时该结论已经得到证实(正如我们所知,西尔维斯特在 19 世纪末已经证明了 $g(a_1, a_2) = a_1 a_2 - a_1 - a_2$. 顺便需要提到的是,西尔维斯特还证明了:在此前提下,形如 $x_1 a_1 + x_2 a_2 (x_1, x_2 \geq 0)$ 的不可被代表正整数个数为 $\dfrac{(a_1 - 1)(a_2 - 1)}{2}$,参见第 11 题).

当 $n > 2$ 时,对于 $g(a_1, \cdots, a_n)$ 而言,尽管已知多种(在某种程度上有效的)算法,但是仍然无法确定其表达式. 但是,要证明 $g(a_1, \cdots, a_n)$ 的存在却是一件相对容易而可以实现的事情,比如说用归纳的方法.

假设对于互素正整数 $b_1, \cdots, b_{n-1}$ 存在 $g(b_1, \cdots, b_{n-1})$,并令 $a_1, \cdots, a_n$ 也是互素正整数. 设 $d = (a_1, \cdots, a_{n-1})$,从而得到

$$\left(\frac{a_1}{d}, \cdots, \frac{a_{n-1}}{d}\right) = 1 \text{ 和} (d, a_n) = 1$$

同时,令正整数 x 满足 $x > dg\left(\dfrac{a_1}{d}, \cdots, \dfrac{a_{n-1}}{d}\right) + (d-1)a_n$. 因为 d 和 a_n 互素,$x, x - a_n, \cdots,$ $x - (d-1)a_n$ 中有一个是 d 的倍数,所以存在整数 y 和 $x_n \in \{0, 1, \cdots, d-1\}$,使得 $x = yd + x_n a_n$. 现在,我们得到

$$yd = x - x_n a_n \geq x - (d-1)a_n > dg\left(\frac{a_1}{d}, \cdots, \frac{a_{n-1}}{d}\right)$$

所以存在非负整数 $x_1, \cdots, x_{n-1}$ 使得

$$y = x_1 \frac{a_1}{d} + \cdots + x_{n-1} \frac{a_{n-1}}{d} \Leftrightarrow yd = x_1 a_1 + \cdots + x_{n-1} a_{n-1}$$

因此,任意 $x > dg\left(\frac{a_1}{d}, \cdots, \frac{a_{n-1}}{d}\right) + (d-1)a_n$ 都可以用 $x_1 a_1 + \cdots + x_n a_n$ 的形式来表示,其中

$x_1, \cdots, x_n$ 是非负整数,这意味着存在 $g(a_1, \cdots, a_n)$,其最大值是 $dg\left(\frac{a_1}{d}, \cdots, \frac{a_{n-1}}{d}\right) + (d-1)a_n$.

14. 假设 $2abc - ab - ac - bc = xbc + yac + zab$,整数 $x, y, z \geq 0$. 由于 $a(2bc - b - c - yc - zb) = bc(x+1)$,并且 a 和 b, c 都互素(于是与 bc 也互素),所以我们就得到 a 能够整除 $x+1$,因而 $x+1 \geq a$. 类似地,也可以得到 $y+1 \geq b$ 和 $z+1 \geq c$. 因此,能够得到

$$2abc = (x+1)bc + (y+1)ac + (z+1)ab \geq 3abc$$

现在令 w 是一个大于 $2abc - ab - ac - bc$ 的整数. 由于

$$c(a-1)(b-1) \geq 0 \Leftrightarrow abc - ac - bc + c \geq 0$$

同时也可以得到

$$2abc - ab - ac - bc \geq abc - ab - c$$

所以

$$w > (ab)c - ab - c$$

进而,由于 ab 和 c 互素,根据关于 ab 和 c 的弗罗贝尼乌斯问题可知,存在非负整数 t 和 z 使得 $w = tc + zab$. 并且,我们知道在这个表达式中 z 的最大值为 $c-1$(见前文论证),于是

$$tc = w - zab > 2abc - ab - ac - bc - (c-1)ab = abc - ac - bc$$

也就是说

$$t > ab - a - b$$

同样地,a 和 b 互素,那么(通过再次应用关于 a 和 b 的弗罗贝尼乌斯问题之解)就存在非负整数 x 和 y 使得 $t = xb + ya$. 于是,得到 $w = tc + zab = (xb + ya)c + zab = xbc + yac + zab$,其中 x, y, z 是非负整数,证毕.

该题是出现在 1983 年法国举办的第二十四届国际数学奥林匹克竞赛第一天的比赛试卷中的第三题.

15. 令正整数 a 和 b 满足 $r = a/b$,使得 $(a, b) = 1$. 若 $a = 1$,则不证自明,所以我们假设 $a > 1$. 于是,我们可以求得 x_1 和 y_1,使得 $ay_1 - bx_1 = 1$,即 $\frac{a}{b} - \frac{x_1}{y_1} = \frac{1}{by_1}$. 而且,我们知道当 x_1 小于 a 且 y_1 小于 b 时,由于 x_1 和 y_1 互素,所以存在互素正整数 x_2 和 y_2,当 $x_1 > x_2$ 且 $y_1 > y_2$ 时,可以得到

$$x_1 y_2 - y_1 x_2 = 1 \Leftrightarrow \frac{x_1}{y_1} - \frac{x_2}{y_2} = \frac{1}{y_1 y_2}$$

进而,由于 $(x_2, y_2) = 1$,当 $x_3 < x_2$ 且 $y_3 < y_2$ 时

$$存在 x_2 y_3 - y_2 x_3 = 1 \Leftrightarrow \frac{x_2}{y_2} - \frac{x_3}{y_3} = \frac{1}{y_2 y_3}$$

一般化的表述为,假设我们可以求出 $a = x_0 > x_1 > \cdots > x_{n-1}$ 和 $b = y_0 > y_1 > \cdots > y_{n-1}$,使得 $(x_j, y_j) = 1 (0 \le j \le n-1)$ 且 $\frac{x_j}{y_j} - \frac{x_{j+1}}{y_{j+1}} = \frac{1}{y_j y_{j+1}} (0 \le j \le n-2)$ 那么就存在互素正整数 x_n 和 y_n,当 $x_{n-1} > x_n$ 和 $y_{n-1} > y_n$ 时,存在

$$x_{n-1} y_n - y_{n-1} x_n = 1 \Leftrightarrow \frac{x_{n-1}}{y_{n-1}} - \frac{x_n}{y_n} = \frac{1}{y_{n-1} y_n}$$

当然,这个过程并不是可以无限延续的.

因为 $x_0 > x_1 > \cdots$ 是一个递减正整数数列,所以必定存在某个 s 使得 $x_s = 1$. 同样的情况也存在于递减数列 $y_0 > y_1 > \cdots$ 中,但是需要注意的是所有分数 $\frac{x_j}{y_j}$ 都小于 1,因为它们自身也构成一个首项小于 1 的递减数列 $1 > \frac{a}{b} = \frac{x_0}{y_0} > \frac{x_1}{y_1} > \cdots$(每个分数与下一个分数的差都是正数). 所以,我们总是可以求得 $x_j < y_j$,所以当 $x_s = 1$ 时,我们仍然可以得到 $y_s > 1$.

现在,我们将所有的等量相加得到 $\frac{x_j}{y_j} - \frac{x_{j+1}}{y_{j+1}} = \frac{1}{y_j y_{j+1}} (0 \le j \le s-1)$,于是可以求得

$$\frac{a}{b} = \frac{1}{y_0 y_1} + \cdots + \frac{1}{y_{s-1} y_s} + \frac{x_s}{y_s} = \frac{1}{y_0 y_1} + \cdots + \frac{1}{y_{s-1} y_s} + \frac{1}{y_s}$$

这就是所要求的 a/b 的表达式,因为 $y_0 y_1 > y_1 y_2 > \cdots > y_{s-1} y_s > y_s > 1$. 举例来说,如果我们从 $r = 7/15$ 开始,那么我们首先可以得到 $7 \times 13 - 15 \times 6 = 1$,于是 $\frac{7}{15} - \frac{6}{13} = \frac{1}{15 \times 13}$. 继续这一过程,我们可以得到

$$\frac{7}{15} = \frac{1}{15 \times 13} + \frac{1}{13 \times 11} + \frac{1}{11 \times 9} + \frac{1}{9 \times 7} + \frac{1}{7 \times 5} + \frac{1}{5 \times 3} + \frac{1}{3}$$

这一结论对于了解 $\sum_{j=1}^{n} \frac{1}{(2j-1)(2j+1)} = \frac{n}{2n+1}$ 这一规律的人来说是很容易想到的.

我们也可以将上述提到的方法应用于大于 1 的分数. 举例来说,通过相同的方式,我们得到

$$\frac{22}{17} = \frac{1}{17 \times 7} + \frac{1}{7 \times 4} + \frac{1}{4 \times 1} + 1$$

所以 x 和 y 是同时达到 1 的. 读者可以尝试将这一方法应用于其他大于 1 的有理数看看会出现什么结果.

　　以分子为 1 分母大于 1 的不同分数之和来表示某个正有理数的方式被称为数的埃及式分数分解,这种方式适用于任何正有理数(正如其名字一样,埃及人的这种分解方法适用于解决分数问题的). 我们只是证明了适用于小于 1 的有理数的情况. 请尝试证明更为普适的情形(一开始可以试着用该方法来表示 22/17). 当然,有理数的这种表示法并不是唯一的. 我们肯定会注意到 $\dfrac{1}{a} = \dfrac{1}{a+1} + \dfrac{1}{a(a+1)}$ 这一等量关系使我们能够得到越来越多的相同形式的表达式. 比如说

$$1 = \frac{1}{2} + \frac{1}{3} + \frac{1}{6} = \frac{1}{2} + \frac{1}{3} + \frac{1}{7} + \frac{1}{42} = \frac{1}{2} + \frac{1}{3} + \frac{1}{7} + \frac{1}{43} + \frac{1}{1\,806}$$

等等. 我们还希望读者能够找到更多其他方法来证明存在将已知正整数进行埃及式分数分解的方法(这样的方法应该有很多种).

第三章　平　方　数

　　毫无疑问,完全平方数就是可以表示为 $n = k^2$(k 为整数)的正整数 n. 至于为什么称其为完全平方数也同样无须多言,因为人人都知道"方"是什么意思. 但是,在我们定义平方的代数形式之前,"方"只是一种几何图形. 不难看出,只有当 n 为完全平方数时,n 个点才能整齐地排列成一个方形.

　　这也可能纯粹是巧合,但是读者可能知道:可以表示为 $n = \dfrac{k(k+1)}{2}$($k \in \mathbb{Z}$)的数字 n 被称为三角数;同样地,可以表示为 $n = \dfrac{k(3k+1)}{2}$($k \in \mathbb{Z}$)的数称 n 被成为五角数. 顺便提一下,看上去毫无特色的五角数实际上在分拆理论中非常重要. 欧拉发现了一个关于五角数的重要递归数列 $p(n)$. 我们先来回顾一个函数 p,它用于计算某正整数可以表示成多个正整数之和的方法种数(无须考虑排序).

　　二次方程的世界是广阔的,以完全平方数为标题的一个章节甚至可以写得比一本书还要厚. 但是,在这里我们只想简单呈现数论中与平方数相关的最重要的概念和问题.

　　二次剩余定理　数列 $1, 4, 9, 16, 25, 36, 49, 64, 81, 100, 121, 144, 169, 196, 225, 256,$ $289, \cdots$ 具有很多关于平方数的简单特性. 即使是第一眼看到,我们都能马上注意到. 其中最广为人知的特点就是完全平方数的末位数字是周期性重复的,这显然是因为 $n^2 \equiv (n + 10)^2 \pmod{10}$. 很多学生经常会用到这一规律,即完全平方数的末位数字为数列 $0, 1, 4, 5, 6, 9$ 的其中之一,而这个末位数字究竟是什么呢? 当然就是 $n^2 \pmod{10}$ 的余数. 那么,这里的 10 有什么特殊的呢? 尽管我们选择了十进制,但是 10 本身并无特别之处,所以我们应尝试一下 10 以外的其他数字.

　　在我们讨论一般情况之前,读者需要知道一些非常简单的特例,而这些例子也同时非常重要. 任意整数都可以表示为 $3k$ 或者 $3k \pm 1$. 显然,我们可以得到 $(3k)^2 = 9k^2 \equiv 0 \pmod 3$ 和 $(3k \pm 1)^2 = 9k^2 \pm 6k + 1 \equiv 1 \pmod 3$,所以得到的余数只可能是 0 和 1. 类似地,每个整数非奇即偶,所以得到

$$(2k)^2 = 4k^2 \equiv 0 \pmod 4 \text{ 和 } (2k+1)^2 = 4k^2 + 4k + 1 \equiv 1 \pmod 4$$

于是,平方数被 4 除的时候,余数也只可能是 0 或者 1.

　　现在让我们来讨论一下任意奇质数 p 的情况. 当且仅当存在正整数 k 使得 $k^2 \equiv$

$r(\bmod\ p)$ 时,数字 $r\in\mathbb{Z}$ 就被称作是模 p 的二次剩余,否则就是模 p 的非二次剩余. 完全平方数显然都是二次剩余,特别是 0 和 1. 对于某个特定 p 值,我们定义以下函数 $\left(\dfrac{\cdot}{p}\right):\mathbb{Z}\to\{-1,0,1\}$,该函数被称作勒让德特征. 根据定义,若 $p\mid x$,则 $\left(\dfrac{x}{p}\right)$ 等于 0;若 p 不能整除 x 而 x 是模 p 的二次剩余,则 $\left(\dfrac{x}{p}\right)$ 等于 1;若 x 是模 p 的一个非二次剩余,则 $\left(\dfrac{x}{p}\right)$ 等于 -1.
以下是勒让德特征最重要最实用的四条特性:

1. $\left(\dfrac{a}{p}\right)\equiv a^{\frac{p-1}{2}}(\bmod\ p)$,$\forall\ a\in\mathbb{Z}$;

2. $\left(\dfrac{a}{p}\right)\left(\dfrac{b}{p}\right)=\left(\dfrac{ab}{p}\right)$,$\forall\ a,b\in\mathbb{Z}$;

3. 二次可逆法则: $\left(\dfrac{a}{p}\right)\left(\dfrac{q}{p}\right)=(-1)^{\frac{p-1}{2}\frac{q-1}{2}}$($p$ 和 q 为奇质数);

4. $\left(\dfrac{2}{p}\right)=(-1)^{\frac{p^2-1}{8}}$.

我们不会在这里证明上述特性,但是至少会尽力让读者熟悉证明所涉及的概念. 模 p 的非零余数集 $\mathbb{Z}_p^{*}=\{1,2,\cdots,p-1\}$ 具有以下特点:集合中存在一个元素 $g\in\mathbb{Z}_p^{*}$ 使得 $\mathbb{Z}_p^{*}=\{1,g,g^2,\cdots,g^{p-2}\}$. 当然 $\mathbb{Z}_p$ 意味着当 $p\mid a-b$ 时,$a=b$. 这样的元素被称作生成元,其个数为 $\varphi(p-1)$(φ 即欧拉的 φ 函数). 该函数用于计算不大于 n 且与 n 互素的正整数个数. 这样的话,$\mathbb{Z}_p^{*}$ 中的二次剩余集合就是 $\{1,g^2,g^4,\cdots,g^{p-3}\}$,而 $\mathbb{Z}_p^{*}$ 中模 p 的非二次剩余集合就是 $\{g,g^3,g^5,\cdots,g^{p-2}\}$. 现在我们可以看到,性质 1 和性质 2 可以马上得到证明,性质 3 较难一些(虽然高斯给出了六种证明方法),而性质 4 则更难. 到目前为止,我们还有一个重要结论没有提到:对于任意奇质数 p,模 p 的二次剩余个数和非二次剩余个数都是 $\dfrac{p-1}{2}$.

佩尔方程(Pell equation) 一般来说,形如 $ax^2-by^2=1$(a 和 b 为特定整数参数)的丢番图方程被称为佩尔型方程.

丢番图方程并非总是有解,但是佩尔型方程却至少有一个解,甚至存在无限多个解. 其中最简单而又最重要的就被称作佩尔方程: $x^2-dy^2=1$,其中 $d>0$ 是一个完全平方数. 数论中的这个重要定理可以表述为该方程总是有解且有无穷多个解.

我们还是不得不跳过证明过程,但是会提到求解该方程过程中最重要的步骤,即求一些基本解 (x_0,y_0),比如说,除 $(1,0)$ 以外的最小根. 所有的解 (x_n,y_n) 都可以用 $(x_0+y_0\sqrt{d})^n=x_n+y_n\sqrt{d}$ 表示. 一个类似且重要的佩尔型方程则是负的佩尔方程: $x^2-dy^2=-1$. 该方程并非总是有解. 它之所以是一个佩尔型方程当然是因为它等价于 $dy^2-x^2=1$,所以如果该方程至少有一个解,那么就会有无穷多个解. 负的佩尔方程的一个非常实用的性质就是:当 $p \equiv 1 \pmod 4$ 为质数时, $x^2 - py^2 = -1$ 总是有解.

典型的平方和问题 很多关于能否以平方和表示一个数的问题自然就出现了. 哪些数可以表示为两个平方数之和? 哪些数可以表示为三个平方数之和? 我们是否可以肯定任意正整数都可以用最多 x 个平方数之和来表示呢? 我们将用数论中的以下三个重要结论来回答上述三个问题:

1. 一个正整数可以表示为两个平方数之和,当且仅当其质因数分解中形如 $4k + 3$ 的任意质数的幂都是偶数(也可以为 0);

2. 一个正整数可以表示为三个平方数之和,当且仅当该数不能表示为 $4^k(8l + 7)$, 其中 k 和 l 为自然数(高斯(Gauss)同样证明了该结论);

3. 四平方数定理:任意非负整数都可以表示为(最多)四个平方数之和(参见第一章"推荐习题"中的问题 5,该定理也被称为拉格朗日定理).

证明过程是非常基础的(至少其中有一步是这样,因为也有非基础的证明)却又很难. 在第一个结论当中,由于存在非常多的情况,所以我们在这里只讨论其中的一部分. 其中简单却又很重要的一种情况就是:如果 $p \equiv 3 \pmod 4$ 为质数且 $p \mid a^2 + b^2$ 时,那么 $p \mid a$ 且 $p \mid b$. 显而易见,这里暗含了第一个命题中"仅当"的部分. 可是为什么该命题为真呢? 如果 p 能整除 a 或 b 中的任意一个,那么它也就能整除另一个. 所以,我们只需要证明不可能存在一个既不能整除 a 也不能整除 b 的 p 值即可. 由于 $p \equiv 3 \pmod 4$ 且 $\frac{p-1}{2}$ 为奇数,我们可以得到

$$a^2 \equiv -b^2 \pmod p \Rightarrow (a^2)^{\frac{p-1}{2}} \equiv (-b^2)^{\frac{p-1}{2}} \pmod p \Rightarrow a^{p-1} \equiv -b^{p-1} \pmod p$$

为假命题. 这可以通过费马小定理证得,即 $a^{p-1} \equiv b^{p-1} \equiv 1 \pmod p$, 该证明是充分的. 然而要证明"当"的部分却要困难得多. 尽管如此,该问题可以通过著名的丢番图 – 婆罗摩笈多 – 斐波那契(Diophantus-Brahmagupta-Fibonaui)恒等式(拉格朗日恒等式的一种特殊情况)得到简化

$$(a^2 + b^2)(x^2 + y^2) = (ax + by)^2 + (ay - bx)^2$$

现在,我们就可以证明"任意质数 $p \equiv 1 \pmod 4$ 都可以表示为两个完全平方数之和"了(尽管并不是很容易). 其中最短的证明方法要求掌握环 $Z[i]$ 的相关知识,但是我们已经在第一章中展示了一种最基础的证明方法.

现在让我们来看看对于上述结论的应用. 首先,是一道作为热身的组合不等式与数论题.

例 1 请证明:当且仅当 $m = n$ 时, $2^{2n+2} + 2^{m+2} + 1$ 是一个完全平方数($0 \leqslant m \leqslant 2n$, 且都为整数).

证明 显然,若 $m = n$, 则 $2^{2n+2} + 2^{m+2} + 1 = (2^{n+1} + 1)^2$. 现在假设 $2^{2n+2} + 2^{m+2} + 1 =$

x^2. 若 $m < n$，则 $(2^{n+1})^2 < 2^{2n+2} + 2^{m+2} + 1 < (2^{n+1}+1)^2$，于是 $2^{n+1} < x < 2^{n+1}+1$，这显然不成立. 所以，只能假设 $m > n$ 且 $m \leqslant 2n$. 显然，如果 x 为奇数，那么由于 $2^{m+2} \mid (x-1)(x+1)$，知 $x-1$ 和 $x+1$ 中会有一个是 2^{m+1} 的倍数. 于是，因为 $m \geqslant 2n - m + 2$，就可以得到 $2^{m+1} - 2 \geqslant 2^{2n-m+3} - 2 = 4 \cdot 2^{2n-m+1} - 2 > 2^{2n-m+1} + 2$，这也就意味着 $(x-1) \cdot (x+1) \geqslant 2^{m+1}(2^{m+1}-2) > 2^{m+2}(2^{2n-m}+1)$. 这与 $(x-1)(x+1) = 2^{m+2}(2^{2n-m}+1)$ 相矛盾. 这就证明了 $m = n$.

我们接下来看一个四平方数定理的绝佳案例以及著名的华林问题（Waring problem）的一种特殊情况.

例2 请证明：对于任意正整数 n，等式 $n = x_1^4 + x_x^4 + \cdots + x_{53}^4$ 都有整数解.

证明 我们来考察一下等式 $(a-b)^4 + (a+b)^4 = 2(a^4 + b^4 + 6a^2 b^2)$. 该等式暗含了恒等式 $\sum_{1 \leqslant i < j \leqslant 4} (a_i - a_j)^4 + (a_i + a_j)^4 = 6\left(\sum_{i=1}^{4} a_i^2\right)^2$. 因此，通过应用四平方数定理，我们可以推导出对于所有 $n \geqslant 0$，12 个四次方数之和都为 $6n^2$. 现在再次应用四平方数定理，就可以得到 48 个四次方数之和为 6 的任意倍数. 还有待考察的是，任意正整数是否都可以表示为 $6k + r(0 \leqslant r \leqslant 5)$，以及对于任意 $0 \leqslant r \leqslant 5$，该式是否都可以表示为 5 个以下四次平方数之和.

例3 请证明：当且仅当正整数 n 可以表示为 $9k, 9k-1$ 或 $9k-5(k \geqslant 2)$ 其中之一时，集合 $\{1^2, 2^2, \cdots, n^2\}$ 中的前 n 个非零平方数可以被分割成各元素之和相等的三个子集.

证明 首先假设存在符合题目要求的划分方法，那么每个子集的各元素之和必定为 $\dfrac{1^2 + 2^2 + \cdots + n^2}{3} = \dfrac{n(n+1)(2n+1)}{18}$. 因此，$n(n+1)(2n+1)$ 必须能被 9 整除. $n, n+1$ 和 $2n+1$ 不可能同时存在两个数都能被 3 整除，从而得到其中有一个数必须能被 9 整除，这也就意味着 n 必须能够表述为 $9k, 9k-1$ 或 $9k-5$（k 为整数）中的一种. 为了证明 k 值至少为 2，我们需要先证明 $\{1^2, 2^2, \cdots, 9^2\}$，$\{1^2, 2^2, \cdots, 8^2\}$，$\{1^2, 2^2, 3^2, 4^2\}$ 这三个集合中不存在可以按照题目要求进行划分的集合. 这显然说的就是第三个集合，因为如果存在这样的集合，那么每个子集的加和将是 10，而与之相悖的是有一个子集将包含元素 $4^2 = 16$. 若集合 $\{1^2, 2^2, \cdots, 9^2\}$ 可分，那么每个子集各元素之和将会是 95. 由于其中一个子集将包含 64，所以必定需要有一些平方数的加和为 31，但是显而易见，这是不可能出现的. 同样的推理也可以证明第二个集合不能按照题目要求进行划分（每个子集的各元素相加作和必须为 68 而其中一个子集包含元素 49）.

现在，反过来令 $P(n)$ 代表题中的命题. 假定前 n 个非零平方数组成的集合可以被划分成各元素之和相等的三个子集，其划分方式为

$$\{(n+1)^2, (n+2)^2, \cdots, (n+18)^2\}$$
$$= \{(n+1)^2, (n+6)^2, (n+9)^2, (n+10)^2, (n+14)^2, (n+17)^2\} \cup$$

$$\{(n+2)^2,(n+5)^2,(n+7)^2,(n+12)^2,(n+16)^2\}\cup$$
$$\{(n+3)^2,(n+4)^2,(n+8)^2,(n+11)^2,(n+13)^2,(n+15)^2,(n+18)^2\}$$

这表明 18 个连续完全平方数可以被分成元素值加和相等的三个子集,所以可以简化表示为 $P(n)\Rightarrow P(n+18)$. 我们只需要证明 $P(13),P(17),P(18),P(22),P(26),P(27)$ 为真即可完成论证,而我们可以通过列出划分方法来证明其为真

$$\{1^2,\cdots,13^2\}=\{1^2,3^2,5^2,6^2,9^2,11^2\}\cup\{2^2,10^2,13^2\}\cup\{4^2,7^2,8^2,12^2\}$$
$$\{1^2,\cdots,17^2\}=\{1^2,2^2,13^2,14^2,15^2\}\cup\{3^2,4^2,5^2,16^2,17^2\}\cup$$
$$\{6^2,7^2,8^2,9^2,10^2,11^2,12^2\}$$
$$\{1^2,\cdots,18^2\}=\{1^2,6^2,9^2,10^2,14^2,17^2\}\cup\{2^2,5^2,7^2,12^2,15^2,16^2\}\cup$$
$$\{3^2,4^2,8^2,11^2,13^2,18^2\}$$
$$\{1^2,\cdots,22^2\}=\{1^2,3^2,6^2,13^2,17^2,19^2,20^2\}\cup$$
$$\{2^2,5^2,7^2,8^2,9^2,10^2,11^2,12^2,14^2,15^2,16^2\}\cup$$
$$\{4^2,18^2,21^2,22^2\}$$
$$\{1^2,\cdots,26^2\}=\{1^2,4^2,14^2,20^2,21^2,22^2,23^2\}\cup$$
$$\{2^2,5^2,6^2,7^2,8^2,11^2,12^2,13^2,15^2,16^2,17^2,18^2,19^2\}\cup$$
$$\{3^2,9^2,10^2,24^2,25^2,26^2\}$$
$$\{1^2,\cdots,27^2\}=\{1^2,2^2,3^2,4^2,5^2,15^2,25^2,26^2,27^2\}\cup$$
$$\{6^2,7^2,9^2,11^2,12^2,13^2,16^2,17^2,18^2,20^2,21^2\}\cup$$
$$\{8^2,10^2,14^2,19^2,22^2,23^2,24^2\}$$

证毕.

接下来的这些问题看上去会很简单,但实际上更具有挑战性.

例 4 令 a 和 b 为整数,且对于任意正整数 $n,a\cdot 2^n+b$ 都是完全平方数. 请证明:$a=0$.

证明 显然,$a\geq 0$,否则在 n 值非常大的时候,$a\cdot 2^n+b$ 将是负数. 假设 $a>0$ 并令 $x_n^2=a\cdot 2^n+b(x_n$ 为非负整数). 可以得到,当 n 足够大时

$$|x_{n+2}-2x_n|=\left|\sqrt{4a\cdot 2^n+b}-\sqrt{4a\cdot 2^n+4b}\right|$$
$$=\frac{3|b|}{\sqrt{4a\cdot 2^n+b}+\sqrt{4a\cdot 2^n+4b}}<1$$

于是,存在一个 n 值使得 $x_{n+2}=2x_n$,这表明 $b=4b,b=0$. 然而当 $a>0$ 时,对于任意 n 值,$a\cdot 2^n$ 并非恒为完全平方数(可以看一下 2 的指数部分的因式分解),所以前后矛盾. 于是,$a=0$ 就是唯一剩下的可能值了,即 b 为完全平方数.

我们将以另外两个较难的问题来结束本章的理论部分.

例 5 请证明:对于所有 $n\geq 1$,n 个连续正整数都不能表示为 $a^2+2b^2(a,b\in\mathbb{Z})$.

解 根据狄利克雷原理,我们可以得到一个形如 $8k+7$ 的无限质数列 $(p_n)_{n\geq 1}$. 根据

中国剩余定理(孙子定理),存在一个正整数 x 使得 $x+i\equiv p_i(\bmod p_i^2)(1\leqslant i\leqslant n)$. 根据题意,$x+1,x+2,\cdots,x+n$ 都不能表示为 $a^2+2b^2(a,b\in\mathbb{Z})$. 我们假定 $1\leqslant i\leqslant n$ 且 $x-i=a^2+2b^2$,于是 $p_i\mid a^2+2b^2$. 若 $p_i(\bmod b)$,那么 $-2\equiv(ab^{-1})^2(\bmod p_i)$,其中 b^{-1} 为 b 关于 p_i 的模的倒数. 所以,$\left(-\dfrac{2}{p_i}\right)=1$,这表明 $(-1)^{\frac{p_i-1}{2}+\frac{p_i^2-1}{8}}=1$. 因此,$\dfrac{p_i-1}{2}+\dfrac{p_i^2-1}{8}$ 是偶数,这与 $p_i\equiv 7(\bmod 8)$ 矛盾. 因此,$p_i\mid b$ 且 $p_i\mid a$,但是那样的话 $p_i^2\mid x+i$,这是不可能发生的.

最后,我们来看一道关于佩尔等式应用的难题,该题由 Gabriel Dospinescu 最早提出.

例6　是否存在一个包含两个变量的多项式 f(参数均为整数)使得 $\{f(m,n)\mid m,n\in\mathbb{Z}\}\cap\{1,2,3,\cdots\}=\{x_n^{2\,007}\mid n\geqslant 1\}$,其中 $x_n=\dfrac{(1+\sqrt{2})^n+(1-\sqrt{2})^n}{2}$?

解　可见,答案是一个正数. 让我们来看一下等式 $f(X,Y)=X^{2\,007}(2-(X^2-2Y^2)^2)$. 若 $m,n\in\mathbb{Z}$,我们显然可以得到 $f(m,n)>0\Leftrightarrow 2>(m^2-2n^2)^2\Leftrightarrow|m^2-2n^2|=1$. 对于最右边的这个等式,我们可以将其解表示为 $m_k-n_k\sqrt{2}=(1-\sqrt{2})^k$. 这表明

$$\{f(m,n)\mid m,n\in\mathbb{Z}\}\cap\{1,2,\cdots\}=\{f(m_k,n_k)\mid k\geqslant 1\}$$
$$=\{m_k^{2\,007}\mid k\geqslant 1\}=\{x_k^{2\,007}\mid k\geqslant 1\}$$

推荐习题

1. 请证明:四个正整数乘积的后一个数是一个完全平方数.

2. 请问在什么时候 m^2+n 和 $n^2+m(m,n\geqslant 1)$ 都是平方数?

3. 某学生写下了一个九位数,在各数位上 1 至 9 各数字正好都只出现一次. 请问:在最多可以擦掉 7 个数字的情况下,该生是否可以得到一个完全平方数?

4. 形如 111…111 的数是否可能是两个平方数之和?

5. 请证明:存在有限多组所用数字相同的完全平方数对.

6. 某学生在黑板上写下一行数字 $1^2,2^2,\cdots,99^2$. 请问:所得到的这个庞大的数是否是一个完全平方数?

7. 请证明:当且仅当某数的正约数个数为奇数时,则该数是一个完全平方数.

8. 若 n 为正整数,$d(n)$ 是 n 的正约数个数,请证明:$n^{d(n)}$ 是一个完全平方数.

9. 哪些正整数可以表示成两个完全平方数的差?

10. 请证明:若两个正整数都可以分别表示成两个完全平方数之差,那么它们的乘积也具有这一特性.

11. 请证明:每一个正整数都可以表示成 $\pm 1^2\pm 2^2\pm\cdots\pm n^2$.

12. 请证明:存在有限多个 n 使得 $n^2+1\mid n!$.

13. 对于每一个质数 p,如果通过 $p\mid n$ 可以得到 $p^2\mid n$,那么我们就可以称正整数 n 是

强数. 请证明:存在有限多个两者都是强数的连续整数对.

14. 请证明:对于每一个 $n>0$ 都存在一个质数 $p<2\,006n^{\frac{3}{4}}$ 使得 $-n$ 是模 p 的一个非二次余数.

15. 对于每一个 $n>0$ 来说, $a_1^n + a_2^n + \cdots + a_{2\,002}^n$ 都是一个完全平方数,请问:在数列 a_1, $a_2,\cdots,a_{2\,002}$ 中最少有几个零项?

16. 请证明:存在有限数量的正整数可以表示成不同完全平方数之和.

17. 能否求出 100 个不大于 25 000 的正整数,使其两两之和都各不相同?

18. 求出由一些 6 和一个 4 组成的所有十进制数.

19. 将集合 $\{1,2,\cdots,2n\}$ 划分成 n 个由两个元素组成的集合,使得各集合中两个元素之和是一个完全平方数,请问:正整数 n 的值.

20. 令 $n\geq 1$ 为自然数. 请证明:当且仅当形如 $n=8k-1$ 或者 $n=8k(k\geq 2)$ 的 n 值为正整数时,集合 $\{1^2,2^2,\cdots,n^2\}$ 的前 n 个完全平方数可以被划分成四个子集,其中每一个子集的各元素值之和都相等.

21. 是否存在一个多项式 $P(X,Y,Z)$,它包含三个各自系数为整数的变量,使得 $P(x,y,z)$ 值的集合(x,y,z 为正整数)正好就是非平方正整数集?

22. 求出所有等差数列 $(a_n)_{n\geq 1}$ 使得 $a_1+\cdots+a_n$ 对于所有 n 都是完全平方数.

答案

1. 对于每一个 n,我们都可以得到 $n(n+1)(n+2)(n+3)+1=(n^2+3n)(n^2+3n+2)+1=(n^2+3n+1)^2$.

2. 任何时候都不会是平方数. 我们不失一般性地假设 $m\geq n$,于是, $m^2<m^2+n\leq m^2+m<(m+1)^2$. 因此, m^2+n 不是一个完全平方数.

3. (Bogdan Enescu)假设这是可能发生的. 如果 6 出现在 1 后面,那么我们会得到 16,所以 6 出现在 1 的前面. 如果 4 出现在 6 后面,就会得到 64,所以 4 出现在 6 之前. 如果 9 出现在 4 后面,就会得到 49,所以 9 出现在 4 之前. 现在,我们就得到了排列顺序 $9\rightarrow 4\rightarrow 6\rightarrow 1$. 而我们现在可以取 961,这就形成了矛盾.

4. 由于最后两个位数码为 1,所以 $111\cdots 111\equiv 11\equiv 3(\bmod\,4)$. 这样的数不能表示为两个平方数之和,因为完全平方数除以 4 的余数只能是 0 和 1.

5. 256 和 625 就是符合要求的一对数,在其后加上偶数个 0 就会出现无数个这样的数对了.

6. 这里用到的理念就是位数码和. 我们必须小心,该数的位数码和不是 $1^2+2^2+\cdots+99^2$,因为大部分的这些项不是单个数字. 但是,求和(该和恒等于 $6(\bmod\,9)$)的这些数模 9 恒等,因为每个数的位数码之和都与模 9 恒等. 因此,我们的这个数是 3 的倍数而不是 9 的倍数,所以不是一个完全平方数.

7. 令 $n = p_1^{a_1} p_2^{a_2} \cdots p_k^{a_k}$. 众所周知, n 的正约数个数为 $d(n) = (a_1 + 1)(a_2 + 1) \cdots (a_k + 1)$. 当且仅当所有的 $a_i + 1$ 为奇数(即所有的 a_i 为偶数, 也就是说 n 是一个完全平方数)时, 该数就是一个奇数. 另一种方法是将 n 的所有约数像 $\left\{d, \frac{n}{d}\right\}$ 这样进行配对. 若 n 是完全平方数, 则位于中间的约数对就是 $(\sqrt{n}, \sqrt{n})$, 正好有一个约数重复, 所以 $d(n)$ 是奇数. 若 n 不是完全平方数, 则不出现重复的约数, 所以 $d(n)$ 是偶数.

8. 如果 n 是完全平方数, 结果是显而易见的. 若 n 不是完全平方数, 则我们在上题中已经看到 $d(n)$ 是偶数, 因此 $n^{d(n)}$ 是一个完全平方数.

9. 答案是除了形如 $4k + 2$ 的所有正整数. 因为 0 和 1 是完全平方数除以 4 后仅有的两种余数, 所以很容易看出两个完全平方数之差不会有 $4k + 2$ 这样的形式. 剩下的正整数要么是奇数, 要么就是形如 $4k$ 这样的数, 我们可以得到 $(k+1)^2 - k^2 = 2k + 1$ 和 $(k+1)^2 - (k-1)^2 = 4k$, 于是求解过程就完成了.

10. 本题是紧接着上题的. 另一种解题方法是应用一个简单的规律: $(a^2 - b^2)(c^2 - d^2) = (ac + bd)^2 - (ad + bc)^2$.

11. 该结论是埃尔特希提出的. 我们将所有符合要求的正整数称为优质数. 我们要证明的是, 若 n 是优质的, 则 $n + 4$ 也是优质的. 令 $n = \pm 1^2 \pm 2^2 \pm \cdots \pm k^2$, 根据规律等式 $(k+1)^2 - (k+2)^2 - (k+3)^2 + (k+4)^2 = 4$, 我们可以得到 $n + 4 = \pm 1^2 \pm 2^2 \pm \cdots \pm k^2 + (k+1)^2 - (k+2)^2 - (k+3)^2 + (k+4)^2$, 所以 $n + 4$ 是优质的. 现在, 我们只要证明 0, 1, 2, 3, 4 是优质数即可, 这是很容易证明的, 我们把它们留给读者作为练习.

12. 正如我们在本章正文所述, 负的佩尔方程 $x^2 - 5y^2 = -1$ 有无数个解. 对于足够大的 x 和 $y(x > 2y)$, 存在 $x^2 + 1 = 5y^2 \mid (2y)! \mid x!$, 本题得解.

13. 本题存在不止一种解题方法, 我们这里采用佩尔方程来解题. 我们需要思考的佩尔方程是 $x^2 - 8y^2 = 1$, 由于 x^2 和 $8y^2$ 永远都是强数, 所以本题得解.

14. (Adrian Zahariuc) 我们取最大的非负整数 a 使得 $N = 4n - (4a^2 + 1)^2 \geq 0$, 通过简单计算, 可以得到 $N < 2\,006n^{\frac{3}{4}}$.

由于 $N > 0$ 且 $N \equiv 3 \pmod 4$, 所以存在 N 的一个质因数 $p \equiv 3 \pmod 4$. 我们令 p 是符合要求的数, 自然就可以得到 $p \leq N < 2\,006n^{\frac{3}{4}}$. 通过反证法, 我们假设存在一个 $k \in \mathbb{Z}$ 使得 $p \mid k^2 + n \Rightarrow p \mid 4k^2 + 4n = 4k^2 + (4a^2 + 1)^2 + N \Rightarrow p \mid 4k^2 + (4a^2 + 1)^2$, 由于 $p \equiv 3 \pmod 4$, 所以可以得到 $p \mid 2k$ 和 $p \mid 4a^2 + 1$.

15. (Gabriel Dospinescu) 答案是 66. 这显然可以用 66 个 0 和 1\,936 个 1 来实现. 现在令 $a_1 \leq a_2 \leq \cdots \leq a_k$ 是该数列中的非零元素. 那么, $a_1^n + \cdots + a_k^n$ 就总会是一个完全平方数. 我们设 k 是一个完全平方数, 这足以解决该问题. 对于每一个质数 $p > a_k$, 我们可以得到 $(p, a_i) = 1$ 对于所有 a_i 都成立, 于是可以得到 $a_1^{p-1} + \cdots + a_k^{p-1} \equiv \pmod p$, 这意味着对于

足够大的质数 p 来说 k 是模 p 的一个二次余数. 令 $k = 2^u m^2 q_1 q_2 \cdots q_t, u \in \{0, 1\}$,其中 q_1,$q_2, \cdots, q_t$ 是奇质数. 设 $t \geq 1$,那么对于 $p > a_k$,我们可以得到

$$\left(\frac{k}{p}\right) = \left(\frac{2}{p}\right)^u \left(\frac{q_1}{p}\right) \cdots \left(\frac{q_t}{p}\right)$$

$$= (-1)^{u \frac{p^2-1}{8}} (-1)^{\frac{(p-1)(q_1-1)}{4} \cdots \frac{(p-1)(q_t-1)}{4}} \left(\frac{p}{q_1}\right) \cdots \left(\frac{p}{q_t}\right)$$

取 $p \equiv 1 (\mod 8)$,我们可以确定 $\left(\frac{k}{p}\right) = \left(\frac{p}{q_1}\right) \cdots \left(\frac{p}{q_t}\right)$. 如果 r 是模 q_1 的二次非剩余,取 p 值满足 $p \equiv r (\mod q_1)$ 且 $p \equiv 1 (\mod q_i) (i \geq 2)$,那么显然 $\left(\frac{k}{p}\right) = -1$,而这与前述结果相矛盾. 中国余数定律和狄利克雷定理证明了此类 p 值存在. 因此,$t = 0$ 也可以很容易地得到 $u = 0$. 因此,$k = m^2$,证毕.

16. **证法 1** (Radu Todor,IMO 2000 候选)取 N 为正整数(比如取 $N = 29$),使得 $N = a^2 + b^2$ 和 $2N = c^2 + d^2$,其中 a, b, c, d 互素. 对于任意正整数 m,我们来看一下其以 2 的不同指数幂之和的表示式 $m = \sum 2^{x_i}$. 将奇数指数幂和偶数指数幂分别放在一起,可得 $m = \sum 4^{y_i} + 2 \sum 4^{z_i}$. 现在,已知

$$4Nm = \sum (2^{y_i+1} a)^2 + \sum (2^{y_i+1} b)^2 + \sum (2^{z_i+1} c)^2 + \sum (2^{z_i+1} d)^2$$

所以我们可以用不同偶数平方数之和来表示 $4Nm$.

取任意正整数 $n > K$:$1^2 + (2N+1)^2 + (2 \times 2N + 1)^2 + \cdots + (2N(4N-2) + 1)^2$,令 $n = 4Nq + r, 0 \leq r < 4N$. 由于 $r \equiv 1^2 + (2N+1)^2 + (2 \times 2N + 1)^2 + \cdots + (2N(r-1) + 1)^2 :=$ $M (\mod 4N)$,所以,可以将 n 表示为 $n = 4Nk + M$. 但是,由于 $4Nk$ 是不同偶数平方数之和,而 M 是所有奇数平方数之和,所以所有 $n > K$ 都具备本题所求特性,本题得解.

证法 2 我们的解答将依据以下引理:

引理 假设 $(a_n)_{n \geq 1}$ 是一个具备以下特性的正整数列:

(1)存在正整数 p, q, s 使得 $p \leq q$,且区间 $[p, q]$ 内的任意整数都等于数列 $\{a_n\}_{n \geq 1}$ 在 $a_1, \cdots, a_s$ 中不同项之和;

(2)对于上述设定的 p, q, s,我们可以得到 $a_{s+t} \leq a_{s+1} + \cdots + a_{s+t-1} + q - p$ 对于每一个整数 $t \geq 1$ 都成立. ($t = 1$ 的情况意味着 $a_{s+1} \leq q - p_1$,也就是说不等式右侧的和是零).

那么,大于等于 p 的任意整数都可以表示为数列 $\{a_n\}_{n \geq 1}$ 中不同项之和.

证明 我们通过对 t 的归纳来证明区间 $[p, q + a_{s+1} + \cdots + a_{s+t}]$ 内的任意整数都等于数列 $\{a_n\}_{n \geq 1}$ 中指数小于等于 $s + t$ 的不同项之和.

对于 $t = 0$ 的情况,假设中的(1)表明上述结论为真. 假定上述结论对于 $t - 1$ 为真,我们要证明的就是上述结论对于 $t \geq 1$ 时成立. 若 x 是区间 $[p, q + a_{s+1} + \cdots + a_{s+t}]$ 内的整数,就会出现两种可能性:x 可能在区间 $[p, q + a_{s+1} + \cdots + a_{s+t-1}]$ 内,此时,根据上述归纳

假设就可以解答；或者，x 可能在区间 $[q+a_{s+1}+\cdots+a_{s+t},q+a_{s+1}+\cdots+a_{s+t}]$ 内，此时 $x-a_{s+t}$ 属于 $[q+a_{s+1}+\cdots+a_{s+t-1}-a_{s+t},q+a_{s+1}+\cdots+a_{s+t-1}]$．但是，由于从假设中的 (2) 可知该区间包含于 $[p,q+a_{s+1}+\cdots+a_{s+t-1}]$，所以根据上述归纳假设，$x-a_{s+t}$ 等于数列 $(a_n)_{n\geqslant 1}$ 中指数小于等于 $s+t-1$ 的不同项之和．证毕．

我们可能会注意到，上述引理的以下变体也是成立的：如果 $\{a_n\}_{n\geqslant 1}$ 是一个具备以下特性的正整数列：$(1')$ 同引理中的 (1)；$(2')$ 如果对于所有 $n\geqslant s+1$ 都存在 $a_{s+1}\leqslant q-p$ 和 $a_{n+1}\leqslant 2a_n$，那么大于等于 p 的任意正整数等于数列 $(a_n)_{n\geqslant 1}$ 的不同项之和．其实，新的假设 $(2')$ 也可以通过一个关于 t 的简单归纳（读者应该可以自己归纳出来）来证明前述假设 (2) 的成立．该新假设已经由里歇特在 1949 年进行证明．我们利用该结论来证明大于等于 129 的任意正整数都等于不同平方数之和．为了得到该结论，首先读者自己需要证明区间 $[129,298]$ 内的任意正整数都可以表示为 $1^2,\cdots,12^2$ 中的不同平方数之和．比如说，$129=10^2+5^2+2^2$，还有 $298=12^2+10^2+7^2+2^2+1^2$．于是，我们可以将前述引理应用于平方数（即对于所有 $n\geqslant 1$ 都存在 $a_n=n^2$）数列 $(a_n)_{n\geqslant 1}$ 中，此时，取 $p=129,q=298,s=12$．但是，我们更偏向于应用里歇特定理而非前述引理，即我们还需要注意到 $a_{s+1}=a_{13}=169=298-129=q-p$，以及不等式 $a_{n+1}\leqslant 2a_n\Leftrightarrow(n+1)^2\leqslant 2n^2$ 对于所有 $n\geqslant 3$（我们只需要在 $n\geqslant 12$ 时用到该结论）都成立．（利用上述事实）我们也就证得了我们想要的新引理：大于等于 129 的任意正整数都等于不同平方数之和．事实上，斯普拉格在 1949 年就证得：不能由不同平方数之和表示的正整数只有 2,3,6,7,8,11,12,15,18,19,22,23,24,27, 28,31,32,33,43,44,47,48,60,67,72,76,92,96,108,112,128（参见斯隆《整数数列"在线"百科全书》中的数列 A001422）．

顺便提一下，由上述引理可以进一步推得以下结论：

引理 假定 $(a_n)_{n\geqslant 1}$ 是一个具备以下特性的正整数数列：

(1) 存在正整数 p,q,s，使得 $p\leqslant q$，且区间 $[p,q]$ 中的任意整数等于数列 $(a_n)_{n\geqslant 1}$ 在 $a_1,\cdots,a_s$ 中不同项之和；

(2) 这些 p,q,s 对于任意整数 $t\geqslant 1$ 都满足 $a_{s+t}\leqslant a_{s+1}+\cdots+a_{s+t-1}+q-p$；

(3) $\dfrac{a_1+\cdots+a_s}{2}\leqslant q$；

(4) 数列 $\{a_n\}_{n\geqslant 1}$ 包含无限多个奇数项．

那么，对于任意整数 k 都存在无限多个 m 使得 $k=\pm a_1\pm a_2\pm\cdots\pm a_m$（只要取相应的正负号）．

证明 正如我们所看到的，大于等于 p 的任意整数都等于数列 $\{a_n\}_{n\geqslant 1}$ 中不同项之和．同时，还请注意，根据假设条件 (3) 可以得到 $\dfrac{a_1+\cdots+a_m}{2}\leqslant q+a_{s+1}+\cdots+a_m$ 对于所有 $m\geqslant s$ 都成立．显然，这足以证明该引理对于所有非负整数 k（对于负数 k，我们只要改变符

号以 $-k$ 表示即可)都成立. 对于无限多个(足够大的) m 值, $a_1 + \cdots + a_m$ 具有和 k 同样的奇偶性(这取决于假定条件(4))并且足以使 $\dfrac{a_1 + \cdots + a_m - k}{2} \geq p$ 成立. 所以,

$\dfrac{a_1 + \cdots + a_m - k}{2}$ 是一个大于等于 p 且小于 $\dfrac{a_1 + \cdots + a_m}{2} \leq q + a_{s+1} + \cdots + a_m$ 的正整数. 根据我们刚刚证得的结论,在其指数不大于 m 时,该数等于数列 $\{a_n\}_{n \geq 1}$ 中某几项的和

$$\frac{a_1 + \cdots + a_m - k}{2} = a_{i_1} + \cdots + a_{i_j} \quad (1 \leq i_1 < \cdots < i_j \leq m)$$

这就可以导出我们想要的结论了: $k = a_1 + \cdots + a_m - 2(a_{i_1} + \cdots + a_{i_j})$. 该引理证毕.

为了将该衍生后的引理应用到平方数列中(并且得到结论:任意 k 值具有无限多个形如 $k = \pm 1^2 \pm \cdots \pm m^2$ 的表示方法),我们必须将 q 值改为 325,使得不等式(3)为真(并且是以等式的形式). 幸运的是,对于同样的 $s = 12$,这并不影响引理(1)和引理(2)的真假. 读者可以自己验证(可能需要借助计算机). 但是,这还不是将该结论应用于平方数列的最聪明的证明方法(参见题 11). 相反,读者可能更喜欢尝试将该引理应用到(指数至少为 2 的)完全方幂数列中,即 $a_1 = 1, a_2 = 4, a_3 = 8, a_4 = 9, a_5 = 16, a_6 = 25, a_7 = 27, a_8 = 32, a_9 = 36, a_{10} = 49$ 等. 它们可以通过取 $p = 24$, $q = 56$, $s = 7$,来证明该数列满足衍生版引理中的各假设,于是,任意 k 值就会有无限多个形如 $k = \pm 1 \pm 4 \pm 8 \pm 9 \pm \cdots$ 的表达方法了. 最后还有一个提示,从 $n = 2$ 开始, $a_{n+1} \leq 2a_n$ 对于数列也是成立的.

17. (IMO 2001 候选)是的,这是可能的. 我们已知对于任意质数 p 存在 p 个不大于 $2p^2$ 的符合要求之数. 由于 $2 \cdot 101^2 < 25\,000$,上述已知条件已经足够解题了. 以 $\overline{k}$ 表示 k 被 p 除后的余数,我们令 $2kp + \overline{k^2}, k = 1, 2, \cdots, p$ 为符合要求的数. 假定 $2ap + \overline{a^2} + 2bp + \overline{b^2} = 2cp + \overline{c^2} + 2dp + \overline{d^2}$ ($a, b, c, d \in \{1, 2, \cdots, p\}$),于是得到, $2p(a + b) + (\overline{a^2} + \overline{b^2}) = 2p(c + d) + (\overline{c^2} + \overline{d^2})$. 因此, $a + b = c + d$,且 $\overline{a^2} + \overline{b^2} = \overline{c^2} + \overline{d^2} \Rightarrow a^2 + b^2 \equiv c^2 + d^2 \pmod{p}$. 从上式很容易可以得到结论 $\{a, b\} = \{c, d\}$,我们的解答也就完成了.

18. 这样的平方数,其末两位数字不可能是 66 或 46,因为那样的话该数能被 2 整除却不能被 4 整除(平方数不能被 4 整除). 所以,该数的形式必定为 $N = 6\cdots64$. 由于末四位数字为 $6\,664 = 8 \times 833$ 的数能被 8 整除却不能被 16 整除,所以, N 如果至少是一个四位数的话也具有此特性(因此, N 就不是一个平方数). 我们还剩下 664 和 64,当然也就只有 64 为平方数,此即为所求.

19. (题 1768,由 G. R. A. 20 解题小组于《数学杂志》2007 年 2 月刊中提出,并由 John Christopher 在同一杂志 2008 年 2 月刊中解答)答案如下: $n \in \{4, 7, 8, 9\} \cup \{12, 13, \cdots\}$,解答思路是归纳法. 假定此时我们可以求得满足所有 $12 \leq n \leq 29$ 的划分方法. 令 $m \geq 30$ 为已知条件,并设对于所有 $12 \leq l \leq m - l$ 集合 $\{1, 2, \cdots, 2l\}$ 都存在这样一种划分方法,我

们要证明对于 $\{1,2,\cdots,2m\}$ 也存在这样的一种划分方法. 我们来看一下使得 $\frac{(2k+1)^2}{2}<$
$2m<\frac{(2k+3)^2}{2}$ 成立的特定 k 值(所以,我们将 $4m$ 定义为介于两个连续奇数平方之间的
数). 由 $m\geq30$ 可以得到 $k\geq4$,这意味着 $k\geq\frac{1}{2}+2\sqrt{2}$,所以,$2k^2-2k-\frac{7}{2}\geq12$,进而求得
$(2k+1)^2-2m>(2k+1)^2-\frac{(2k+3)^2}{2}=2k^2-2k-\frac{7}{2}\geq12$. 因此,$(2k+1)^2-2m-1\geq12$.
另一方面,上述第一个不等式表明 $(2k+1)^2-2m-1<(2k+1)^2-2m<2m$. 当然,$(2k+1)^2-2m-1$ 是一个偶数,所以根据归纳假设,可以将集合 $\{1,2,\cdots,(2k+1)^2-2m-1\}$ 划分成一些二元子集,其各元素之和是完全平方数. 同样地,也可以用同样的方式对集合 $\{(2k+1)^2-2m,(2k+1)^2-2m+1,\cdots,2m\}$ 进行划分,使得各子集元素之和等于 $(2k+1)^2$(第一个元素和最后一个元素配对,第二个和倒数第二个配对,以此类推.)这表明,集合 $\{1,2,\cdots,2m\}$ 也可以这样来划分. 归纳法的证明就到这里. 为了对该题进行完全解答,我们需要指出,对于 $n\in\{1,2,3,5,6,10,11\}$ 不存在满足题中所述的划分方法,同时对于 $n\in\{4,7,8,9\}\cup\{12,13,\cdots,29\}$ 我们需要提供这样的划分方法.

我们只要证明对于 $n=11$ 不可能求得这样的划分方法就可以了;对于小于 11 的情况,我们会用类似的方法来证明,而这样的证明大体来讲是更加简单的. 所以,假定存在这样的划分方法将 $\{1,2,\cdots,22\}$ 划分为一些二元子集,其各元素之和是完全平方数. 那么,18 必定和 7 分在一起(因为如果 18 和来自 $\{1,2,\cdots,22\}$ 的元素相加要获得一个平方数的话,那么这个平方数必定是 25;而对于 36,另一个相加数也需要是 18;49 的话就已经太大了.)类似地,由于 7 已经有了归宿,它就不可能再和 9 分在一起,所以 9 必定和 16 在一起. 20 则必定和 5 在一起(因为它已经不可能再和 16 分在一起了). 现在,11 可以和 5 或 14 在一起,但是 5 已经被选取,所以 11 就和 14 配对,剩下 2 没有配对.

我们不会把 $n\leq30$ 的所有情况都证一遍,欢迎读者自己来证明. 我们只在这里举一个例子,即
$$\{1,2,\cdots,26\}=\{1,24\}\cup\{2,14\}\cup\{3,22\}\cup\{4,21\}\cup\{5,20\}\cup\{6,19\}\cup\{7,18\}\cup$$
$$\{8,17\}\cup\{9,16\}\cup\{10,15\}\cup\{11,25\}\cup\{12,13\}\cup\{23,26\}$$

20. 用 $P(n)$ 来表示题中命题:集合 $\{1^2,2^2,\cdots,n^2\}$ 的前 n 个完全平方数可以被平均分成四个子集,每个子集各元素之和相等. 首先,我们来证明,如果 $P(n)$ 成立,那么 n 必然可以用 $8k-1$ 或者 $8k$ 来表示,其中 $k\geq2$ 为自然数. 事实上,假定 $P(n)$ 为真,那么前 n 个平方数之和必定可以被 4 整除,这意味着 $\frac{n(n+1)(2n+1)}{24}$ 是一个自然数.

所以,8 是乘积 $n(n+1)(2n+1)$ 的一个因数. 但是,该乘积的最后一个因数恒为奇数,而 n 和 $n+1$ 互素,所以可以得到 $8|n$ 或者 $8|(n+1)$,这就意味着 n 要么是 $8k$ 要么是

$8k-1$. 但是, 我们还需要证明 k 必须至少是 2. 假定 $k=1$, 就意味着集合 $\{1^2,2^2,\cdots,7^2\}$ 和 $\{1^2,2^2,\cdots,8^2\}$ 可以按照命题所述进行平分. 于是, 对于第一个集合来说, 任一子集各元素之和应当是 35, 而这是不可能的 (因为其中一个子集必然包含 49); 对于第二个集合来说, 任一子集各元素之和应当是 51, 而这也是不可能的 (因为存在 $8^2=64$). 因此, 在任何一种情况下, 都要求 $k\geqslant 2$.

现在我们通过以下归纳法来证明 $n=8k$ 或者 $n=8k-1, k\in\mathbb{N}, k\geqslant 2$ 的充分条件. 首先, 请注意, 若 $P(n)$ 为真, 则 $P(n+32)$ 也为真. 下述分割方法展示了如何将一个由 32 个连续平方数组成的集合平分为四个子集, 并保证其元素和相等

$$\{(n+1)^2,(n+2)^2,\cdots,(n+32)^2\}$$
$$=\{(n+1)^2,(n+7)^2,(n+12)^2,(n+14)^2,(n+20)^2,(n+22)^2,(n+25)^2,(n+31)^2\}\cup$$
$$\{(n+2)^2,(n+8)^2,(n+11)^2,(n+13)^2,(n+19)^2,(n+21)^2,(n+26)^2,(n+32)^2\}\cup$$
$$\{(n+3)^2,(n+5)^2,(n+10)^2,(n+16)^2,(n+18)^2,(n+24)^2,(n+27)^2,(n+29)^2\}\cup$$
$$\{(n+4)^2,(n+6)^2,(n+9)^2,(n+15)^2,(n+17)^2,(n+23)^2,(n+28)^2,(n+30)^2\}$$

所以, 如果存在这样一种对集合 $\{1^2,2^2,\cdots,n^2\}$ 进行平分的方法, 那么也会很容易得到一种相同的方法对 $\{1^2,2^2,\cdots,n^2,(n+1)^2,\cdots,(n+32)^2\}$ 进行平分.

现在, 为了完成论证, 我们只需要证明 $P(15),P(16),P(23),P(24),P(31),P(32),P(39),P(40)$ 为真就足够了. 以下即是证明其为真的分割方法

$$\{1^2,2^2,\cdots,15^2\}=\{1^2,7^2,8^2,14^2\}\cup\{2^2,9^2,15^2\}\cup\{3^2,6^2,11^2,12^2\}\cup$$
$$\{4^2,5^2,10^2,13^2\}$$

$$\{1^2,2^2,\cdots,16^2\}=\{1^2,6^2,9^2,16^2\}\cup\{2^2,4^2,8^2,11^2,13^2\}\cup\{3^2,5^2,12^2,14^2\}\cup$$
$$\{7^2,10^2,15^2\}$$

$$\{1^2,2^2,\cdots,23^2\}=\{1^2,3^2,10^2,13^2,19^2,21^2\}\cup\{2^2,8^2,22^2,23^2\}\cup$$
$$\{4^2,5^2,9^2,11^2,15^2,17^2,18^2\}\cup\{6^2,7^2,12^2,14^2,16^2,20^2\}$$

$$\{1^2,2^2,\cdots,24^2\}=\{1^2,5^2,7^2,10^2,13^2,15^2,16^2,20^2\}\cup\{4^2,14^2,22^2,23^2\}\cup$$
$$\{2^2,3^2,11^2,17^2,19^2,21^2\}\cup\{6^2,8^2,9^2,12^2,18^2,24^2\}$$

$$\{1^2,2^2,\cdots,31^2\}=\{1^2,2^2,3^2,4^2,14^2,24^2,29^2,31^2\}\cup$$
$$\{5^2,6^2,10^2,15^2,16^2,19^2,21^2,22^2,26^2\}\cup$$
$$\{7^2,12^2,13^2,17^2,18^2,27^2,30^2\}\cup$$
$$\{8^2,9^2,11^2,20^2,23^2,25^2,28^2\}$$

$$\{1^2,2^2,\cdots,32^2\}=\{1^2,7^2,12^2,14^2,20^2,22^2,25^2,31^2\}\cup$$
$$\{2^2,8^2,11^2,13^2,19^2,21^2,26^2,32^2\}\cup$$
$$\{3^2,5^2,10^2,16^2,18^2,24^2,27^2,29^2\}\cup$$
$$\{4^2,6^2,9^2,15^2,17^2,23^2,28^2,30^2\}$$

最后, 我们得到

$$\{1^2, 2^2, \cdots, 39^2\} = \{1^2, 8^2, 11^2, 15^2, 16^2, 19^2, 27^2, 28^2, 35^2, 37^2\} \cup$$
$$\{2^2, 5^2, 20^2, 29^2, 30^2, 38^2, 39^2\} \cup$$
$$\{3^2, 6^2, 7^2, 12^2, 13^2, 14^2, 17^2, 21^2, 22^2, 23^2, 26^2, 32^2, 33^2\} \cup$$
$$\{4^2, 9^2, 10^2, 18^2, 24^2, 25^2, 31^2, 34^2, 36^2\}$$

和

$$\{1^2, 2^2, \cdots, 40^2\} = \{1^2, 6^2, 18^2, 20^2, 32^2, 34^2, 35^2, 37^2\} \cup$$
$$\{2^2, 7^2, 14^2, 15^2, 16^2, 28^2, 30^2, 39^2, 40^2\} \cup$$
$$\{3^2, 4^2, 5^2, 9^2, 13^2, 21^2, 22^2, 27^2, 29^2, 36^2, 38^2\} \cup$$
$$\{8^2, 10^2, 11^2, 12^2, 17^2, 19^2, 23^2, 24^2, 25^2, 26^2, 31^2, 33^2\}$$

证毕.

21. 解法 1 (mathmanman, AoPS 论坛) 是的, 是可能的. 在第一种解法中, 我们依据的是: 当且仅当佩尔方程(Pell equation) $u^2 - nv^2 = 1$ (u 和 v 为正整数)有一个非平凡解时正整数 n 就不是一个完全平方数. 我们来看一下三元多项式

$$P = Z^2(X^2 - ZY^2 - 1)^2 + Z$$

若 n 不是一个完全平方数, 令 (u, v) 是方程 $u^2 - nv^2 = 1$ 的一个正整数解, 显然可以得到 $P(u, v, n) = n$, 于是任意非平方数都可以是该多项式的值. 另一方面, 若 m 是一个平方数, $P(x, y, z) = m$, 我们自然能得到 $|x^2 - zy^2 - 1| \geq 1$ (否则, 我们会得到 $x^2 - zy^2 - 1 = 0$ 和 $m = P(x, y, z) = z$, 这样的话佩尔方程 $x^2 - my^2 = 1$ 将有一个非平凡解, 而 m 不可能是一个平方数). 但是, 在那种情况下

$$(z|x^2 - zy^2 - 1|)^2 < P(x, y, z) < (z|x^2 - zy^2 - 1| + 1)^2$$

这与 $P(x, y, z) = m$ 是一个平方数这一前提相矛盾.

解法 2 (v Enhance, AoPS 论坛)第二种解法基于如下事实: 当且仅当正整数 n 表示为 $a^2 + b$ (a 和 b 为正整数, 且 $1 \leq b \leq 2a$)时, n 不是一个完全平方数. 现在令

$$Q = (1 - 2\,015(Z - 1)(Z - 2))((X + Y - 1)^2 + 2Y + Z - 2)$$

其中, 当正整数 $x, y, z > 2$ 时, $Q(x, y, z)$ 为负数. 我们可以得到

$$Q(x, y, 1) = (x + y - 1)^2 + 2y - 1, \quad Q(x, y, 2) = (x + y - 1)^2 + 2y$$

这两个值都是严格介于 $(x + y - 1)^2$ 和 $(x + y)^2$ 之间的(x 和 y 为正整数). 也就是说, 没有一个 Q 值是一个完全平方数. 另一方面, 我们可以得到: 当 b 为奇数时

$$Q\left(\frac{2a - b + 1}{2}, \frac{b + 1}{2}, 1\right) = a^2 + b$$

当 b 为偶数时

$$Q\left(\frac{2a - b + 2}{2}, \frac{b}{2}, 2\right) = a^2 + b$$

这也表明任意一个 Q 值都不会是一个平方数.

22. 已知对于任意正整数 n，都存在一个正整数 b_n 使得 $a_1 + \cdots + a_n = b_n^2$. 同样地，由于 $(a_n)_{n \geqslant 1}$ 是一个等差数列，所以存在数 A 和数 B($A = \dfrac{d}{2}$, $B = a_1 - \dfrac{d}{2}$，其中 d 是该等差数列的公差）使得 $a_1 + \cdots + a_n = An^2 + Bn$ 对于所有 $n \geqslant 1$ 都成立. 由此可知，对于所有正整数 n 都有 $An^2 + Bn = b_n^2$. 于是

$$\lim_{n \to \infty}(b_{n+1} - b_n) = \lim_{n \to \infty} \frac{2An + A + B}{\sqrt{A(n+1)^2 + B(n+1)} + \sqrt{An^2 + Bn}} = \sqrt{A}$$

我们看到该数列的通项 $b_{n+1} - b_n$ 具有一个有限极限值，而且该数列各项均由整数构成，我们自然可以推导出该数列最终趋向于一个常数（除了前面有限的几项以外，后面所有的项都等于这个极限值，而这个值也是一个整数). 所以，存在一个数 N，当 $n \geqslant N$ 时，$b_{n+1} - b_n = \sqrt{A}$. 我们得到

$$b_n = b_N + (n - N)\sqrt{A} = Cn + D \quad (C = \sqrt{A}, D = b_N - N\sqrt{A})$$

进而推得 $An^2 + Bn = C^2 n^2 + 2CDn + D^2$ 在 $n \geqslant N$ 时成立. 由于我们得到的两个多项式，其值等于无限多个不定项的值，所以其系数必定也分别相等，也就是说我们可以得到 $A = C^2$，$B = 2CD$，$D^2 = 0$. 最终求得 $A = C^2$(C 为整数)，$B = 0$. 这意味着，对于题中的数列而言，$a_1 = C^2$，$d = 2C^2$(C 为整数).

反过来，我们看到，根据这些初始条件可以推得，当 n 为正整数时，$a_1 + \cdots + a_n = (nC)^2$ 是一个完全平方数. 总的来说，只有由所有奇数正整数组成的这个数列才是符合本题要求的数列.

第四章　位数码之和

对于任意正整数 $A = \overline{a_1 a_2 \cdots a_n}$，$S(A) = a_1 + a_2 + \cdots + a_n$ 表示 A 的位数码之和. 接下来我们用该位数码和函数来说明其特性. 对于正整数 A 和 B，都有

$$S(A + B) \leqslant S(A) + S(B) \tag{1}$$

$$S(A \cdot B) \leqslant S(A) \cdot S(B) \tag{2}$$

通过填充 0 的方式，我们不失一般性地假设 A 和 B 的位数相同，即表示为

$$A = \overline{a_1 a_2 \cdots a_n}, B = \overline{b_1 b_2 \cdots b_n}$$

我们可以用算术加法

$$
\begin{array}{r}
a_1 a_2 \cdots a_n \\
+\, b_1 b_2 \cdots b_n \\
\hline
c_0 c_1 c_2 \cdots c_n
\end{array}
$$

求得

$$S(A) + S(B) - S(A + B) = \sum_{k=1}^{n} (a_k + b_k - c_k) \tag{3}$$

若 $a_n + b_n \leqslant 9$，则 $a_n + b_n - c_n = 0$. 若 $a_n + b_n \geqslant 10$，则 $a_n + b_n - c_n = 10$. 而且 $a_{n-1} + b_{n-1} - c_{n-1}$ 不能小于 -1. 因此，当 $a_k + b_k \geqslant 10$ 时，$A + B$ 的位数码之和最小为 9.

由此可知，$S(A_1 + A_2 + \cdots + A_n) \leqslant S(A_1) + S(A_2) + \cdots + S(A_n)$，并且对于所有的正整数 n，都有 $S(nA) \leqslant nS(A)$.

现在我们来证明不等式(2). 由前文可知

$$
\begin{aligned}
S(AB) &= S[(10^{n-1}a_1 + 10^{n-2}a_2 + \cdots + 10a_{n-1} + a_n)B] \\
&= S(10^{n-1}a_1 B + 10^{n-2}a_2 B + \cdots + 10a_{n-1}B + a_n B) \\
&\leqslant S(10^{n-1}a_1 B) + S(10^{n-2}a_2 B) + \cdots + S(10a_{n-1}B) + S(a_n B) \\
&= S(a_1 B) + S(a_2 B) + \cdots + S(a_{n-1}B) + S(a_n B) \\
&\leqslant a_1 S(B) + a_2 S(B) + \cdots + a_{n-1} S(B) + a_n S(B) \\
&= (a_1 + a_2 + \cdots + a_n)S(B) \\
&= S(A)S(B)
\end{aligned}
$$

位数码和函数 S 的一个最重要的代数特性就是对于所有 n 都有 $S(n) \equiv n \pmod 9$.

为什么会这样呢? 我们令 $n = a_0 + 10a_1 + 10^2 a_2 + \cdots + 10^k a_k$, 那么

$$n - S(n) = (a_0 + 10a_1 + 10^2 a_2 + \cdots + 10^k a_k) - (a_0 + a_1 + \cdots + a_k)$$
$$= 9a_1 + 99a_2 + \cdots + (10^k - 1)a_k$$

该值是 9 的倍数, 也即我们的上述特性为真.

关于位数码和的另一个关注点是下述命题, 该命题频繁出现在数学竞赛中.

命题 若 $N \leqslant 10^k - 1$, 则 $S((10^k - 1)N) = 9k$.

令 $N = \overline{b_1 b_2 \cdots b_k}$ (起始的几位数值可以是零), 我们不失一般性地假设 N 不能被 10 整除. 那么, 计算差值比计算乘积简便得多

$$S((10^k - 1)N) = S(10^k N - N) = S(\overline{b_1 b_2 \cdots b_k \underbrace{00 \cdots 00}_{k \text{ digits}}} - \overline{b_1 b_2 \cdots b_k})$$
$$= S(\overline{b_1 b_2 \cdots b_{k-1}(b_k - 1)(9 - b_1)(9 - b_2) \cdots (9 - b_{k-1})(10 - b_k)}) = 9k$$

证毕.

例 1 请计算 $S(1) - S(2) + S(3) - S(4) + \cdots + S(2\ 013) - S(2\ 014)$ 的值.

解 该题比较简单. 只要注意到对于任意自然数 N 都有 $S(2N + 1) = S(2N) + 1$ (因为 $2N$ 的末位数值最大为 8, 所以用 $2N$ 加上 1 不会有进位), 于是很自然就可以得到加和为 $S(1) + 1\ 006 - S(2\ 014) = 1\ 000$.

例 2 求自然数 N 使得 $S(N) = 1\ 996S(3N)$.

解 该题并未要求我们找出所有符合要求的数, 所以我们可以用猜数的方法. 因为对于 $N = 3 \cdots 36$, $S(N)$ 是一个相对大的数, 而 $S(3N)$ 是一个相对小的数 ($3N = 10 \cdots 08$, 其中 0 的个数与 N 中 3 的个数相等), 所以, 若用 k 表示 3 的个数, 当 $k = 5\ 986$ 时, 就可以得到等式 $3k + 6 = 1\ 996 \times 9$.

例 3 (俄罗斯数学奥林匹克竞赛题) 令 N 为正整数, 且 $S(N) = 100$, $S(44N) = 800$, 求 $S(3N)$.

解 我们先以 $S(44N)$ 和 $S(N)$ 这一特定情况来探讨一下 $S(AB) \leqslant S(A)S(B)$ 的论证过程. 即

$$800 = S(44N) = S(40N + 4N)$$
$$\leqslant S(40N) + S(4N) = S(4N) + S(4N)$$
$$\leqslant 2S(4N) \leqslant 2 \cdot 4S(N) = 8S(N) = 800$$

当然, 这意味着所有的不等式实际上都必须变成等式. 比如, 当且仅当 N 为最大值 2 (为了使 N 乘以 4 不产生进位) 时, 可以得到 $S(4N) = 4S(N)$. 而此时, 由于同样的原因, $S(3N) = 3S(N)$, 所以 $S(3N) = 300$ 即为所求答案.

例 4 (俄罗斯数学奥林匹克竞赛题) 是否存在正整数 N 使得 $S(N) = 1\ 000$ 且 $S(N^2) = 1\ 000\ 000$?

解 答案是肯定的,存在这样的整数.事实上,对于每一个正整数 s,我们都可以找到一个数 N 使得 $S(N)=s$ 且 $S(N^2)=s^2$. 我们还是要从不等式 $S(AB)\leqslant S(A)S(B)$ 中获得一个等式(此时 $A=B=N$),于是我们需要求得一个各数位数字尽可能小的数 N,即仅由 0 和 1 组成的数. 我们可以将 N 表示为

$$N = \sum_{i=0}^{s-1} 10^{2^i}$$

该数有 2^s 个数位,其中 s 是一个由 1 组成的数. 我们显然可以得到 $S(N)=s$,并且通过计算可以得到

$$N^2 = \sum_{i=0}^{s-1} 10^{2^{i+1}} + 2\sum_{0\leqslant k<l\leqslant s-1} 10^{2^k+2^l}$$

由于以 2 为底数的表达式具有唯一性,上式中 10 的所有指数都是各不相同的. 因此

$$S(N^2) = s\cdot 1 + \frac{s(s-1)}{2}\cdot 2 = s^2$$

这正是我们所要求的.

例 5 请求出所有能够得到 $N+S(N)-S(S(N))=2\,014$ 的正整数 N.

解 现在是时候用到 $N\equiv S(N)\pmod 9$ 了. 若 N 是其中的一个解,r 是 N(以及 $S(N)$)除以 9 的余数,我们必定可以得到 $r+r-r\equiv 2\,014\pmod 9$,所以 $r=7$. 我们显然同样可以得到 $S(x)\leqslant x$(x 为任意自然数),所以 $S(S(N))-S(N)\leqslant 0$ 且 $N\leqslant 2\,014$. 因为 N 最大值有四个数位,且 $S(N)\equiv 7\pmod 9$,所以 $S(N)$ 只能是 $7,16,25,34$ 四个数中的一个. 我们得到的结果是 $2\,014$ 和 $1\,996$($S(N)=16$ 和 $S(N)=24$ 不能得到题中的等式.)

例 6 令 $N=\overline{c_{n-1}\cdots c_1 c_0}$ 为自然数 N 的十进制表示法,请证明:$S(kN)=\sum_{i=0}^{n-1} S(kc_i)$($k=2$ 或者 $k=5$).

证明 我们已知 $N=\sum_{i=0}^{n-1} 10^i c_i$,设 $kc_i=10a_i+b_i$,其中 a_i 和 b_i 是十进制数,且 $0\leqslant i\leqslant n-1$. 我们来计算一下 $kN=\sum_{i=0}^{n-1} 10^i(10a_i+b_i)=10^n a_{n-1}+10^{n-1}(a_{n-2}+b_{n-1})+\cdots+10(a_0+b_1)+b_0$. 现在,当 $k=2$ 时,对于所有的 i 都有 $a_i\in\{0,1\}$ 和 $b_i\in\{0,2,4,6,8\}$. 当 $k=5$,对于所有的 i 都有 $a_i\in\{0,1,2,3,4\}$ 和 $b_i\in\{0,5\}$. 在所有这两种情况下,$a_{i-1}+b_i$ 都不会超过 9,因此 $S(kN)$ 各数位数字之和就是

$$S(kN) = a_{n-1}+(a_{n-2}+b_{n-1})+\cdots+(a_0+b_1)+b_0 = \sum_{i=0}^{n-1}(a_i+b_i) = \sum_{i=0}^{n-1} S(kc_i)$$

这正是我们需要证明的结论.

例 7 求满足 $S(N)-S(5N)=2\,013$ 的最小正整数 N.

解 令 $N=\overline{c_{n-1}\cdots c_1 c_0}$,并且和上题一样,设 $5c_i=10a_i+b_i$,a_i 和 b_i 都是十进制数. a_i

的值可以是 $0,1,2,3,4$, b_i 的值可以是 0 或 5. 根据我们刚刚证明的结论,题中等式可以写成

$$\sum_{i=0}^{n-1} c_i - \sum_{i=0}^{n-1}(a_i + b_i) = 2\,013 \Leftrightarrow \sum_{i=0}^{n-1} a_i - 4\sum_{i=0}^{n-1} \frac{b_i}{5} = 2\,013$$

为了得到 N 的最小值,我们必须使 n 值(数位个数)最小化,所以必须有尽可能多的 a_i 等于 4. 同样,我们必须使尽可能多的 b_i 等于 0,同时使 c_i 的值尽可能小(所以就必须是 8). 而且,由于 $\sum_{i=0}^{n-1} a_i$ 必须是 $1(\bmod 4)$,所以 N 中必须出现 2. 因此,最小值就是 $N = 28\cdots8$(其中包含 503 个 8).

例 8 请证明:若 N 有 n 个数位,且 $S((10^{n-1}+1)N) = S(N)$,则 $N = 10^n - 1$.

证明 和上题一样,令 $N = c_{n-1}\cdots c_0$,于是

$$(10^{n-1}+1)N = \overline{c_{n-1}\cdots c_0 0\cdots 0} + \overline{c_{n-1}\cdots c_0}$$

其中第一个加数的结尾包含 $n-1$ 个零. 显然,若 $c_0 + c_{n-1} \leq 9$(即第一项的 c_0 和第二项的 c_{n-1} 相加不产生进位),上述等式不可能成立. 当 $c_1 \neq 9$ 时(即高位数字加和不产生进位),我们很容易看出上述等式也不可能成立. 所以,我们假定 $c_0 + c_{n-1} \geq 9$,且对于 $1 \leq k \leq n-1$ 都有 $c_1 = \cdots = c_k = 9$.

若 $k+1 \leq n-1$,则

$$(10^{n-1}+1)N = \overline{c_{n-1}\cdots c_{k+2}(c_{k+1}+1)0\cdots 0(c_0+c_{n-1}-10)c_{n-2}\cdots c_0}$$

根据 $S((10^{n-1}+1)N) = S(N)$ 就可以得到 $c_{n-1} + \cdots + c_k + c_0 = 9$,只要我们已知 $c_0 + c_{n-1} \geq 10$,上式就不能成立. 因此,$k = n-1$ 是必要条件(即 N 中从 c_1 到 c_{n-1} 的所有数位数字都是 9). 这样的话

$$(10^{n-1}+1)N = \overline{10\cdots0(c_0+c_{n-1}-10)c_{n-2}\cdots c_0}$$

其中包含 $n-1$ 个 0. 显然,根据 $S((10^{n-1}+1)N) = S(N)$ 就可以得到 $c_0 = 9$,证毕.

顺便说一下,该结论立马就解决了一道关于正整数 N 的经典题型,$S(N) = S(2N) = \cdots = S(N^2)$. 根据 $S((10^n-1)x)) = 9n(x \leq 10^n - 1)$,可见所有 $N = 10^n - 1$ 都符合要求. 反过来,若对于 $1 \leq k \leq N$ 都有 $S(kN) = S(N)$,通过 $k = 10^{n-1}+1$(n 表示 N 的数位个数),我们就可以得到 $N = 10^n - 1$. 我们之所以这样来规定 k 值,是因为 N 有 n 个数位,但显然不可能是 10^{n-1}. 因此,该问题的解就只能是各数位数字都是 9 的数(当然,肯定是十进位制).

例 9 请证明:我们可以找到这样的自然数 $a_1,\cdots,a_n$(n 为任意给定正整数),使得 $S(a_1) < S(a_2) < \cdots < S(a_n)$ 且 $S(a_i) = P(a_{i+1})(i=1,2,\cdots,n)$,其中 $a_{n+1} = a_1$, $P(N)$ 表示自然数 N 各数位数字的乘积.

证明 我们来看一下形如 $a_i = 2\cdots21\cdots1$ 的数,其中包含 k_i 个 2 和 l_i 个 1 $(1 \leq i \leq n)$. 我们希望 k_i 和 l_i 满足 $2k_1 + l_1 < 2k_2 + l_2 < \cdots < 2k_n + l_n$,且 $2k_i + l_i = 2^{k_{i+1}}(1 \leq i \leq n)$. 所以,

事实上,该题就可以表述为:我们能否找出 n 个正整数 $k_1, \cdots, k_n$,使得 $k_2 < \cdots < k_n < k_1$ 且 $2^{k_{i+1}} \geqslant 2k_i \Leftrightarrow 2^{k_{i+1}} \geqslant k_i (1 \leqslant i \leqslant n)$?(当然,$k_{n+1} = k_1$,第二组不等式必须保证:一旦确定 k_i 值,我们就可以得到 $l_i = 2^{k_{i+1}} - 2k_i$。)

答案是肯定的,我们现在继续来证明。因为 $\lim\limits_{x \to \infty}(2^{x-1} - x) = \infty$,我们可以选择一个足够大的数 k_2 使得 $2^{k_2-1} - k_2$ 的差值也尽可能大,足以保证 k_2 和 2^{k_2-1} 之间至少存在 $n-1$ 个不同的整数。(比如,我们要求该差值大于 $2n$,这是可以实现的。)下一步,我们选择 $n-1$ 个这样的整数,也就是任意选定 $k_3 < \cdots < k_n < k_1$,并且满足 $k_2 < k_3 < \cdots < k_n < k_1 < 2^{k_2-1}$。所以,第一组不等式就可以成立了,而第二组的第一个不等式也得以实现。根据一个众所周知的不等式 $2^{x-1} \geqslant x$(x 的正整数),我们可以得到 $2^{k_{i+1}-1} > 2^{k_i-1} \geqslant k_i (2 \leqslant i \leqslant n)$,这正是我们想要证明的结论。

举例来说,当 $n = 3$ 且 $k_2 = 5$ 时,可以得到 $2^{k_2-1} - k_2 = 12$,该差值足以让我们在选定 $k_3 = 7$ 和 $k_1 = 10$ 时得到 $k_2 < k_3 < k_1 < 2^{k_2-1}$。于是,可以得到 $l_1 = 2^{k_2} - 2k_1 = 12, l_2 = 2^{k_3} - 2k_2 = 118, l_3 = 2^{k_1} - 2k_3 = 1\,010$。因此,我们可以确定 a_1 由 10 个 2 和 12 个 1 组成,a_2 由 5 个 2 和 118 个 1 组成,a_3 由 7 个 2 和 1 010 个 1 组成。

例 10 (潘耀东,《数学杂志》,2007 年 4 月刊发,2008 年 4 月进行解答。但是,该题同样出现在 2004 年由 Jonathan Borwein,David Bailey 和 Roland Girgensohn 编撰的《数学中的实验:通往发现的计算之路》一书中。用 $g(n)$ 代替 $o(n)$ 的算题是由 Eugene Levine 在 1988 年 11 月的《学院数学杂志》中提出来的,Doug Bowman 和 Tad White 也以"题 6609"的名字将其刊发于 1989 年 10 月的《美国数学月刊》)令 $o(N)$ 表示包含奇数个数位的正整数 N,请证明:$\sum\limits_{n=1}^{\infty} \dfrac{o(2^n)}{2^n} = \dfrac{1}{9}$。

证法 1 对于正整数 n 和 j,当 $\left[\dfrac{2^n}{10^{j-1}}\right]$ 时,令 $f(n,j)$ 的值为 1,否则就为 0。换句话说,$f(n,j)$ 就是 $\left[\dfrac{2^n}{10^{j-1}}\right]$ 除以 2 的余数。(我们用 $[x]$ 表示实数 x 的整数部分)。已知从右向左数 2^n 的第 j 个数字为奇数时,$f(n,j)$ 的值为 1。这就是为什么 $\sum\limits_{n=1}^{\infty} \dfrac{o(2^n)}{2^n} = \sum\limits_{n=1}^{\infty} \sum\limits_{j=1}^{\infty} \dfrac{f(n,j)}{2^n}$。通过互换该加和的顺序可以进一步得到

$$\sum_{n=1}^{\infty} \frac{o(2^n)}{2^n} = \sum_{n=1}^{\infty} \sum_{j=1}^{\infty} \frac{f(n,j)}{2^n} = \sum_{j=1}^{\infty} \sum_{n=1}^{\infty} \frac{f(n,j)}{2^n}$$

$$= \sum_{j=1}^{\infty} \left(\frac{1}{10^{j-1}} - \left[\frac{1}{10^{j-1}}\right]\right)$$

$$= \sum_{j=2}^{\infty} \frac{1}{10^{j-1}} = \frac{1}{9}$$

这一互换加和后的等式可以用 $f(n,j)$ 来证实(事实上就是 $\left[\dfrac{2^n}{10^{j-1}}\right]\,(\bmod\,2)$)

$$f(n,j)=\left[\frac{2^n}{10^{j-1}}\right]-2\left[\frac{\left[\dfrac{2^n}{10^{j-1}}\right]}{2}\right]=\left[\frac{2^n}{10^{j-1}}\right]-2\left[\frac{2^{n-1}}{10^{j-1}}\right]$$

对于上述最后一个等量关系,我们可以用一般恒等式 $\left[\dfrac{\left[x\right]}{p}\right]=\left[\dfrac{x}{p}\right]$ 来证明,其中 x 为实数,p 为正整数. 所以,上述内级数的部分加和可以分解为

$$\sum_{n=1}^{m}\frac{f(n,j)}{2^n}=\sum_{n=1}^{m}\left(\frac{1}{2^n}\left[\frac{2^n}{10^{j-1}}\right]-\frac{1}{2^{n-1}}\left[\frac{2^{n-1}}{10^{j-1}}\right]\right)=\frac{1}{2^m}\left[\frac{2^m}{10^{j-1}}\right]-\left[\frac{1}{10^{j-1}}\right]$$

因此,其加和就是 $\dfrac{1}{10^{j-1}}-\left[\dfrac{1}{10^{j-1}}\right]$(事实上,当 $j=1$ 时,其值为 0;当 $j\geq 2$ 时,其值为 $\dfrac{1}{10^{j-1}}$). 证明过程到此就结束了.

证法 2 显而易见,对于每一个正整数 $N,o(2N)$ 等于 N 各数位数字大于 4 的数位个数,该数可进一步表示为 $g(N)$(将此数 N 乘以 2 可以得到 $2N$ 中的一个奇数位数字). 于是,也很容易证明对于所有 N 都有 $2S(N)-S(2N)=9g(N)$. 事实上,N 各数位上每一个大于 4 的每一个数字就是将 $2S(N)-S(2N)$ 加上 9. 更加正式的表述就是,令 $N=\overline{c_{k-1}\cdots c_0}$,同时设 $2c_i=10a_i+b_i$,其中 $0\leq a_i,b_i,c_i\leq 9\,(0\leq i\leq k-1)$. 可以得到

$$2N=2\sum_{i=0}^{k-1}c_i 10^i=\sum_{i=0}^{k-1}(10a_i+b_i)10^i$$
$$=a_{k-1}10^k+(a_{k-2}+b_{k-1})10^{k-1}+\cdots+(a_0+b_1)10+b_0$$

并且,由于 $a_{i-1}+b_i$ 永远不可能大于 9(a_i 只可能 0 或 1,而 b_i 总是一个偶数),我们可以得到

$$S(2N)=\sum_{i=0}^{k-1}a_i+\sum_{i=0}^{k-1}b_i=\sum_{i=0}^{k-1}(10a_i+b_i)-9\sum_{i=0}^{k-1}a_i=2S(N)-9g(N)$$

由于 $c_i\leq 4$ 或者 $c_i>4$,所以 a_i 只可能 0 或 1,上述最后一个等量关系就是由此得来.

现在我们已经得到了所要的结果,通过一个著名的事实 $\lim\limits_{N\to\infty}\dfrac{S(N)}{N}=0$(为什么呢?),上述级数的部分加和可以分解为

$$\sum_{n=1}^{m}\frac{o(2^n)}{2^n}=\sum_{n=1}^{m}\frac{g(2^{n-1})}{2^n}=\frac{1}{9}\sum_{n=1}^{m}\left(\frac{S(2^{n-1})}{2^{n-1}}-\frac{S(2^n)}{2^n}\right)=\frac{1}{9}\left(1-\frac{S(2^m)}{2^m}\right)$$

在这里,应用该解法存在一个问题. 各数位数字和会以一种出人意料的方式出现. 也许如果以一种更加一般的形式陈述该问题 $\sum\limits_{n=1}^{\infty}\dfrac{o(2^nN)}{2^n}=\dfrac{1}{9}S(N)$,那么,我们就会想到使用各数位数字之和(如果有人愿意对这一类总结进行研究,该式还可以被用于嵌入级数研究). 读者现在可以很容易证明这一归纳过程,或者将该问题延展到其他进制.

推荐习题

1. 若 n 和 $3n$ 具有相同的位数码和,请证明: n 可以被 9 整除.

2. 令 n 是一个三位数,请证明: $S(91n) \geqslant S(n)$,并求出所有满足 $S(91n) = 5$ 的三位数 n .

3. 令 N 为正整数,在十进制下,其每一个位数码都小于其右侧的位数码.求出 $9N$ 的位数码之和.

4. 求出 $9 \times 99 \times 999 \times \cdots \times (10^{2^n} - 1)$ 的位数码之和.

5. 请证明:存在有限多个能够被其位数码之和整除的正整数,其十进制表示法中不包含零.

6. 令 n 是一个可以被 9 整除的 1 998 位数.以 x 表示其位数码之和, y 表示 x 的位数码之和, z 表示 y 的位数码之和.请求出 z 的值.

7. 某学生以随机顺序写下所有从 1 到 111 的正整数,请问:所得到的数是否是一个完全平方数?

8. 某学生持有分别写着数字 $0,1,2,\cdots,9$ 的十张蓝色卡片和写着" $+$ "号的 9 张红色卡片.现在我们使用所有的蓝色卡片和部分红色卡片,请问:是否可以组成一个结果等于 100 的表达式?

9. 请证明:是否存在有限多个数字 n 使得 $S(3^n) \geqslant S(3^{n+1})$.

10. 令 S 是一个仅由 0 和 1 988 个 1 组成的正整数集合,请证明:存在某个不能整除 S 任一元素的 $n \in \mathbb{N}$.

11. 请证明:对于每一个正整数 n ,我们都能求出一个仅由 1 和 2 构成的 2^n 的倍数.

12. 请证明:存在一个 $5^{2\,000}$ 的倍数,其十进制表示法中不包含零.

13. 令 α 和 β 是通过对 $1,2,3,4,5,6,7$ 进行排列组合得到的两个正整数,请证明:若 α 可以整除 β ,则 $\alpha = \beta$.

14. 已知 $N = 999\cdots99(999$ 位$)$,请求出满足 $9^n \mid N$ 和 $9^{n+1} \nmid N$ 的 n 值.

15. (1)将一个已知数的位数码进行排列组合生成一个新的数.请证明:已知数加上新生成数之和不可能等于 $999\cdots99(1\,999$ 位$)$.

(2)将一个已知数的位数码进行排列组合生成一个新的数.请证明:若已知数加上新生成数之和等于 $10^{2\,000}$,则已知数能被 10 整除.

16. 是否存在 19 个不同的数,其位数码和相等,并且将这些数相加等于 1 999?

17. 已知 $n \geqslant 2$,求满足 $S(n) = S(2n) = S(3n) = \cdots = S(n^2)$ 的所有 n 值.

18. 令 n 为一个已知的正整数,用 $f(n)$ 表示 k 的最小值,我们可以求得一个基数 n 的集合 $X \subset \mathbb{N}$,对于 X 的所有非空子集 Y 都有 $S\left(\sum_{x \in Y} x\right) = k$.请证明:存在 $C_1 \lg n < f(n) <$

$C_2 \lg n$(C_1 和 C_2 为常数).

19. 是否存在一个 2 的指数幂,通过将其位数码进行排列组合可以得到另一个 2 的指数幂?

20. (Laurentș iu Panaitopol,《罗马尼亚 TST》)令 a 和 b 为实数,$a > 0$. 请证明:$[an + b]$ 的位数码和与有限多个 n 值的位数码和相等(其中 $[x]$ 表示实数 x 的整数部分).

21. (Laurentș iu Panaitopol,《罗马尼亚 TST》,1983)请证明:"存在 n 位数的自然数,其位数码之和等于其位数码之积"这一论断对于有限多个 n 为真,而对于无限多个 n 则为假.

22. 对于自然数 N,我们用 $a(N)$ 和 $b(N)$ 表示十进制位数码分别为 $4,5,6$ 和 $7,8,9$ 的十进制数个数. 同时,令 $c(N)$ 表示出现在形如 $3 \cdots 3c$($c \in \{4,5,6,7,8,9\}$)或者 $3 \cdots 36 \cdots 6c$ ($c \in \{7,8,9\}$)的最大数字中 3 和 6 的个数. 这里的"最大"意味着在 N 的十进制位数码中第一个 3 的左侧不再有其他的 3,并且 $a(N)$ 和 $b(N)$ 中 6 的个数也被计算在内. 最后,我们令 $d(N) = 9(a(N) + 2b(N) + c(N))$. 于是,我们就有了比如 $a(334\,591\,333\,668) = 4, b(334\,591\,333\,668) = 2$ 和 $c(334\,591\,333\,668) = 7$(所以 $d(334\,591\,333\,668) = 135$)这样的等式. 请求出 $\displaystyle\sum_{n=1}^{\infty} \frac{d(3^n)}{3^n}$ 的值.

23. (J. O. Shallit,《美国数学月刊》,题 6450,1984 年 1 月刊出,1985 年 7 月解答)

(1)令 $m \geqslant 2$ 是一个正整数,请证明:$\displaystyle\sum_{n=1}^{\infty} \frac{n - m\left[\dfrac{n}{m}\right]}{n(n+1)} = \ln m$.

(2)令 $m \geqslant 2$ 是一个正整数,$S_b(n)$ 为 n 的 b 进制位数码和. 请证明:$\displaystyle\sum_{n=1}^{\infty} \frac{S_b(n)}{n(n+1)} = \frac{b}{b-1} \ln b$.(我们用 $[x]$ 表示 x 的整数部分)

答案

1. 已知 $n \equiv S(n) \equiv S(3n) \equiv 3n \pmod 9$,所以 $9 \mid 2n$,并且 $9 \mid n$.

2. 本题中我们将用到一个有名的不等式:$S(mn) \leqslant S(m)S(n)$. 若 $n = \overline{abc}$,则 $1\,001n = \overline{abcabc}$,并且

$$2S(n) = S(1\,001n) = S(11 \times 91n) \leqslant S(11)S(91n) = 2S(91n)$$

最后一步,由于 $n \equiv 91n \pmod 9$,所以 $S(n) \equiv S(91n) \pmod 9$. 但是我们已知

$$S(n) \leqslant S(91n) \leqslant 5$$

因此 $S(n) = 5$,最终得到 $n = 122$ 或 $n = 221$.

3. 令 $N = \overline{a_1 a_2 \cdots a_n}$,其中 $a_1 < a_2 < \cdots < a_n$. 我们将等式 $9N = 10N - N$ 表示如下

$$9N = \overline{a_1 a_2 \cdots a_n 0} - \overline{a_1 \cdots a_{n-1} a_n}$$

可见 $S(9N)=a_1+(a_2-a_1)+\cdots+(a_{n-1}-a_{n-2})+(a_n-a_{n-1}-1)+(10-a_n)$，因此 $S(9N)=9$.

4.（USAMO 1992）我们令 $\alpha_m=9\times99\times999\times\cdots\times(10^{2^m}-1)$，其中 $m=1,2,\cdots,n$. 通过归纳，α_m 包含 $k=2^{m+1}-1$ 个数位. 于是，$\alpha_{n-1}\leqslant10^{2^n}-1$. 根据本章开头的引理，其位数码和就是 9×2^n.

5. 通过归纳到 n 的形式，我们可以证明 $3^{n+1}\mid10^{3^{n-1}}-1$. 其实，若 $10^{n-1}-1=3^{n+1}\times\alpha$，则

$$10^{3^n}-1=(10^{3^{n-1}})^3-1=(10^{3^{n-1}}-1)(10^{2\cdot3^{n-1}}+10^{3^{n-1}}+1)$$
$$=3^{n+1}\alpha(10^{2\cdot3^{n-1}}+10^{3^{n-1}}+1)$$

$10^{2\times3^{n-1}}+10^{3^{n-1}}+1$ 可以被 3 整除，因为其位数码和等于 3. 因此，形如 $999\cdots99(3^{n-1}$ 位)的数就是本题的解.

6. 首先，已知 z 是 9 的一个倍数，$x\leqslant1\,998\times9=17\,982$，所以

$$y<1+7+9+9+9=35\Rightarrow z\leqslant2+9=11$$

因此 $z=9$.

7. 答案是负数. 通过反证法，假设答案是一个完全平方数 x^2，其位数码和就是

$$S(x^2)=1+2+\cdots+(1+1+1)=S(1)+S(2)+\cdots+S(111)$$

但是 $S(n)\equiv n(\mathrm{mod}\,9)$，所以

$$x^2\equiv1+2+\cdots+111=111\cdot56(\mathrm{mod}\,9)$$

这表明 $3\mid x^2\Rightarrow3\mid x$，但是因为 $9\nmid x^2$，所以相矛盾.

8. 答案是负数，该题的理念与上题类似. 在给定表达式中，从 0 到 9 每个数都正好只出现一次，所以这些数的和 s 应该恒等于 $\mathrm{mod}\,9$，其位数码和 $0+1+2+\cdots+9=45$ 是 9 的倍数. 因此，得到 $9\mid s,s$ 不可能是 100.

9.（Kvant）通过反证法，我们假设存在 n_0 使得 $S(3^{n+1})>S(3^n)(\forall n\geqslant n_0)$，于是得到

$$S(3^{n+1})\geqslant S(3^n)+9$$

并且通过归纳可以得到 $S(3^{n_0+m})\geqslant S(3^{n_0})+9m$ 对于所有正整数 m 都成立. 但是，另一方面，由于

$$S(3^{n_0+m})\leqslant9(\lg3^{n_0+m}+1)$$

所以

$$S(3^{n_0})+9m\leqslant9(\lg3^{n_0+m}+1)$$

对于任意 $m\in N$ 都成立，这与前述结论构成矛盾.

10.（Tournament of Towns）该题实际上来自一个关于位数码和的更为一般化的结论：

引理 1　任意倍数的 $\underbrace{11\cdots11}_{k}$ 位数码和至少等于 k.

本题中我们将用到极值原理. 通过反证法，假设该论断为假，我们设 M 为满足

$S(M) < k$ 的 a 的最小倍数,其中 $a = \underbrace{11\cdots11}_{k}$. 已知 $S(ia) = ik$ 对于 $i = 1, 2, \cdots, 9$ 成立,所以

$M \geq 10a > 10^k$. 于是,得到 $M = \overline{a_1 a_2 \cdots a_p}$ ($p \geq k+1$ 且 $a_p \neq 0$). 取 $N = M - 10^{p-k} a$,显然 N 是 a 的倍数. 我们将要证明 $S(N) < k$,这样的话就会与 M 的最小性相矛盾,于是证明也就可以结束了. 而这一结论并不难证明,因为如果 $a_{k+1} < 9$,我们就可以得到 $S(N) = S(M) < k$;如果 $a_{k+1} = 9$,则可以得到 $S(N) < S(M) < k$.

所以,我们可以选择 $n = 10^{1989} - 1$.

11. 通过归纳我们会发现 2^n 的倍数有 n 个数位,设

$$\overline{a_1 a_2 \cdots a_n} = 2^n \cdot \alpha \quad (a_i \in \{1, 2\}, 1 \leq i \leq n)$$

同时令 $b = \overline{1a_1 a_2 \cdots a_n}, c = \overline{2a_1 a_2 \cdots a_n}$. 于是得到

$$b = 2^n(\alpha + 5^n), c = 2^n(\alpha + 2 \cdot 5^n)$$

所以,若 α 为奇数则 $2^{n+1} | b$,若 α 为偶数则 $2^{n+1} | c$. 现在,通过归纳我们就可以得到结论了.

12. 我们将会用归纳法证明对于任意整数 $n \geq 1$ 都存在一个 5^n 的 n 位数倍数,其十进制表示法中仅由数字 $1, 2, 3, 4, 5$ 组成. 我们假定

$$\overline{a_1 a_2 \cdots a_n} = 5^n \cdot \alpha \quad (a_i \in \{1, 2, 3, 4, 5\}, 1 \leq i \leq n)$$

同时定义 $x_k = \overline{k a_1 a_2 \cdots a_n}, 1 \leq k \leq 5$,于是得到

$$x_k = 5^n(k \cdot 2^n + \alpha)$$

通过 $5 | k \cdot 2^n + \alpha$ 求得 k 值,该数量关系永远都成立,因为 $2^n + \alpha, 2 \times 2^n + \alpha, 3 \times 2^n + \alpha$, $4 \times 2^n + \alpha, 5 \times 2^n + \alpha$ 除以 5 之后的余数都各不相同.

该题所要证明的 5^n 具有一个仅由 $1, 2, 3, 4, 5$ 构成的 n 位数倍数是在 2005 年罗马尼亚国家奥林匹克竞赛中提出来的,也是相当经典的算题. 另一种(类似的)解题方法是证明所有由 $1, 2, 3, 4, 5$ 构成的 n 位数在除以 5^n 后都得到不同的余数. 但是,通过审视原题,我们还可以证明一个更为普适的命题,即每一个不能被 10 整除的正整数都有一个仅由非零整数构成的倍数. 而最有趣的是,为了证明上述结论,我们首先需要证明对于 2 的幂和 5 的幂的情况(也就是本题),然后再将其推广到更为一般的情形.

13. 我们可以看出 $\alpha \equiv 1 \pmod{9}$, $\beta \equiv 1 \pmod{9}$,因为他们的位数码和等于 $1 + 2 + 3 + 4 + 5 + 6 + 7 = 28$,若 $\alpha = 9k + 1, \beta = 9p + 1$,则

$$\beta = m\alpha \Rightarrow 9p + 1 = m(9k + 1)$$

所以 $9 | m - 1$,进而得到 $m = 1$,因此 $\alpha = \beta$.

14. 已知 $N = (9+1)^{999} - 1 = \sum_{k=1}^{999} \binom{999}{k} 9^k$,因此 $n = 2$.

15. (1)若 $\overline{a_1 a_2 \cdots a_{1999}}$ 是已知数,那么新生成数即

$$\overline{999\cdots99} - \overline{a_1 a_2 \cdots a_{1\,999}} = \overline{(9 - a_1)(9 - a_2)\cdots(9 - a_{1\,999})}$$

所以

$$a_1 + a_2 + \cdots a_{1\,999} = (9 - a_1) + (9 - a_2) + \cdots + (9 - a_{1\,999})$$

于是得到 $2(a_1 + a_2 + \cdots + a_{1\,999}) = 9 \times 1\,999$，而这是不可能的.

（2）令 $\overline{b_1 b_2 \cdots b_{2\,000}}$ 是 已 知 数，若 $b_{2\,000} \neq 0$，则 $10^{2\,000} - \overline{b_1 b_2 \cdots b_{2\,000}} =$ $\overline{(9 - b_1)\cdots(9 - b_{1\,999})(10 - b_{2\,000})}$ 就是新生成数. 所以，$b_1 + b_2 + \cdots + b_{2\,000} = (9 - b_1) + \cdots +$ $(9 - b_{1\,999}) + (10 - b_{2\,000})$，于是得到 $2(b_1 + b_2 + \cdots + b_{2\,000}) = 9 \times 1\,999 + 10$，矛盾.

16. (俄罗斯)答案为负数. 通过反证法，假定 $n_1 < n_2 < \cdots < n_{19}$，使得

$$S(n_1) = S(n_2) = \cdots = S(n_{19}) = k$$

并且 $n_1 + n_2 + \cdots + n_{19} = 1\,999$. 我们得到

$$1\,999 = n_1 + n_2 + \cdots + n_{19} \equiv S(n_1) + S(n_2) + \cdots + S(n_{19}) = 19k\,(\bmod\,9)$$

所以，$k \equiv 1\,(\bmod\,9)$. 另一方面

$$19n_1 < n_1 + n_2 + \cdots + n_{19} = 1\,999 \Rightarrow n_1 \leqslant 100$$

所以，$s(n_1) \leqslant 18$，即 $k \leqslant 18$. 因此，$k \in \{1, 10\}$. 如果 $k = 1$，那么 n_i 就是 10 的幂. 但是，10 只存在 4 个不同的幂使得其数值不超过 1 999，这与上述结论相矛盾. 因此，$k = 10$. 数位和等于 10 的前 20 个数分别为

$$19, 28, \cdots, 91, 109, 118, 127, \cdots, 190, 208$$

其中，前 19 个数的和是 1 990，第 19 个数和第 20 个数的差是 18，所以，全部总和要么是 1 990，要么是 2 008，但永远不可能是 1 999.

17. 根据本章开头的引理，所有 $n = 10^k - 1$ 都具有题中所述性质，我们现在来证明这些数是唯一符合题中特性的值. 令 $n = \overline{c_1 c_2 \cdots c_k}$，由于 n 不可能是 10 的幂，也就得到 $10^{k-1} + 1 \leqslant n$，所以

$$c_1 + c_2 + \cdots + c_k = S(n) = S((10^{k-1} + 1)n)$$
$$= S(\overline{c_1 c_2 \cdots c_k} + c_1) + c_2 + \cdots + c_k$$
$$\Rightarrow c_1 = S(\overline{c_1 c_2 \cdots c_k} + c_1) = S(n + c_1)$$

上式表明 $n + c_1$ 的首位就是 c_1（而这是不可能的），除非 $c_1 = c_2 = \cdots = c_{k-1} = 9$. 根据 $S(n) = S(2n)$ 我们可以推导出 $c_k = 9$，因此 $n = 10^k - 1$.

18. (Titu Andreescu 和 Gabriel Dospinescu，USAMO 2005)我们将会证明

$$\lfloor \lg(n + 1) \rfloor \leqslant f(n) \leqslant 9\lg\left\lceil \frac{n(n + 1)}{2} + 1 \right\rceil$$

这足以支撑我们最后的结论. 令 l 为使 $10^l - 1 \geqslant \dfrac{n(n + 1)}{2}$ 成立的最小整数. 我们来看一下集合 $X = \{j(10^l - 1) : 1 \leqslant j \leqslant n\}$. 根据前述不等式以及关于仅由 9 构成之数的倍数的数码

和命题,我们可以推得 $S(\sum_{x\in Y}x) = 9l$ 对于 X 的所有非空子集 Y 都成立,所以 $f(n)\le 9l$,RHS 得证.

令 m 为使 $n\ge 10^m - 1$ 成立的最大整数,我们将会用到以下众所周知的引理:

引理 任意集合 $M = \{a_1, a_2, \cdots, a_m\}$ 都有一个非空子集的各元素之和能被 m 整除.

我们来看一看下列加和

$$a_1, a_1+a_2, \cdots, a_1+a_2+\cdots+a_m$$

如果其中有一个是 m 的倍数,那么我们就可以完成证明了;否则,其中就会有两个和恒等于 m 的模,记为第 i 个和第 j 个. 于是,可以得到 $m\mid a_{i+1}+a_{i+2}+\cdots+a_j$,我们就可以完成证明了.

所以,我们有一个集合 S,其各元素之和为 N,N 能被 $10^m - 1 = 9\times\underbrace{11\cdots 11}_{m}$ 整除. 回忆一下我们用来解答第 10 题的那个引理,就可以得到 $S(N)\ge m$,LHS 也就得证了.

19. 不存在. 假定已知 $2^n = \overline{a_1\cdots a_k}$ 和 $2^m = \overline{a_{\alpha(1)}\cdots a_{\alpha(k)}}$,$\alpha$ 是 $1,\cdots,k$ 的排列组合. 假定 $2^m < 2^n$,由于 2^m 和 2^n 都是 k 位数,所以实际上我们可以得到 $10^{k-1}\le 2^m < 2^n < 10^k$,这意味着 $2^{n-m} = \dfrac{2^n}{2^m} < \dfrac{10^k}{10^{k-1}} = 10$,于是 $n - m\le 3$.

另一方面,我们可以得到 $2^m\equiv S(2^m) = S(2^n)\equiv 2^n\pmod 9$,所以 $2^{n-m}\equiv 1\pmod 9$,这在 $1\le n - m\le 3$ 的情况下是不可能的. 因此,答案即为负值.

20. 对于正整数 k,我们已知 $\dfrac{10^k - b}{a} = \dfrac{10^k + a - b}{a} - 1 < \left[\dfrac{10^k + a - b}{a}\right]\le\dfrac{10^k + a - b}{a}$. 这表明,对于 $n_k = \left[\dfrac{10^k + a - b}{a}\right]$,可以得到 $10^k < an_k + b\le 10^k + a$. 所以,对于任意 k 值,都有 $10^k\le[an_k + b]\le 10^k + a$. 这意味着每一个整数部分 $[an_k + b]$ 都等于区间 $[10^k, 10^k + a]$ 内(有限个)自然数中的一个. 请注意,数列 $(n_k)_{k\ge 1}$ 最终是严格单调递增的. 我们就可以得到结论:存在一个 j(独立于 k,且 $0\le j\le[a]$)和无限多个 k 值,使得 $[an_k + b] = 10^k + j$(且相应的 n_k 值都是互异的). 因此,对于无限多个 k 值,我们都可以得到 $S([an_k + b]) = 1 + S(j)$. 这也正是我们所要证明的.

21. 对于形如 $N = 2\cdots 21\cdots 1$(包含 k 个 2 和 $2^k - 2k$ 个 1)的数,我们已知 $S(N) = P(N) = 2^k$($S(N)$ 与 $P(N)$ 分别是 N 的数位和与数位积). 这样的数包含 $2^k - k$ 个数位,且数字 $2^k - k$,$k\ge 1$ 构成了一个严格单调递增的数列. 所以,该命题对于无限多个 $n(n = 2^k - k)$ 都为真.

并且,我们可以看到该命题对于形如 $n = (2\times 3\times\cdots\times 9)^k$($k$ 是一个足够大的自然数,我们会在最后确切地看到究竟有多大)的数都为假. 假定存在包含 $n = (2\times 3\times\cdots\times 9)^k$ 个数位的数字 N,使得 $S(N) = P(N)$. 同时,假定 N 正好有 x_i 个数位上的数字等于 $i(1\le i\le 9$,显然 0 不可能是该数某数位上的值). 所以,$S(N) = P(N)$ 可以被重写成 $x_1 +$

$2x_2 + 3x_3 + \cdots + 9x_9 = 2^{x_2} \times 3^{x_3} \times \cdots \times 9^{x_9}$. 当然，我们还知道 $x_1 + x_2 + \cdots + x_9 = n$. 因此，可以得到 $n + x_2 + 2x_3 + \cdots + 8x_9 = 2^{x_2} \times 3^{x_3} \times \cdots \times 9^{x_9}$. 这里，我们可以总结出 $2^{x_2} \times 3^{x_3} \times \cdots \times 9^{x_9} \geq 2^k \times 3^k \times \cdots 9^k$，进而推得至少存在一个位于 2 到 9 之间的 i 使得 $x_i \geq k$. 这意味着 i^k 能够整除 $2^{x_2} \times 3^{x_3} \times \cdots \times 9^{x_9}$. 由于 i^k 也能够整除 n，根据上述等式，我们可以得出 i^k 也能够整除 $x_2 + 2x_3 + \cdots + 8x_9$. 因此，$2^k \leq i^k \leq x_2 + 2x_3 + \cdots + 8x_9 \leq 8(x_2 + x_3 + \cdots + x_9)$，即 $x_2 + \cdots + x_9 \geq 2^{k-3}$.

另一方面

$$9(2 \times 3 \times \cdots \times 9)^k = 9n = 9(x_1 + x_2 + \cdots + x_9) \geq x_1 + 2x_2 + \cdots + 9x_9$$
$$= 2^{x_2} \times 3^{x_3} \times \cdots \times 9^{x_9} \geq 2^{x_2 + \cdots + x_9} \geq 2^{2^{k-3}}$$

如果我们可以得到 $2^{2^{k-3}} > 9(2 \times 3 \times \cdots \times 9)^k$，就会引出了一个矛盾. 实际上，该式是会出现的，因为其等价于 $2^{k-3} > \log_2 9 + k\log_2(2 \times 3 \times \cdots \times 9)$，而 $\lim\limits_{k \to \infty} \dfrac{2^{k-3}}{k} = \infty$. 所以，对于从某个点开始的 k，不等式 $2^{2^{k-3}} > 9(2 \times 3 \times \cdots \times 9)^k$ 为真. 这意味着假说（存在一些 n 位数，其各数位数字和等于数字积）对于所有 $n = (2 \times 3 \times \cdots \times 9)^k$（$k$ 满足 $2^{2^{k-3}} > 9(2 \times 3 \times \cdots \times 9)^k$）都不成立. 证明就到这里.

22. 本题核心思路为 $d(N) = 3S(N) - S(3N)$. 于是

$$\sum_{n=1}^{m} \frac{d(3^n)}{3^n} = \sum_{n=1}^{m} \frac{3S(3^n) - S(3^{n+1})}{3^n}$$
$$= 3\sum_{n=1}^{m} \left(\frac{S(3^n)}{3^n} - \frac{S(3^{n+1})}{3^{n+1}} \right)$$
$$= 3\left(\frac{S(3^n)}{3^n} - \frac{S(3^{n+1})}{3^{n+1}} \right)$$

由于 $\lim\limits_{N \to \infty} \dfrac{S(N)}{N} = 0$，我们可以得到

$$\sum_{n=1}^{m} \frac{d(3^n)}{3^n} = \lim_{m \to \infty} 3\left(\frac{S(3^n)}{3^n} - \frac{S(3^{m+1})}{3^{m+1}} \right) = S(3) = 3$$

为了证明 $d(N) = 3S(N) - S(3N)$，令 $N = \sum\limits_{i=0}^{k-1} c_i 10^i$，其中 $c_i \in \{0, 1, \cdots, 9\}$ 是 N 的十进制数位值. 对于 $0 \leq i \leq k - 1$，令 $3c_i = 10a_i + b_i$，其中，$b_i \in \{0, 1, \cdots, 9\}$；当 $c_i \in \{0, 1, 2, 3\}$ 时，$a_i = 0$；若 $c_i \in \{4, 5, 6\}$，则 $a_i = 1$；若 $c_i \in \{7, 8, 9\}$，则 $a_i = 2$. 在这种情况下，$c(N) = 0$. 事实上，（通过快速而缜密的思考）我们可以看到（出现在 N 的十进制表示法中）形如 $3\cdots3c(c \geq 4)$ 和 $3\cdots36\cdots6c(c \geq 7)$ 的数列是唯一能使 $a_{i-1} + b_i$ 大于等于 10 的数列.

由于 $3 \times \overline{3\cdots3c} = \overline{10\cdots0(3c-10)}$，当 $c \in \{4, 5, 6\}$ 时，$3S(N) - S(3N)$ 对应出现在 N 的十进制表示法中数列的部分是 $3(3p + c) - (3c - 9) = 9(p + 1)$，其中 p 是 3 的个数. 并且，

数列 $3\cdots3c(c\in\{7,8,9\})$ 对应 $3S(N)-S(3N)$ 中的部分为 $3(3p+c)-(3c-18)=9(p+2)$（现在，这个乘积为 $3\times\overline{3\cdots3c}=\overline{10\cdots01(3c-20)}$ 了）

最终，我们得到（对于 $c\in\{7,8,9\}$）$3\times\overline{3\cdots36\cdots6c}=\overline{10\cdots010\cdots0(3c-20)}$，于是，该数列对应于 $3S(N)-S(3N)$ 的部分就是 $3(3p+6q+c)-(3c-18)=9(p+2q+2)$，其中 p 像前面一样代表 3 的个数，q 则为 6 的个数.（我们会看到，每一个数字 6 都被计算了两次：一次是在 $a(n)$ 中，即第 4,5,6 位中的一个；一次是在 $c(n)$ 中，作为数列的一部分.）综上所述，我们就已经证明了 $3S(N)-S(3N)=d(n)$，解答完毕. 最后再举一个例子

$$3S(334\ 591\ 333\ 668)-S(3\cdot334\ 591\ 333\ 668)=3\times54-27=135=9\times15$$
$$=9(a(334\ 591\ 333\ 668)+$$
$$2b(334\ 591\ 333\ 668)+$$
$$c(334\ 591\ 333\ 668))$$

23. (1)关于正整数 k，我们可以得到

$$\sum_{n=1}^{km-1}\frac{\left[\dfrac{n}{m}\right]}{n(n+1)}=\sum_{j=1}^{k-1}\sum_{l=jm}^{(j+1)m-1}\frac{j}{l(l+1)}=\sum_{j=1}^{k-1}j\left(\frac{1}{jm}-\frac{1}{(j+1)m}\right)$$
$$=\sum_{j=1}^{k-1}\frac{1}{jm}$$

所以

$$\sum_{n=1}^{km-1}\frac{n-m\left[\dfrac{n}{m}\right]}{n(n+1)}=\sum_{n=1}^{km-1}\frac{n}{n(n+1)}-m\sum_{n=1}^{km-1}\frac{\left[\dfrac{n}{m}\right]}{n(n+1)}$$
$$=\sum_{n=1}^{km-1}\frac{n}{n(n+1)}-\sum_{j=1}^{k-1}\frac{1}{j}$$

在 k 趋向于无穷时存在极限值 $\ln m$（该值可以根据数列 $\left(1+\dfrac{1}{2}+\cdots+\dfrac{1}{n}-\ln n\right)_{n\geqslant1}$ 收敛于欧拉－马歇罗尼（Euler-Masheroni）常数 γ 来求得）. 关于 n 存在 $0\leqslant n-m\left[\dfrac{n}{m}\right]<m$，很容易推导出这个部分和的数列是柯西数列.

(2)已知

$$S_b(n)=n-(b-1)\sum_{k=1}^{\infty}\left[\frac{n}{b^k}\right]=(b-1)\sum_{k=1}^{\infty}\left(\frac{n}{b^k}-\left[\frac{n}{b^k}\right]\right)$$
$$=(b-1)\sum_{k=1}^{\infty}\frac{1}{b^k}\left(n-b^k\left[\frac{n}{b^k}\right]\right)$$

所以

$$\sum_{n=1}^{\infty}\frac{S_b(n)}{n(n+1)}=(b-1)\sum_{n=1}^{\infty}\frac{1}{n(n+1)}\sum_{k=1}^{\infty}\frac{1}{b^k}\left(n-b^k\left[\frac{n}{b^k}\right]\right)$$

$$= (b - 1) \sum_{k=1}^{\infty} \frac{1}{b^k} \sum_{n=1}^{\infty} \frac{n - b^k \left[\frac{n}{b^k} \right]}{n(n+1)}$$

$$= (b - 1) \sum_{k=1}^{\infty} \frac{1}{b^k} \ln(b^k)$$

$$= (b - 1) \ln b \sum_{k=1}^{\infty} \frac{k}{b^k} = \frac{b}{b-1} \ln b$$

由于各项皆为正值,所以允许将该加和进行易位. 通过应用本题第一部分的结论,我们最终得到

$$\sum_{k=1}^{\infty} kq^k = \lim_{K \to \infty} \sum_{k=1}^{K} kq^k = \lim_{K \to \infty} \frac{Kq^{K+2} - (K+1)q^{K+1} + q}{(1-q)^2} = \frac{q}{(1-q)^2}$$

对于 $|q| < 1$ 都成立(本题中 $q = \frac{1}{b}$).

同时,通过关系式

$$S_b(n) = n - (b-1) \sum_{k=1}^{\infty} \left[\frac{n}{b^k} \right]$$

可以马上证明数位和的一个最简单的特性,即 $S_b(n) \equiv n(\mathrm{mod}(b-1))$. (在我们主要讨论的 $b = 10$ 的情况下,$S(n) \equiv n(\mathrm{mod}\,9)$)并且,将上式与 $[x+y] \geq [x] + [y]$ 放在一起考虑,我们很容易就可以证明,对于所有正整数 m, n 和 $b \geq 2$,都存在 $S_b(m+n) \leq S_b(m) + S_b(n)$.

第五章　等差数列和等比数列

你能讲出以下数列之间的关系吗？

$$2,5,8,11,14,17,20,23,26,\cdots$$

$$3,7,11,15,19,23,27,31,35,\cdots$$

显而易见,两个数列从第二项开始的每一项都是前一项加上同一个常数(分别是 3 和 4). 通常,我们称实数数列 $a,a+d,a+2d,\cdots,a+nd,\cdots$ 为等差数列. 在某些情况下,首项可以用 a_1 表示,d 被称为公差. 等差数列 $(a_n)_{n\geqslant1}$ 的一般表达式为

$$a_n = a_1 + (n-1)d, n \geqslant 1$$

我们称实数数列 $b,bq,bq^2,\cdots,bq^n,\cdots$ 为等比数列. 通常,首项可以用 b_1 表示,q 被称为公差. 等比数列 $(b_n)_{n\geqslant1}$ 的一般表达式为 $b_n = b_1 q^{n-1}, n \geqslant 1$. 数列前 n 项的和用 S_n 表示,即 $S_n = b_1 + b_2 + \cdots + b_n$. 由于 $S_n = b_1 + b_1 q + \cdots + b_1 q^{n-1} = b_1(1 + q + \cdots + q^{n-1})$,所以,在 $q \neq 1$ 的时候,$S_n = b_1 \dfrac{q^n - 1}{q - 1}, n \geqslant 1$. 读者可能会感到很疑惑,因为到目前为止我们在讨论等差数列和等比数列的时候考虑的都是无限数列. 事实上,这两者也存在有限数列的情况. 一个无限等差或者无限等比数列的任意连续项构成的有限数列是一个等差或者等比数列. 不难推断,我们之所以分别称其为等差和等比数列,是因为数列的各项都分别是其相邻两项的算术平均数和几何平均数. 因此,我们可能也会称之为调和级数,甚至有时候称之为二次级数.

例 1　若实数 a,b,c 构成等差数列,则以下三联数组同样构成等差数列:

(1) $a^2 - bc, b^2 - ac, c^2 - ab$;

(2) $b^2 + bc + c^2, a^2 + ac + c^2, a^2 + ab + b^2$.

请证明:反过来是否也成立呢?

证明　当且仅当 $y - x = z - y \Leftrightarrow 2y = x + z$(或者我们也可以说 y 是 x 和 z 的算术平均数)时,x,y,z 三个数构成等差数列. 所以,对于(1)来说,我们需要证明的是:如果 $2b = a + c$,那么 $2y = x + z(x = a^2 - bc, y = b^2 - ac, z = c^2 - ab)$. 由于我们已知

$$\begin{aligned}
x + z - 2y &= a^2 - bc + c^2 - ab - 2b^2 + 2ac \\
&= (a+c)^2 - 4b^2 - (ab + bc - 2b^2) \\
&= (a+c-2b)(a+c+2b) - (a+c-2b)b
\end{aligned}$$

$$= (a + c - 2b)(a + b + c)$$

所以,显然, $a + c - 2b = 0 \Rightarrow x + z - 2y = 0$. 如果补充一个假定 $a + b + c \neq 0$, 那么我们也可以看出反推同样成立. 所以, 如果实数 a, b, c 之和为非零, 那么 $x = a^2 - bc, y = b^2 - ac, z = c^2 - ab$ 构成一个等差数列, 于是 a, b, c 同样构成一个等差数列.

读者必定能够证明 (2), 事实上它与 (1) 非常相似. 已知通过将表达式 $a^2 - bc + c^2 - ab - 2b^2 + 2ac$ 看成是以 a 为未知数, b 和 c 为参数的二次三项式可以得到上述 $x + z - 2y$ 的分解因式. 由于对应的二次等式 $a^2 - (b - 2c)a + c^2 - bc - 2b^2 = 0$ 的根为 $2b - c$ 和 $-b - c$, 上述三项式的因式分解也是一样的.

例 2　请证明: 存在一个由无限多三联完全平方数组构成的等差数列. (即该等差数列的连续各项均为平方数.)

证明　已知 $(a^2 - 2ab - b^2)^2 + (a^2 + 2ab - b^2)^2 = 2(a^2 + b^2)^2$. 从该等式可知, 对于任意 (整数) a 和 b 来说, $(a^2 - 2ab - b^2)^2, (a^2 + b^2)^2, (a^2 + 2ab - b^2)^2$ 构成一个等差数列. 比如, 当 $a = 7$ 且 $b = 4$ 时, 我们可以得到 $23^2 (= 529), 65^2 (= 4\ 225), 89^2 (= 7\ 921)$ 构成一个等差数列.

接下来, 我们来看一些不那么琐碎的等差数列和等比数列案例. 在数论和关于等差数列的排列组合数论中, 存在很多难题. 现在就让我们来讲讲等差数列的一些重要结论.

狄利克雷定理　对于任意互素正整数对 a 和 d 来说, 等差数列 $a + nd$ 包含无限多个质数.

证明过程是很困难的, 不属于初等数学的内容. 但是, 在某些特殊情况下, 比如 $a = 1$ 或者 $a = -1$ 时, 某些证明步骤是很基础的. 这一理论是数论中最伟大的成就之一, 其证明过程被认为是分析数论的起源.

与包含质数的等差数列相关的是, 近来已经证明质数集合包含任意长度的等差数列. 这即使不是唯一也是极少数已经得到证明的关于质数附属特性的高难度推论之一.

范得瓦尔登定理 (Van der Waerden's Theorem)　对于所有正整数 k 和 r, 存在一个数 N, 使得无论如何用 r 种颜色对前 N 个非零自然数进行着色, 总是存在一个长度为 k 的单色等差数列. 其中, 最小的数 N 通常用 $W(k, r)$ 来表示.

不同于前一个定理, 该定理完全属于初等数学, 因而不难证明. 范得瓦尔登定理也可以表述为正整数集合的 r 种着色方案, 而不仅仅是前 N 个正整数, 但是不难看出这是等价的. 可能很多读者想要知道是否每一个正上侧密度无限集合都包含任意长度的等差数列, 因为我们的这一定理显然正是直接与该事实相关的. 所以, 此命题为真, 但是要证明范得瓦尔登定理却还要更加困难一点. 这就是有名的斯泽梅雷迪定理 (Szemeredi's theorem), 因为他证明了 $k = 4$ 的情况, 并在罗斯 (Roth) 给出 $k = 3$ 时的分析性证明基础上最终证明了 $k \geq 4$ 的情况.

通过观察范得瓦尔登定理可以发现, 如果 $\mathbb{N} = A \cup B$ (A 和 B 不交, 且 A 中至少包含三个项彼此不构成等差数列),那么 B 就包含任意长度的等差数列. 所以,我们自然就会问 B 总是包含一个无限等差数列这一命题是否为真呢? 答案是否定的.

例 3 请证明:存在两类正整数集合,第一类中不存在可以构成等差数列的三个数,而第二类中不存在无限等差数列.

证明 正整数的任意无限等差数列都是由数列前两项决定的,所以只存在有限数量的正整数无限等差数列,我们将其列为 $A_1, A_2, \cdots$ 我们可以通过引入数列 $(b_n)_{n \geqslant 1}$ 来快速建构其数学模型,使得 $b_n \in A_n, b_n + b_i \neq 2b_j$,其中 $1 \leqslant i, j \leqslant n-1$(主要是因为 A_n 是无限的,而以 $2b_j - b_i (1 \leqslant i, j \leqslant n-1)$ 表示的数集是有限的). 因此,我们可以把 $(b_n)_{n \geqslant 1}$ 归入第一类,而把所有其他正整数归入第二类,这就是本题所求的分类方法.

通常,用无限数列 $(an + b)_{n \geqslant 1}$ 来表示满足 $k \equiv b \pmod{a}$ 的正整数集合是很有用的. 这种表示方法显然是恰当的,但是在很多问题中它却能带给我们诸多便利,包括下述由波利亚(Pólya)提出的著名算题.

例 4 请证明:在任意整数无限等差数列中,存在无限多个项,它们具有相同的质因数集合.

证明 以 $(an + b)_{n \geqslant 1}$ 表示该数列,$d = \gcd(a, b)$. 同时规定 $a = du, b = dv$,其中 $\gcd(u, v) = 1$. 显然,我们足以证明数列 $(un + v)_{n \geqslant 1}$ 同样成立,这也就是说,我们所要求的就是无限多个 $k \equiv v \pmod{u}$ 具有相同的质因数. 这是不难求得的,因为,若 $v \neq 1$,便可求得 $k = v^{1 + s\varphi(u)} (s \geqslant 1)$;若 $v = 1$,我们可以得到 $k = (1 + u)^s (s \geqslant 1)$.

相同的理念同样被应用于以下算题中.

例 5 令 $(a_n)_{n \geqslant 1}$ 是一个正整数无限等差数列. 请证明:数列 $\dfrac{1}{a_1}, \dfrac{1}{a_2}, \dfrac{1}{a_3}, \dfrac{1}{a_4}, \cdots$ 包含任意长度的等差数列.

证明 令 $a_n = an + b$,我们显然可以假设 $\gcd(a, b) = 1$. 我们接着找到一个长度为 N 的等差数列

$$\frac{a + b}{(a+b)(2a+b) \cdots (Na+b)}, \frac{2a+b}{(a+b) \cdots (Na+b)}, \cdots, \frac{Na+b}{(a+b) \cdots (Na+b)}$$

现在,我们尝试求出 N 使得 $\dfrac{1}{ja + b} \displaystyle\prod_{i=1}^{N} (ai + b)$ 为 $(a_n)_{n \geqslant 1}$ 的某一项,其中 $1 \leqslant j \leqslant N$. 于是,得到 $\displaystyle\prod_{1 \leqslant i \neq j \leqslant N} (ai + b) \equiv b \pmod{a}$. 但是,如果 $N \equiv 2 \pmod{\varphi(a)}$,那么 $\displaystyle\prod_{1 \leqslant i \neq j \leqslant N} (ai + b) \equiv b^{N-1} \equiv b \pmod{a}$. 由于存在无限多个 N 满足最后一种情况,所以本题得证.

最后,我们以在 1991 年罗马尼亚团体精选试题中出现的一道精妙的试题结束本章的理论部分.

例 6 请证明:对于所有 $n \geqslant 3$,在等差数列中存在 n 个正整数 $a_1, a_2, \cdots, a_n$ 且在等比数列中存在 n 个正整数 $b_1, b_2, \cdots, b_n$,使得

$$b_1 < a_1 < b_2 < a_2 < \cdots, b_n < a_n$$

证明　设 $B_k = \left(1 + \dfrac{1}{m}\right)^k$，则对于 $k \geq 2$，都有 $B_k > 1 + \dfrac{k}{m}$. 同样，对于 $k \leq n$，则有

$$B_k \leq 1 + \frac{k}{m} + \left[\frac{n(n-1)}{m} \times 12! \quad + \frac{n(n-1)(n-2)}{m^2} \times \frac{1}{3!} + \cdots + \frac{n(n-1)\cdots(n-k+1)}{m^{k-1}} \times \frac{1}{k!}\right]\frac{1}{m}$$

所以，若 $m > n^2$，我们可以得到 $B_k < 1 + \dfrac{k}{m} + \dfrac{1}{m} = 1 + \dfrac{k+1}{m}$. 对于 $1 \leq k \leq n$，我们定义 $A_k = 1 + \dfrac{k+1}{m}$，于是根据上述内容可以得到：$B_1 < A_1 < B_2 < A_2 < \cdots < B_n < A_n$. 我们现在很容易能够看出 $a_k = m^n A_k, b_k = m^n B_k$.

推荐习题

1. 令 a, b, c 为实数，且 $a+b, a+c, b+c$ 都非零，a^2, b^2, c^2 构成一个等差数列. 请证明：$\dfrac{a}{b+c}, \dfrac{b}{a+c}, \dfrac{c}{a+b}$ 也构成一个等差数列. 同时，请问反过来是不是也为真呢？

2. 请证明：当且仅当 $(x_0^2 + \cdots + x_{n-1}^2)(x_1^2 + \cdots + x_n^2) = (x_0 x_1 + \cdots + x_{n-1} x_n)^2$ 时，非零实数 $x_0, x_1, \cdots, x_n$ 构成一个（有限）等比数列.

3. 请证明：当且仅当 $abc(a^3 + b^3 + c^3) = a^3 b^3 + a^3 c^3 + b^3 c^3$ 时，非零实数 a, b, c（以某种顺序）构成一个等比数列.

4. 令 $(a_n)_{n \geq 1}$ 为等差数列，$(b_n)_{n \geq 1}$ 为等比数列，两者都由正数项构成，$a_1 = b_1, a_2 = b_2$. 请证明：对于所有 $n \geq 1$ 都有 $a_n \leq b_n$.

5. 请证明：$\sqrt{2}, \sqrt{3}$ 和 $\sqrt{5}$ 不可能存在于同一个等差数列中.

6. 请证明：当且仅当 n 个不同实数之间有 $n-1$ 种不同差值时，这 n 个实数就是等差数列中的实数.

7. 请证明：若 $p_1 < p_2 < \cdots < p_{12}, p_1 \geq 13$ 构成一个公差为 d 的等差数列，则 $d > 2\,000$.

8. 是否存在集合 $A \subset \mathbb{N}$，它包含任意长度的等差数列，但是不包含无限等差数列？

9. 请证明：在每一个正整数等差数列中存在一个数，其十进制表示法中包含 9.

10. 令 $a_1, a_2, \cdots, a_n$ 为等差数列，对于所有 $i \in \{1, 2, \cdots, n-1\}$，$i$ 都能整除 a_i，而 n 不能整出 a_n. 请证明：$n = p^t$（p 为质数，t 为正整数）.

11. 是否存在：（1）一个任意长度的（2）无限等差数列，其所有的项都有相同的位数码和？

12. 请证明：无论正整数集合被划分成多少个有限数量的等差数列，其中必定有一个等差数列的首项可以被其公差整除. 同时，请证明：所有这些等差数列公差的倒数之和为 1.

13. 将圆上的每个点都用三种颜色中的一种进行着色. 请证明:存在一个三顶点都落在圆上的等腰三角形,其各顶点同色.

14. 令 $A \subset \mathbb{R}^+$,$|A|=n$,$n \geq 4$,其特点是根据 $a,b \in A$,$a>b$ 可以得到 $a+b \in A$ 或者 $a-b \in A$. 请证明:A 的元素构成一个等差数列.

15. 请证明:存在一个包含 16 个元素的集合 $A \subset \{1,2,\cdots,40\}$,其中任意 3 个元素都不能存在于同一个等差数列中.

16. 请证明:任意等差数列 np^k+1,$n \in \mathbb{N}$(其中 p 是奇质数,$k \geq 1$)包含无限多个质数.

17. 令 n 为正整数且 $n \geq 7$,设 $a_1 < a_2 < \cdots < a_k$,$a_1=1$,$a_k=n-1$ 表示所有小于 n 且与 n 互素的正整数. 若 $a_1,a_2,\cdots,a_k$ 来自同一个等差数列,请证明:n 要么是一个质数要么是一个 2 的指数幂.

18. 已知数列 $a_n=3^n-2^n$,请证明:该数列不包含位于同一等比数列中的三个项.

19. 已知正整数 n 是一个指数幂,如果存在 $t,s \in \mathbb{Z}$,$t,s \geq 2$ 使得 $n=t^s$,那么是否存在一个:(1)任意长度的(2)无限等差数列,其各项均为指数幂.

20. 令 $(b_n)_{n \geq 1}$ 是一个无限递增等比数列,其所有的项均为非零数. 请证明:当且仅当 $(b_n)_{n \geq 1}$ 的公比为大于 1 的正整数时,存在一个等差数列 $(a_n)_{n \geq 1}$ 使得 $(b_n)_{n \geq 1}$ 是 $(a_n)_{n \geq 1}$ 的一个子数列.

21. 请证明:如果一个非负整数无限等差数列包含一个完全平方数和一个完全立方数,那么它也会包含某自然数的 6 次幂.

答案

1. 请找出一种方法(存在很多种方法)来证明以下特性

$$\frac{a}{b+c} + \frac{c}{a+b} - 2\frac{b}{a+c} = \frac{(a+b+c)(a^2+c^2-2b^2)}{(a+b)(a+c)(b+c)}$$

接下来就可以证明本题结论了. 请注意,如果 $a+b+c \neq 0$,那么本题结论反过来也是成立的.

2. 本题就是柯西 – 施瓦茨不等式取等号的情况. 我们已知 $(a_1^2+a_2^2+\cdots+a_n^2)(b_1^2+b_2^2+\cdots+b_n^2) \geq (a_1b_1+\cdots+a_nb_n)^2$ ($a_1,\cdots,a_n$ 和 $b_1,\cdots,b_n$ 为实数),同时,当且仅当 a_1,$a_2,\cdots,a_n$ 分别与 $b_1,b_2,\cdots,b_n$ 成比例时,也就是当且仅当 $\frac{a_1}{b_1} = \frac{a_2}{b_2} = \cdots = \frac{a_n}{b_n}$($b_1,\cdots,b_n$ 非零)时,等式 $(a_1^2+a_2^2\cdots+a_n^2)(b_1^2+b_2^2+\cdots+b_n^2) = (a_1b_1+a_2b_2+\cdots+a_nb_n)^2$ 成立. 本题中,等式 $(x_0^2+\cdots+x_{n-1}^2)(x_1^2+\cdots+x_n^2) = (x_0x_1+\cdots+x_{n-1}x_n)^2$ 等价于 $\frac{x_1}{x_0} = \frac{x_2}{x_1} = \cdots = \frac{x_n}{x_{n-1}}$,这意味着 $x_0,x_1,\cdots,x_n$ 构成一个等比数列.

3. 事实上,我们已知

$$abc(a^3 + b^3 + c^3) - (a^3b^3 + a^3c^3 + b^3c^3) = (a^2 - bc)(b^2 - ac)(c^2 - ab)$$

所以本题中的等式等价于 $a^2 = bc$ 或 $b^2 = ac$ 或 $c^2 = ab$. 但是,$a^2 = bc$ 意味着 $\dfrac{a}{b} = \dfrac{c}{a}$(也就是说,$b, a, c$ 是一个由三个项组成的等比数列),后两个等式同此.

4. 所要证明的不等式就是 $a_1 + (n-1)d \le b_1 r^{n-1}$,其中 $d = a_2 - a_1$ 是等差数列的公差,$r = \dfrac{b_2}{b_1}$ 是等比数列的公比. 于是,我们要证明的就是

$$a_1 + (n-1)(a_2 - a_1) \le b_1 \left(\frac{b_2}{b_1}\right)^{n-1} \Leftrightarrow 1 + (n-1)(x-1) \le x^{n-1}$$

对于 $x = \dfrac{a_2}{a_1} = \dfrac{b_2}{b_1} > 0$ 和所有的正整数 n 都成立. 这是伯努利方程众多形式中的一种,它通过以下特性得到

$$x^{n-1} - 1 - (n-1)(x-1) = (x-1)^2 (x^{n-3} + 2x^{n-4} + \cdots + (n-3)x + n-2)$$

5. 通过反证法,假设存在 a 和 r 使得 $\sqrt{2} = ak + r, \sqrt{3} = al + r, \sqrt{5} = am + r$,于是得到

$$\frac{\sqrt{5} - \sqrt{2}}{\sqrt{5} - \sqrt{3}} = \frac{m-k}{m-l} \in \mathbb{Q}$$

这与题中所述相矛盾. 其实,通过左右平方,我们可以得到关系式 $\sqrt{10} = x + y\sqrt{15}$($x, y \in \mathbb{Q}$),通过再次平方并注意到 $\sqrt{10}, \sqrt{15} \notin \mathbb{Q}$,我们很容易就能求得所要证明的结论.

6. 直接求解是很琐碎的. 现在我们假设 $a_1 < a_2 < \cdots < a_n$ 是符合要求的 n 个数. 由于 $a_n - a_1 > a_n - a_2 > \cdots > a_n - a_{n-1}$,我们就已经得到了 $n-1$ 个不同的差. 因为 $a_{n-1} - a_1 > a_{n-1} - a_2 > \cdots > a_{n-1} - a_{n-2}$,所以它们都是绝对小于 $a_n - a_1$ 的,进而可以得到 $a_{n-1} - a_{k-1} = a_n - a_k$,即 $a_k - a_{k-1} = a_n - a_{n-1} =$ 常数,因此题中数列是一个等差数列.

7. 令质数 $q < 12$. 若 q 不能被 d 整除,由于 $p_1, p_2, \cdots, p_q$ 在除以 q 时各自有不同的余数,所以它们当中至少有一个可以被 q 整除. 但是,它们又都是大于 q 的质数,所以与上述结论相矛盾. 因此,$2 \times 3 \times 5 \times 7 \times 11 = 2\,310 \mid d$,于是得到 $d > 2\,000$.

8. 是的,存在,其中一个例子就是包含奇数个数位的正整数集合. 该集合显然包含任意长度的等差数列,因为它包含任意长度的连续数字群. 而另一方面,该集合也包含任意长度的间隙,所以它又不能包含无限多的等差数列,因为这些等差数列不能"跳过"大于其公差的间隙. 你还可以在以下第 11 题和第 19 题中找到另外两个例子.

9. 令 r 为公比,a 为首项,d 满足 $10^{d-1} > \max\{r, a\}$. 如果 b 是数列中不超过 10^d 的最大项,那么显然其首位数字就是 9.

更有挑战性的问法是:一个不包含这些数的有限等差数列的最大长度是多少? 答案是 72,但是该题确实很难.

10. (Baltic Way 2000)令 $a_k = u + dk$. 通过反证法,假设 n 不是一个质数幂,那么存在

互素的 a, $b < n$, 且 $n = ab$. 根据条件可知, $a \mid u + ak \Rightarrow a \mid u$ 和 $b \mid u + bk \Rightarrow b \mid u$, 于是得到 $n = ab \mid u \Rightarrow n \mid u + an$, 该结论为假, 因此 n 是一个质数幂.

11. 不存在满足要求的无限等差数列. 因为两个连续项的差是一个常数(所以有界), 因此任意无限等差数列都包含以任意一个 9 开头的数. 于是, 存在位数码和为任意大小的数, 这与题中所述相矛盾. 第二个问题的答案是肯定的(存在), 其关键在于 $S((10^k - 1)N) = 9k$ 对于所有 $N \leqslant 10^k - 1$ 都成立. 令 $N = \overline{a_1 a_2 \cdots a_k}$, 我们现在就可以得到

$$(10^k - 1)N = 10^k N - N = \overline{a_1 a_2 \cdots a_k 00 \cdots 00} - \overline{a_1 a_2 \cdots a_k}$$

$$= \overline{a_1 a_2 \cdots (a_k - 1)(9 - a_1)(9 - a_2) \cdots (9 - a_{k-1})(10 - a_k)}$$

所以 $S((10^k - 1)N) = 9k$ 对于所有 $N \leqslant 10^k - 1$, 证毕.

12. 令 $\{a_i + kd_i, k \in \mathbb{N}\}$, $i = 1, \cdots, n$ 是 n 个等差数列. 解答完毕根据假设, 存在 $i \in \{1, 2, \cdots, n\}$ 使得

$$a_i + kd_i = d_1 d_2 \cdots d_n \Rightarrow d_i \mid a_i$$

于是本题第一部分解答完毕.

关于第二部分, 首先请注意, 最大等于 N 的正整数集合可以表示成 n 个集合的不相交并集. 由来自 $\{1, 2, \cdots, N\}$ 的整数构成的集合 i 同时也属于数列 $\mathcal{P}_i = \{a_i + kd_i : k = 0, 1, \cdots\}$

$$\{1, \cdots, N\} = \bigcup_{i=1}^{n} (\{1, \cdots, N\} \cap \mathcal{P}_i)$$

这些集合基数的等价关系为

$$N = \sum_{i=1}^{n} \left(\left[\frac{N - a_i}{d_i} \right] + 1 \right)$$

如果用 N 去除并且将其推到极限 $N \to \infty$, 我们就会得到我们想要的等式

$$1 = \sum_{i=1}^{n} \frac{1}{d_i}$$

或者, 我们也可以避开极限. 如果我们注意到在任意 d_i 个连续正整数中都恰好存在数列 $\mathcal{P}_i$ 的 $\frac{N}{d_i}$ 个项, 那么上述集合基数的等价关系就变成 $N = \sum_{i=1}^{n} \frac{N}{d_i}$, 这正是我们所需要的关系式.

读者朋友们会认同, 从 $\sum_{i=1}^{n} \left(\sum_{x \in \{1, \cdots, N\} \cap \mathcal{P}_i} x \right) = 1 + \cdots + N$ 出发, 经过一些计算可以得到 $\sum_{i=1}^{n} \frac{a_i}{d_i} = \frac{n+1}{2}$ (这是一道极好的习题). 正整数集合这样的一种分割方式叫作覆盖(covers). 覆盖法是数论中的一种重要研究方法, 感兴趣的读者可以去阅读并检索更多相关内容.

13. 令 $W(3,3)$ 与该圆上的点等距,根据范德瓦尔登定理可知,该圆上存在构成等腰三角形的三个点.

14. 令 $0 < a_1 < a_2 < \cdots < a_n$ 为 A 中的元素. 由于 $a_n + a_k > a_n, a_n - a_k \in A$ 所以 $a_n - a_k = a_{n-k}$,即 $a_k + a_{n-k} = a_n (k = 1, 2, \cdots, n-1)$. 对于 $2 \leqslant k \leqslant n-2$,存在 $a_k + a_{n-1} > a_1 + a_{n-1} = a_n$,所以 $a_{n-1} - a_k \in A$,但是因为

$$a_{n-1} - a_k < a_{n-1} - a_2 < a_n - a_2 = a_{n-2}$$

所以 $a_{n-1} - a_k = a_{n-k-1}$. 我们进而可以推导出 $a_k - a_{k-1} = a_n - a_{n-1}$,对于 $k \geqslant 3$ 都成立,所以 $a_2, a_3, \cdots, a_n$ 构成等差数列. 现在,我们很容易就可以看出整个数列是一个等差数列.

15. 设 A 为正整数集合,其各元素的三进制表示法只包含 1 和 0. 于是,我们很容易就可以看出该集合符合本题要求.

16. 这是狄利克雷原理的一种特殊情况. 我们将要证明:对于每一个整数 n 都存在一个质数 q 使得 $q \equiv 1 (\bmod p^n)$. 对于 $n = k, k+1, \cdots$ 我们可知 $x \equiv 1 (\bmod p^k)$ 具有无限多个质数解. 于是,我们可以从一个众所周知的结论入手:

引理 若 $a \geqslant 2$,则存在一个质数 q 使得 $q \mid a^p - 1$,而 q 不能整除 $a - 1$.

证明 令 q 为质数,且 $q \mid A = 1 + a + a^2 + \cdots + a^{p-1} = \dfrac{a^p - 1}{a - 1}$. 显然,$q \mid a^p - 1$. 若 $q \mid a - 1 \Leftrightarrow a \equiv 1 (\bmod q)$,我们可以得到

$$0 \equiv 1 + a + a^2 + \cdots + a^{p-1} \equiv p (\bmod q)$$

所以 $q = p$. 于是,会出现两种可能性:要么对于正整数 m 存在 $A = p^m$,要么 A 有一个质因数 $q \neq p (q$ 能整除 $a^p - 1$ 但不能整除 $a - 1)$.

假定 $A = p^m$ 不存在不同于 p 的一个质因数,令 $a - 1 = p^u v, (u, p) = 1$,那么

$$p^{m+u} v = (p^u v + 1)^p - 1 = \sum_{i=0}^{p} \binom{p}{i} p^{iu} v^i - 1 = \sum_{i=0}^{p} \binom{p}{i} p^{iu} v^i.$$

所以,$p^{m+u} v$ 的分解因式中 p 的指数其实就是 $u + 1$,这意味着 $m = 1$ 且 $A = p$,而在 $a \geqslant 2$ 时是不可能出现的(请注意,p 为奇数). 因此,A 必定存在一个不同于 p 的质因数 q,该 q 能整除 $a^p - 1$ 但不能整除 $a - 1$.

根据引理,存在一个质数 q 使得 $q \mid 2^{p^n} - 1$ 而 q 不能整除 $2^{p^{n-1}} - 1$. 从 $q \mid 2^{p^n} - 1$ 和费马定理 $(q \mid 2^{q-1} - 1)$,可以推得 $q \mid 2^{(p^n, q-1)} - 1$. 而这表明 $q \equiv 1 (\bmod p^n)$,因为否则的话

$$(p^n, q-1) \mid p^{n-1} \Rightarrow 2^{(p^n, q-1)} - 1 \mid 2^{p^{n-1}} - 1 \Rightarrow q \mid 2^{p^{n-1}} - 1$$

这一结论不可能为真.

上述段落的证明同样适用于 $p = 2$ 的情况(除了"根据引理"这句话). 因此,$p = 2$ 的情况可以用同样的方法来证明,只是不再需要引理了(因为在这种情况下,引理不再为真,比如我们取 $a = 2^s - 1$ 时).

17. (Laurenţşiu Panaitopol, IMO 1991)令 d 为该数列的公差. 若 n 为奇数,令 $n = 2l +$

l,则$(l,n)=1$且$(l+1,n)=1$. 于是,存在$t\in\{1,2,\cdots,k-1\}$使得$a_{t+1}-a_t=1$. 这也就是说,$d=1$,且所有小于n的数都与n互素,所以n是一个质数.

现在,我们来看一下n为偶数的情况. 令$n=2^\alpha\beta$,其中$\alpha\geq 1,\beta\equiv 1\pmod 2$. 请注意,由于2和4是2的幂,所以$(\beta+2,n)=1,(\beta+4,n)=1$. 事实上,如果$p\mid\beta+2^m$且$p\mid n(p$为质数),那么由于$\beta+2^m$是奇数,$p$不可能为2. 如果$p$为奇,那么$p\mid n\Rightarrow p\mid\beta$,所以$p\mid 2^m$,而这一结论为假命题. 并且,根据$n=2^\alpha\beta\geq 2\beta$和$n\geq 8$推得$\beta\leq\dfrac{n}{2}\leq n-4$,所以,存在$s$和$t$使得$n=2^\alpha\beta\geq 2\beta$且$a_t=\beta+4$. 因此,得到$a_t-a_s=2$和$d\mid 2$. 由于$n$是大于2的偶数,$n$就不是质数,且$d\neq 1$,所以$d=2$. 这意味着对于所有$i\in\{1,2,\cdots,k\}$都存在$\alpha_i=2i-1$. 因此,$n$不包含除1以外的奇数因数(并且$n$为偶数),也就可以得到$n$是2的幂.

18. **解法**1 (Laurenţşiu Panaitopol)该数列显然是严格递增的.

引理 若$m<n$,则以下双重不等式都成立
$$a_m a_{2n-m}<a_n^2<a_m a_{2n-m+1}$$

证明 第一个不等式等价于
$$(3^m-2^m)(3^{2n-m}-2^{2n-m})<(3^n-2^n)\Rightarrow(3^{n-m}-2^{n-m})^2>0$$

这显然为真. 第二个不等式可以改写为
$$(3^{m-1}-2^{m-1})(2\cdot 3^{2n-m+1}-2^{2n-m+1})=2\cdot 2^n\cdot 3^{m-1}(3^{n-m+1}-2^{n-m+1})>0$$

而这显然也为真. 所以,结论得证.

通过反证法,假定存在$m,n,p\in\mathbb{Z}^+$使得$a_n^2=a_m a_p$,而根据我们的引理可知
$$2n-m<p<2n-m+1$$

这与假设相矛盾. 本题解答完毕.

解法2 众所周知,a_n是一个梅森数列(Mersenne sequence),即$a_{(m,n)}=(a_m,a_n)$. 通过反证法,假定a_n包含三个项同时存在于一个等比数列中.

引理 令n是使$a_m,a_n,a_p(m<n<p)$构成等比数列的最小正整数,就可以得到$m\mid n\mid p$.

证明 若a,b,c为整数,且$b^2=ac$,则$(b,a)^2=a(a,c)$. 将该结论应用于a_m,a_n,a_p,并且由于a_n是一个梅森数列,所以
$$a_{(m,n)}^2=a_m a_{(m,p)},a_{(n,p)}^2=a_p a_{(m,p)}$$

我们来看一下第一个等式. 根据n的最小值特性,可知$(m,n)=n$,或者$(m,n)=m=(m,p)$,于是得到$m\mid n$或者$n\mid m$. 由于$m<n$,所以$m\mid n$. 类似地,也可以从第二个等式得到$n\mid p$. 最终,就得到$m\mid n\mid p$.

令$n=m\alpha$和$p=n\beta(\alpha,\beta\geq 2)$,由于$a_{2n}>a_n^2 a_1$,我们可以得到
$$a_{\alpha n}^2=a_n a_{\alpha\beta n}\geq a_1 a_{2\alpha n}>a_{\alpha n}^2$$

19. 问题(1)的答案为正数,而问题(2)的答案为负数. 我们首先来解答问题(1). 令n

为正整数，$2 = p_1 < p_2 < \cdots < p_k \leq n$ 是不大于 n 的所有质数，$2 \leq a_1 < a_2 < a_3 < \cdots < a_n$ 为 n 个配对的互素整数. 我们将要证明存在正整数 d 使得 $d, 2d, 3d, \cdots, nd$ 都是幂数，即找到一个 $d = \prod_{i=1}^{k} p_i^{\alpha_i}$，$\alpha_i \in \mathbb{N}$. 令 $j = \prod_{i=1}^{k} p_i^{\alpha_i(j)}$ $(j \in \{1, 2, \cdots, n\})$，根据中国剩余定理可知，对于所有 $i \in \{1, 2, \cdots, k\}$，存在 $\alpha_i \in \mathbb{N}$ 使得 $\alpha_i \equiv -\alpha_i(j) \pmod{a_j}$，$j = 1, \cdots, n$. 我们现在取 $d = \prod_{i=1}^{k} p_i^{\alpha_i}$，可以看到，由于

$$a_j \mid \alpha_i + \alpha_i(j) = \exp_{p_i}(dj), i = 1, 2, \cdots, k$$

所以 jd 就是一个以 a_j 为指数的幂.

现在我们来解答问题(2). 通过反证法，假定存在 $a, d \in \mathbb{N}$ 使得 $a + dn$ 对于所有 $n \in \mathbb{N}$ 都是幂数. 令 $p > d$ 是一个质数，由于 $(d, p^2) = 1$，所以存在 $n \in \mathbb{N}$ 使得 $dn \equiv p - a \pmod{p^2} \Rightarrow a + dn \equiv p \pmod{p^2} \Rightarrow \exp_p(a + dn) = 1$. 这表明 $a + dn$ 不可能是一个幂数，与假设相矛盾. 解答(2)的另一种方法是证明幂数集合的密度为0，于是也就不可能包含一个无限等差数列了(因为无限等差数列的密度为正).

20. 假定 $b_n = br^n$，其中 b 和 r 为非零实数，$b \neq 0$，且等比数列 $(b_n)_{n \geq 1}$ 是等差数列 $(a_n)_{n \geq 1}$ 的一个子列，$a_n = a + nd$（a 和 d 为实数）对于所有 $n \geq 0$ 都成立. 因为已知 $br^k = a + n_k d$，其中 n_k 对于所有 $k \in \mathbb{N}$ 都是非负整数，所以 $(n_{k+1} - n_k)d = br^k(r-1)$ 对于所有 k 都成立. 将连续两个该类等式相除，我们得到 $r = \dfrac{n_{k+2} - n_{k+1}}{n_{k+1} - n_k}$，对于所有 $k \geq 0$ 都成立. 所以，首先 r 是一个有理数，然后通过 k 从 0 到 $p-1$ 取值后得到的等式相乘，求得 $n_{p+1} - n_p = r^p(n_1 - n_0)$ 对于所有 $p \geq 0$ 都成立. 于是，我们得到通项公式为 $n_{k+1} - n_k$ 的数列是一个公比为 r 的等比数列.

假定 $r = \dfrac{s}{t}$，其中 s 和 t 为互素正整数. 上述等式就可以转换为 $t^p(n_{p+1} - n_p) = s^p(n_1 - n_0)$，这表明，对于所有非负正整数 p，t^p 是 $n_1 - n_0$ 的一个因数（因为 s^p 和 t^p 互素）. 当然，只有在 $t = 1$ 的时候才成立，此时 $r = s$ 是自然数（根据假设，该自然数大于1）.

反过来，若 $b_n = br^n$（r 为正整数），则等比数列 $(b_n)_{n \geq 1}$（公比为 r）显然是以 b_n 为通项公式的等差数列的一个子列. 该题是由 Mihai Baluna 在很多年前的一个训练营测试中提出来的.

21. 令 $(a + nd)_{n \geq 0}$ 是一个首项为 a 公差为 d 的等差数列，其中 d 是非负整数（如果 d 为负数，那么 $a + nd$ 对于足够大的 n 来说也是负数），并且存在两项 $a + kd = x^2$ 和 $a + ld = y^3$ 分别是平方数和立方数. 我们想要证明，同样存在非负整数 s 和 z，使得 $a + sd = z^6$ 成立.

首先请注意，即使是常数列的情况（此时 $d = 0$），该题也不完全是不证自明的. 总而

言之,在这种情况下,我们需要证明如果一个自然数同时是一个平方数和一个立方数,那么它也将是某个自然数的六次幂. 经过思考后,读者会意识到这就是唯一因式分解定理(除了不证自明的 0 和 1 的情况之外)的一个推论. 我们进一步来讨论 $d \geqslant 1$ 的情况.

令 $\delta = (a,d)$ 是 a 和 d 的最大公约数,$a = \delta a_1$,$d = \delta d_1$,其中 a_1 和 d_1 为互素正整数(其实 a_1 可以等于 0). 我们会发现,如果 π 是 δ 和 d_1 的质数公因数,那么它不可能是 $a_1 + k d_1$ 或者 $a_1 + l d_1$ 的约数(因为否则的话,它将会是 a_1 和 d_1 的公约数). 因此,通过利用等式 $x^2 = \delta(a_1 + k d_1)$ 和 $y^3 = \delta(a_1 + l d_1)$ 以及唯一因式分解定理,我们得到 δ 的质因数分解中 π 的指数既是 2 的倍数也是 3 的倍数,所以也就可以被 6 整除. 于是,δ 可以被表示为 $\delta = \alpha^6 \beta$,其中 α 和 β 是正整数. 在这里,α 是所有像 π 一样的质因数的积,也就是 δ 和 d_1 的公因数(在 δ 的因式分解中,每一个这样的因数都有一个可以被 6 整除的指数),而 β 由 δ 的质因数中非 d_1 约数的数组成,所以 β 和 d_1 互素. 当然,α 或 β(或者两者同时)可能是空积(即等于 1). 现在众所周知(通过再次应用唯一因式分解定理也不难发现),如果 u^k 能被 v^k 整除(u 和 v 为整数,k 为正整数),那么 u 也能被 v 整除. 在本题中,由于 $\alpha^6 = (\alpha^3)^2$ 能整除 x^2,所以 $x_1 = \dfrac{x}{\alpha^3}$ 是一个自然数,并且 $x_1^2 = \beta(\alpha_1 + k d_1)$. 类似地,$y_1 = \dfrac{y}{\alpha^2}$ 也是一个自然数,且 $y_1^3 = \beta(\alpha_1 + l d_1)$.

现在,将等式 $x_1^2 = \beta(a_1 + k d_1)$ 和 $y_1^3 = \beta(\alpha_1 + l d_1)$ 看作是对 d_1 模的余数环 $\dfrac{\mathbb{Z}}{d_1 \mathbb{Z}}$ 中的等式(但是,为了表述的简便,我们将 Z 中的术语称为商环中的相应部分)可以将其表述为 $x_1^2 = \beta a_1$ 和 $y_1^3 = \beta a_1$. 由于每一个 a_1 和 β 都与 d_1 互素,所以得到 βa_1 在 $\dfrac{\mathbb{Z}}{d_1 \mathbb{Z}}$ 中可逆,进而得到 x_1 和 y_1 也是可逆的. 分别将等式 $x_1^2 = \beta a_1$ 和 $y_1^3 = \beta a_1$ 转换成以 3 和 -2 为指数的幂,然后将两式相乘,从而(在 $\dfrac{\mathbb{Z}}{d_1 \mathbb{Z}}$ 中)得到 $(x_1 y_1^{-1})^6 = \beta a_1$,即 $(x_1 y_1^{-1} \beta^{-1})^6 \beta^5 = a_1$,其中 y_1^{-1} 和 β^{-1} 分别是 y_1 和 β 的倒数,并且作为 $\dfrac{\mathbb{Z}}{d_1 \mathbb{Z}}$ 中(可逆元素乘法群)的元素. 现在,存在一个自然数 w 使得在 $\dfrac{\mathbb{Z}}{d_1 \mathbb{Z}}$ 中存在 $x_1 y_1^{-1} \beta^{-1} = w$,于是上述等式也可以表示为 $w^6 \beta^5 = a_1$(在 $\dfrac{\mathbb{Z}}{d_1 \mathbb{Z}}$ 中),进而求得等式 $\beta^5 w^6 = a_1 + s d_1$(在 $\mathbb{Z}$ 中)对于非负整数 s 都成立. 最终,该等式表明

$$z^6 = \alpha^6 \beta(a_1 + s d_1) = \delta(a_1 + s d_1) = a + s d \quad (z = \alpha \beta w)$$

证毕.

读者能用同样的方法证明以下事实:如果等差数列包含一个 m 次方的幂(也就是指数为 m 的一个自然数的幂),也包含一个 n 次方的幂,那么该数列的某一项也会是 $[m, n]$ 次方的幂(其中 $[m, n]$ 是正整数 m 和 n 的最小公倍数).

第六章　互补序列

令 $a_0, a_1, a_2, \cdots$ 为非负整数递增数列. 我们可以定义非负整数递增数列 $b_0, b_1, b_2, \cdots$, 使得 $(\{a_n \mid n \in \mathbb{N}\}, \{b_n \mid n \in \mathbb{N}\})$ 为其中一种分割 $\mathbb{N}$ 的方法, 其中, 数列 $(b_n)_{n \in \mathbb{N}}$ 被称为数列 $(a_n)_{n \in \mathbb{N}}$ 的互补数列. 例如, 非负偶数数列 $0, 2, 4, 6, 8, 10, 12, \cdots$ 是正奇数数列 $1, 3, 5, 7, 9, 11, 13, 15, \cdots$ 的互补数列.

我们可以在下文中看到用 $(a_n)_{n \in \mathbb{N}}$ 表示其互补数列 $(b_n)_{n \in \mathbb{N}}$ 的一般形式.

命题 1　对于每一个 $n, k \in \mathbb{N}$, 以下等式均成立

$$n \in \mathbb{N} \cap [a_k - k, a_{k+1} - (k+1)] \Rightarrow b_n = n + k + 1 \tag{1}$$

证明　令 $k \in \mathbb{N}$, 数列 $(b_n)_{n \in \mathbb{N}}$ 必须遍历相邻 a_k 和 a_{k+1} 之间的每一个数. 于是

$$b_{m+1} - b_m = 1 \tag{2}$$

对于所有 $m \in \mathbb{N}$, 都有 $a_k < b_m < b_{m+1} < a_{k+1}$.

现在, 我们来求符合 $a_k < b_m < a_{k+1}$ 的 m 值. 令 m 是满足 $a_k < b_m$ 的最小整数, 于是, 若 $a_{k+1} - a_k \geqslant 2$, 则

$$b_m = a_k + 1 \tag{3}$$

在 $(a_n)_{n \in \mathbb{N}}$ 中, 小于 b_m 的有 $k+1$ 项, 即 $a_0, a_1, \cdots, a_k$. 剩下的 $a_k + 1 - (k+1) = a_k - k$ 项都是 $(b_n)_{n \in \mathbb{N}}: b_0, b_1, \cdots, b_{a_k-k-1}$ 的元素. 因此, $m = a_k - k$, 从 (3) 式中可以得知

$$b_{a_k-k} = a_k + 1 \Rightarrow b_m = m + k + 1$$

现在, 答案就可以从 (2) 式中求得了.

命题 2　令 $(a_n)_{n \in \mathbb{N}}$ 是一个正整数递增数列, 并且 $(a_n - n)_{n \in \mathbb{N}}$ 是无限数列, $a_0 = 0$. 同时, 令 $(b_n)_{n \in \mathbb{N}}$ 是上述数列的互补数列. 于是

$$b_n = n + u_n + 1 \tag{4}$$

其中, $u_n = \max\{k \in \mathbb{N} \mid a_k - k \leqslant n\}$.

证明　令 $n \in \mathbb{N}$, 存在 $k \in \mathbb{N}, k = u_n$, 使得

$$a_k - k \leqslant n < a_{k+1} - (k+1) \tag{5}$$

根据命题 1 可知, $b_n = n + k + 1$ 或者 $b_n = n + u_n + 1$.

我们可以看到, 求互补数列 $(b_n)_{n \in \mathbb{N}}$ 的一般形式就是求解不等式 (5). 也就是说, 我们必须确定满足 $a_k - k \leqslant n$ (n 为已知数) 的最大整数 k. 我们来看一下非负偶数的递增数列

$a_n = 2n, n \in \mathbb{N}$. 不等式(5)可以被写成 $2k - k \leq n < 2k + 2 - (k + 1)$, 即 $k \leq n < k + 1$, 所以 $k = n$. 因此, $u_n = n$, 且 $b_n = n + u_n + 1 \Rightarrow b_n = 2n + 1$. 正如我们所了解的, 非负偶数数列的互补数列是非负奇数数列. 我们可以用前述命题 1 推导出这一结论.

我们很容易就可以证明奇数数列的互补数列是非负偶数数列. 这一结论可以一般地表示为: 如果 $(b_n)_{n \in \mathbb{N}}$ 是 $(a_n)_{n \in \mathbb{N}}$ 的互补数列, 那么 $(a_n)_{n \in \mathbb{N}}$ 也是 $(b_n)_{n \in \mathbb{N}}$ 的互补数列.

例 1 请求出整数平方数列 $a_n = n^2, n \in \mathbb{N}$ 的互补数列.

解 由不等式(5)可以写成

$$k^2 - k \leq n < (k + 1)^2 - (k + 1) \Leftrightarrow k^2 - k \leq n < k^2 + k$$

$$\Leftrightarrow (2k - 1)^2 \leq 4n + 1 < (2k + 1)^2$$

$$\Leftrightarrow 2k - 1 \leq \sqrt{4n + 1} < 2k + 1$$

$$\Leftrightarrow k \leq \frac{1 + \sqrt{4n + 1}}{2} < 2k + 1$$

所以, $k = \left[\dfrac{1 + \sqrt{4n + 1}}{2} \right]$. 现在我们将其演绎为 $b_n = n + \left[\dfrac{1 + \sqrt{4n + 1}}{2} \right] + 1$, 即 $b_n = n + \left[\dfrac{3 + \sqrt{4n + 1}}{2} \right], n \in \mathbb{N}$.

以下例题由 IMO 1978 首次提出. 仅仅从字面上, 我们就可以知道它是关于互补数列的.

例 2 正整数集合是两个不相交数列集合 $f(1) < f(2) < \cdots$ 和 $g(1) < g(2) < \cdots$ 的并集. 并且, $g(n) = f(f(n)) + 1$ 或 n. 求 $f(240)$ 的值.

解 由于 $f(f(n))$ 属于第一类数, 所以第一类数中有 $n - 1$ 个项小于 $f(f(n))$. 于是, $f(f(n)) = f(n) + n - 1$. 现在, 1 显然不是第一类数的成员, 所以 $f(1) = 1$, 且第一类数的第一个项就是 $1 + f(f(1)) = 2$. 因为第一类数不包含两个连续整数, 所以 $f(2) = 3$. 但是, 这样的话, $f(3) = f(f(2)) = f(2) + 2 - 1 = 4, f(4) = f(3) + 3 - 1 = 6, f(6) = f(4) + 4 - 1 = 9$. 以同样的方式还可以得到, $f(9) = 14, f(14) = 22, f(22) = 35, f(35) = 56, f(56) = 90, f(90) = 145$, 最终, $f(145) = 234, f(234) = 378$. 现在, 已知 $91 = f(f(35)) + 1$ 属于第一类数, 所以 92 属于第一类数, 且 $f(57) = 92$. 因此, $f(92) = 148, f(148) = 239$. 最终, $f(239) = 386$. 于是, $387 = 1 + f(f(148))$ 是第二类数的一个项, 从而得到 $f(240) = 388$.

下面的例子是由比蒂(Beatti)提出的一个著名结论.

例 3 请证明: 对于正实数 a 和 b, 以下两个论断是等价的:

(1) 数列 $([na])_{n \geq 1}$ 和 $([nb])_{n \geq 1}$ 是互补数列;

(2) a 和 b 是无理数, 且 $\dfrac{1}{a} + \dfrac{1}{b} = 1$.

证明 一种方法是分析法: 我们假定(1)成立, 于是, 数列 $[na]$ 的项数(不大于 N)加上数列$[bn]$的项数(不大于N)正好等于N. 但是需要注意的是, 若k_N满足$[k_N a] \leqslant N < [(k_N + 1)a]$, 那么数列$[na]$中就存在$k_N$个不大于$N$的项. 我们以类似的方法用数列$[bn]$定义$r_N$, 于是得到$k_N + r_N = N$. 但是, 根据上述不等式可知: $k_N + r_N \leqslant (N+1)\left(\dfrac{1}{a} + \dfrac{1}{b}\right)$, 且$k_N + r_N > N\left(\dfrac{1}{a} + \dfrac{1}{b}\right) - 2$.

将上述不等式两边同时除以N并取极值, 我们可以得到$\dfrac{1}{a} + \dfrac{1}{b} = 1$.

现在, 根据上述关系式可知, 要证明(2)就必须证明a和b中至少有一个是无理数.

我们通过假定相反的情况很容易就能看出两个数列具有公共项: 若$a = \dfrac{p}{q}, b = \dfrac{p'}{q'}$, 则$[qp'a] = [pq'b]$. 这与两者互补的论断是相矛盾的, 所以$a$和$b$是无理数, 于是第一个推断得证.

现在假设(2)成立, 我们来求满足$[ka] - k \leqslant n$的最大k值. 根据k的定义, 我们可以得到不等式$[ka] \leqslant n + k$, 于是得到$k < \dfrac{n+1}{a-1}$和$[ka + a] \geqslant n + k + 2$, 进而得到$k \geqslant \dfrac{n+1}{a-1} - 1$. 所以, 鉴于$a$不是有理数, 我们可以表示$k = \left[\dfrac{n+1}{a-1}\right]$. 但是, 那样的话, $k + n + 1 = [(n+1)b]$, 因为$b = \dfrac{a}{a-1}$. 基于指数的"转换"以及本章开头理论部分的内容, 我们可以推断出$([bn])$是$([an])$的互补数列. 于是, 第二个推断的证明也就结束了.

推荐习题

1. 设$(b_n)_{n \in N}$是$(n + a_n)_{n \in N}$的一个互补数列. 求数列$(n + 2a_n)_{n \in N}$的互补数列(以$(a_n)_{n \in N}$和$(b_n)_{n \in N}$表示).

2. 求数列$(a_n)_{n \in N}$的互补数列, 其表达式为$a_n = n^3 + 3n^2 + 4n$.

3. 求数列$(a_n)_{n \in N}$的互补数列, 其表达式为$a_n = n + [\sqrt{n} + \sqrt[4]{n}]$.

4. 在整数域中, 求解方程$n + \left[\sqrt{n} + \dfrac{1}{2}\right] = m^2$.

5. 请证明: $n + \left[\dfrac{3 + \sqrt{8n+1}}{2}\right], n \in \mathbb{N}$, 不可能是三角数. (三角数是指形如$\dfrac{t(t+1)}{2}$的数, 其中$t$为正整数)

6. 请证明: $N = n + \left[\dfrac{n + 26}{99}\right], n \in \mathbb{N}$的最后两位数字是73, 换言之, 恒等式$N \equiv 73(\bmod(100))$不成立.

7. 在整数域中, 求解方程$n + [\log_2 n] + 2 = m + 2^{m-1}$.

8. 求数列 $a_n = n + [\sqrt{n}], n \in \mathbb{N}$ 的互补数列.

9. 求和: $\sigma = \sum_{n=1}^{10\,000} [\sqrt{n}]$.

10. 令 $(b_n)_{n \in \mathbb{N}}$ 是 $(a_n)_{n \in \mathbb{N}}$ 的互补数列,请证明:若 $a_k - b_p = 1$(k 和 p 是非负整数),则 $a_k = k + p + 1, b_p = k + p$.

11. 令 $\varphi = \dfrac{1+\sqrt{5}}{2}$ 为黄金比例,$a_n = [n\varphi], b_n = [n\varphi^2], n$ 为正整数. 同时,令 $(f_n)_{n \geqslant 0}$ 为斐波那契数列(Fibonacci sequence),$f_0 = 0, f_1 = 1$,且对于所有 $n \geqslant 2$ 都有 $f_n = f_{n-1} + f_{n-2}$. 请证明:互补数列 $(b_n)_{n \in \mathbb{N}}$ 和 $(a_n)_{n \in \mathbb{N}}$ 的以下特性:

(1)对于 $n \geqslant 1$ 都有 $a_n + b_n = a_{b_n} = b_{a_n} + 1$.

(2)对于偶数 n 存在 $a_{f_n} = f_{n+1} - 1$ 和 $b_{f_n} = f_{n+2} - 1$,而对于奇数 n 则存在 $a_{f_n} = f_{n+1}$ 和 $b_{f_n} = f_{n+2}$.

12. 请证明:当且仅当 $\varphi = \dfrac{1+\sqrt{5}}{2}$ 时,对于每一个非负整数 n 都有方程 $\left[\dfrac{n+1}{\varphi}\right] = n - \left[\dfrac{n}{\varphi}\right] + \left[\dfrac{\left[\frac{n}{\varphi}\right]}{\varphi}\right] - \left[\dfrac{\left[\frac{\left[\frac{n}{\varphi}\right]}{\varphi}\right]}{\varphi}\right] + \cdots$.

答案

1. 数列 $(n + 2a_n)_{n \in \mathbb{N}}$ 的互补数列为 $(b_{\left[\frac{n}{2}\right]})_{n \in \mathbb{N}}$. 根据本章理论性的结论,我们可以得到 $b_n = n + u_n + 1$,其中 $u_n = \max\{k \mid a_k \leqslant n\}$. 若 $(b_n')_{n \in \mathbb{N}}$ 是数列 $(n + 2a_n)_{n \in \mathbb{N}}$ 的互补数列,则有 $b_n' = n + v_n + 1$,其中 $v_n = \max\{k \mid 2a_k \leqslant n\}$. 我们就得到了 $2a_k \leqslant n \Leftrightarrow a_k \leqslant \dfrac{n}{2} \Leftrightarrow a_k \leqslant \left[\dfrac{n}{2}\right]$. 根据 u_n 的定义可知,满足 $a_k \leqslant \left[\dfrac{n}{2}\right]$ 的最大整数等于 $u_{\left[\frac{n}{2}\right]}$,所以 $v_n = u_{\left[\frac{n}{2}\right]}$. 因此,$b_n' = n + u_{\left[\frac{n}{2}\right]} + 1 = b_{\left[\frac{n}{2}\right]}$.

2. 已知互补数列 $(b_n)_{n \in \mathbb{N}}$ 的表达式是 $b_n = n + [\sqrt[3]{n+1}]$. 于是,令 $u_n = \max\{k \mid a_k - k \leqslant n\}$,我们可以得到 $a_k - k \leqslant n \Leftrightarrow k^3 + 3k^2 + 3k \leqslant n$,两边加上 1 后就得到 $(k+1)^3 \leqslant n + 1 \Leftrightarrow k + 1 \leqslant \sqrt[3]{n+1}$. 该不等式等价于 $k + 1 \leqslant [\sqrt[3]{n+1}]$,所以满足该不等式的最大 k 值等于 $u_n = [\sqrt[3]{n+1}] - 1$. 因此,$b_n = n + u_n + 1 = n + [\sqrt[3]{n+1}]$.

3. 已知数列 $(a_n)_{n \in \mathbb{N}}$ 的互补数列为 $b_n = n + \left[\left(\sqrt{n + \dfrac{5}{4}} - \dfrac{1}{2}\right)^4\right] + 1$. 我们需要求出 $u_n = \max\{k \mid a_k - k \leqslant n\}$. 我们已知 $a_k - k \leqslant n \Leftrightarrow [\sqrt{k} + \sqrt[4]{k}] \leqslant n$,这相当于 $\sqrt{k} + \sqrt[4]{k} < n + 1$. 两边加上 $\dfrac{1}{4}$,我们就可以得到 $\left(\sqrt[4]{k} + \dfrac{1}{2}\right)^2 < n + \dfrac{5}{4}$,所以,可以得到 $\sqrt[4]{k} + \dfrac{1}{2} < \sqrt{n + \dfrac{5}{4}} \Leftrightarrow k <$

$\left(\sqrt{n+\dfrac{5}{4}}-\dfrac{1}{2}\right)^4$. 于是, 满足上述关系式的最大整数 k 就是 $u_n=\left[\left(\sqrt{n+\dfrac{5}{4}}-\dfrac{1}{2}\right)^4\right]$. 因此, 就得到 $b_n=n+\left[\left(\sqrt{n+\dfrac{5}{4}}-\dfrac{1}{2}\right)^4\right]+1$.

4. $b_n=n+\left[\dfrac{3+\sqrt{4n+1}}{2}\right](n\in\mathbb{N})$ 是平方数列的互补数列. 我们需要证明

$$\left[\dfrac{1+\sqrt{4n+1}}{2}\right]=\left[\sqrt{n+1}+\dfrac{1}{2}\right] \tag{1}$$

所以, 可以将已知方程写成 $n+\left[\sqrt{n}+\dfrac{1}{2}\right]=m^2\Leftrightarrow b_{n-1}=m^2(n\geqslant 1)$. 显然, $n=0$ 是已知方程的唯一解. 为了证明等式(1), 我们假设 $\dfrac{1+\sqrt{4n+1}}{2}<k<\sqrt{n+1}+\dfrac{1}{2}$, 对于某个正整数 k 成立, 于是得到

$$\dfrac{1+\sqrt{4n+1}}{2}<k\Rightarrow\sqrt{4n+1}<2k-1$$
$$\Rightarrow n<k^2-k$$
$$\Rightarrow n\leqslant k^2-k-1$$

而对于另一侧不等式则有

$$k<\sqrt{n+1}+\dfrac{1}{2}\Rightarrow\sqrt{n+1}>k-\dfrac{1}{2}$$
$$\Rightarrow n+1>k^2-k+\dfrac{1}{4}$$
$$\Rightarrow n>k^2-k-\dfrac{3}{4}$$

前后矛盾.

5. 我们需要证明 $b_n=n+\left[\dfrac{3+\sqrt{8n+1}}{2}\right]$ 是三角数列的互补数列. 此时, 根据 $a_k-k\leqslant n<a_{k+1}-(k+1)$ (其中, $a_k=\dfrac{k(k+1)}{2}$), 我们可以推得

$$\dfrac{k(k+1)}{2}-k\leqslant n<\dfrac{(k+1)(k+2)}{2}-(k+1)$$
$$\Rightarrow k^2-k\leqslant 2n<k^2+k$$
$$\Rightarrow 4k^2-4k+1\leqslant 8n+1<4k^2+4k+1$$
$$\Rightarrow 2k-1\leqslant\sqrt{8n+1}<2k+1$$
$$\Rightarrow k\leqslant\dfrac{1+\sqrt{8n+1}}{2}<k+1$$

所以 $k = \left[\dfrac{1 + \sqrt{8n+1}}{2}\right]$. 因此, 得到 $b_n = n + k + 1 = n + \left[\dfrac{3 + \sqrt{8n+1}}{2}\right]$.

6. $b_n = n + \left[\dfrac{n+26}{99}\right] (n \in \mathbb{N})$ 是数列 $a_n = 100n + 73$ 的互补数列. 事实上, 我们可以得到

$$a_k - k \leqslant n < a_{k+1} - (k+1) \Rightarrow 99k + 73 \leqslant n < 99k + 172$$

$$\Rightarrow k \leqslant \dfrac{n-73}{99} < k+1$$

所以 $k = \left[\dfrac{n-73}{99}\right]$. 最终可以得到 $b_n = n + k + 1 = n + \left[\dfrac{n+26}{99}\right]$.

7. 我们所求的就是数列 $a_n = n + 2^{n-1}$ 的互补数列. 已知 $a_k - k \leqslant n < a_{k+1} - (k+1) \Rightarrow$ $2^{k-1} \leqslant n < 2^k$, 所以 $k = [\log_2 n] + 1$. 因此, $b_n = n + k + 1 = n + [\log_2 n] + 2$.

8. 令 $a_n = n + [\sqrt{n}]$, 我们得到 $a_k - k \leqslant n < a_{k+1} - (k+1) \Rightarrow [\sqrt{k}] \leqslant n < [\sqrt{k+1}]$, 所以 $k = n^2 + 2n$. 最终, 得到 $b_n = n + k + 1 = n^2 + 3n + 1$.

9. 正如我们已经证明的, $b_n = n + [\sqrt{n}]$ 是 $a_n = n^2 + 3n + 1$ 的互补数列. 我们来看一下该数列的和 $S = \displaystyle\sum_{n=1}^{10\,000} (n + [\sqrt{n}])$, 即 $S = b_1 + b_2 + \cdots + b_{10\,000}$. 于是, 得到 $S = \displaystyle\sum_{n=1}^{10\,000} (n + [\sqrt{n}]) = 50\,005\,000 + \displaystyle\sum_{n=1}^{10\,000} [\sqrt{n}]$, 所以 $S = 50\,005\,000 + \sigma$. 因为 $10\,100 = b_{10\,000}, 10\,099 = a_{99}$, 所以得到 $(a_1 + a_2 + \cdots + a_{99}) + (b_1 + b_2 + \cdots + b_{10\,000}) = 1 + 2 + 3 + \cdots + 10\,100$, 即 $(a_1 + a_2 + \cdots + a_{99}) + S = 51\,010\,050$. 于是, 得到

$$S = 51\,010\,050 = \sum_{n=1}^{99} a_n = 51\,010\,050 - \sum_{n=1}^{99} (n^2 + 3n + 1) - 50\,005\,000 = 661\,750$$

我们也可以不用互补数列理论而直接进行证明. 我们用正整数 k 来表示整数部分: $[\sqrt{n}] = k \Leftrightarrow k \leqslant \sqrt{n} < k+1 \Leftrightarrow k^2 \leqslant n < (k+1)^2$, 即 $[\sqrt{n}] = k \Leftrightarrow n \in \{k^2, k^2 + 1, k^2 + 2, \cdots, k^2 + 2k\}$. 于是, 得到

$$\begin{aligned}
\sigma &= \sum_{n=1}^{10\,000} [\sqrt{n}] \\
&= ([\sqrt{1}] + [\sqrt{2}] + [\sqrt{3}]) + ([\sqrt{4}] + [\sqrt{5}] + [\sqrt{6}] + [\sqrt{7}] + [\sqrt{8}]) + \cdots + \\
&\quad ([\sqrt{k^2}] + [\sqrt{k^2+1}] + \cdots + [\sqrt{k^2+2k}]) + \cdots + \\
&\quad ([\sqrt{99^2}] + [\sqrt{99^2+1}] + \cdots + [\sqrt{99^2 + 2 \cdot 99}]) + [\sqrt{10\,000}]
\end{aligned}$$

考虑到处于同一行上的项都相等, 我们改用加和符号来表示, 就可以得到 $\sigma = \displaystyle\sum_{k=1}^{99} \left(\sum_{p=0}^{2k} [\sqrt{k^2 + p}]\right) + [\sqrt{10\,000}]$, 进而求得

$$\sigma = 100 + \sum_{k=1}^{99} \left(\sum_{p=0}^{2k} k \right) = 100 + \sum_{k=1}^{99} k(2k+1)$$

$$= 100 + \sum_{k=1}^{99} (2k^2 + k) = 100 + 2\sum_{k=1}^{99} k^2 + \sum_{k=1}^{99} k$$

现在,根据公式 $\sum_{k=1}^{w} k = \dfrac{w(w+1)}{2}$ 和 $\sum_{k=1}^{w} k^2 = \dfrac{w(w+1)(2w+1)}{6}$,我们可以很具体地得到 $\sum_{k=1}^{99} k^2 = 328\,350$,$\sum_{k=1}^{99} k = 4\,950$. 因此,$\sigma = 100 + 2 \cdot 328\,350 + 4\,950 = 661\,750$.

10. 我们定义集合 $A = \{a_0, a_1, \cdots, a_k\}$,$B = \{b_0, b_1, \cdots, b_p\}$. 根据互补数列的定义,可知集合 A 和集合 B 不相交. 因为 $0 \le a_0 < a_1 < \cdots < a_k$,且 $0 \le b_0 < b_1 < \cdots < b_p = a_k - 1$,所以 $A \cup B \subseteq \{0, 1, 2, \cdots, a_k\}$. 反向推演也是可行的. 其实,若 $q \in \{0, 1, 2, \cdots, a_k - 1\}$,则存在 a_i 或 b_j 使得 $q = a_i$ 或 $q = b_j$. 数列 $(a_n)_{n \in \mathbb{N}}$ 和 $(b_n)_{n \in \mathbb{N}}$ 递增,所以从 $a_i = q \le a_k$ 或 $b_j = q \le a_k - 1 = b_p$,分别可以推得 $i \le k, j \le p$. 在任何一种情况下,都有 $q \in A \cup B$,所以 $A \cup B = \{0, 1, 2, \cdots, a_k\}$. 因此,$(a_0 + a_1 + \cdots + a_k) + (b_0 + b_1 + \cdots + b_p) = 0 + 1 + 2 + \cdots + a_k$. 上述等式的左侧存在 $k + p + 2$ 个项,所以我们得到前 $k + p + 2$ 个非负整数,即 $(a_0 + a_1 + \cdots + a_k) + (b_0 + b_1 + \cdots + b_p) = 0 + 1 + 2 + \cdots + (k + p + 1)$. 通过与前述关系式进行比较,可以得到 $a_k = k + p + 1$. 因此,$b_p = k + p$.

11. 根据贝蒂定理可知,由于 φ 和 φ^2 是无理数,并且由于 φ 满足二次方程 $\varphi^2 = \varphi + 1$,我们得到 $\dfrac{1}{\varphi} + \dfrac{1}{\varphi^2} = 1$,所以,$(a_n)_{n \ge 1}$ 和 $(b_n)_{n \ge 1}$ 是互补数列.

(1) 我们需要证明 $[n\varphi] + [n\varphi^2] = [[n\varphi^2]\varphi] = [[n\varphi]\varphi^2] + 1$,对于每一个正整数 n 都成立. 首先请注意,我们已知 $[n\varphi^2] < n\varphi^2 < [n\varphi^2] + 1$(通过最大整数函数的定义推得的不等式是可以取等的,但不是在像 $n\varphi^2$ 的无理数情形下),所以 $n - \dfrac{1}{\varphi^2} < \dfrac{[n\varphi^2]}{\varphi^2} < n$. 由于 $0 < \dfrac{1}{\varphi^2} < 1$,我们得到 $\left[\dfrac{[n\varphi^2]}{\varphi^2} \right] = n - 1$. 并且,我们已知 $\dfrac{1}{\varphi^2} = 1 - \dfrac{1}{\varphi}$,于是上述关系式就变成了 $\left[[n\varphi^2] - \dfrac{[n\varphi^2]}{\varphi} \right] = n - 1 \Leftrightarrow [n\varphi^2] - \left[\dfrac{[n\varphi^2]}{\varphi} \right] - 1 = n - 1$(对于实数 x 和整数 p,我们用 $[x + p] = [x] + p$ 来表示,而对于非整数 x 则有 $[-x] = -[x] - 1$). 这里我们代入 $[n\varphi^2] = [n\varphi + n] = [n\varphi] + n$,则得到 $\left[\dfrac{[n\varphi^2]}{\varphi} \right] = [n\varphi]$. 最后,由于 $\varphi = 1 + \dfrac{1}{\varphi}$,我们又已知 $[n\varphi] = n + \left[\dfrac{n}{\varphi} \right]$,因此(通过用 $[n\varphi^2]$ 代换 n)可以得到 $[[n\varphi^2]\varphi] = [n\varphi^2] + \left[\dfrac{[n\varphi^2]}{\varphi} \right] = [n\varphi^2] + [n\varphi]$,此即为所求.

对于第二个等式,我们可以用证明公式 $\left[\dfrac{[n\varphi^2]}{\varphi^2} \right] = n - 1$ 的相同方法来证明

$\left[\dfrac{[n\varphi]}{\varphi}\right]=n-1$. 这里代入 $\dfrac{1}{\varphi}=\varphi-1$ 后可以求得 $[[n\varphi]\varphi]=[n\varphi]+n-1$,于是

$$[[n\varphi]\varphi^2]=[[n\varphi]\varphi+[n\varphi]]=[[n\varphi]\varphi]+[n\varphi]=2[n\varphi]+n-1$$

另一方面,我们已经证明了

$$[[n\varphi^2]\varphi]=[n\varphi^2]+[n\varphi]=[n\varphi+n]+[n\varphi]=2[n\varphi]+n=[[n\varphi]\varphi^2]+1$$

所以第一部分的解答就结束了.

(2)我们已知 $f_n=\dfrac{1}{\sqrt5}\left(\varphi^n-\left(\dfrac{1}{\varphi}\right)^n\right)$. 具体而言

$$a_{f_{2m}}=[f_{2m}\varphi]=\left[\dfrac{1}{\sqrt5}\left(\varphi^{2m}-\dfrac{1}{\varphi^{2m}}\right)\varphi\right]=\left[\dfrac{1}{\sqrt5}\left(\varphi^{2m+1}-\dfrac{1}{\varphi^{2m-1}}\right)\varphi\right]$$

$$=\left[\dfrac{1}{\sqrt5}\left(\varphi^{2m+1}+\dfrac{1}{\varphi^{2m+1}}\right)-\dfrac{1}{\sqrt5}\left(\varphi^{2m+1}+\dfrac{1}{\varphi^{2m-1}}\right)\varphi\right]$$

$$=f_{2m+1}+\left[-\dfrac{1}{\sqrt5}\left(\dfrac{1}{\varphi^{2m+1}}+\dfrac{1}{\varphi^{2m-1}}\right)\right]$$

$$=f_{2m+1}-1$$

最后的整数部分之所以为 -1 是因为括号内的表达式可以简化为 $-\dfrac{1}{\sqrt5}\left(\dfrac{1}{\varphi^{2m+1}}+\dfrac{1}{\varphi^{2m-1}}\right)=$

$-\dfrac{1+\varphi^2}{\varphi^{2m+1}\sqrt5}=-\dfrac{1+\varphi^2}{\varphi^{2m+1}\sqrt5}=-\dfrac{1}{\varphi^{2m}}$(由于 $1+\varphi^2=2+\varphi=\varphi\sqrt5$),并且 $0<\dfrac{1}{\varphi^{2m}}<1$.

读者肯定已经会解答类似的情形了. 公式 $b_n=a_n+n$ 在 a_n 的辅助下可以用来计算 b_n(反过来也一样),其中指数 n 是斐波那契数列的一个项.

这里(1)的部分就是由 Aviezri S. Fraenkel 提出并发表在《美国数学月刊》2006 年 7 月刊上的算题 11238,该题在同一杂志的 2008 年 7 月刊上由 Reiner Martin 进行解答.(2)的部分则来自 1982 年的罗马尼亚 TST.

12. 令 $\alpha=\dfrac{\sqrt5-1}{2}$. 我们首先证明 $[(n+1)\alpha]+[([n\alpha]+1)\alpha]=n$ 对于每一个正整数 n 都成立. 请注意,我们发现 $\alpha^2=1-\alpha$,令 $p=[n\alpha]$,就会得到两种情况.

第一种情况是,当 $p<n\alpha<(n+1)\alpha<p+1$ 时,我们也就得到 $[(n+1)\alpha]=p$,于是需要证明

$$[(p+1)\alpha]=n-p\Leftrightarrow n-p<(p+1)\alpha<n-p+1$$

$$\Leftrightarrow(n-p)\alpha<(p+1)-(p+1)\alpha<(n-p+1)\alpha$$

$$\Leftrightarrow(n+1)\alpha<p+1<(n+2)\alpha$$

这里,左侧的不等式正如假设的那样为真,右侧的不等式为真,是因为如果不为真的话就会得到 $p<n\alpha<(n+2)\alpha\leqslant p+1$,进而得到 $1=(p+1)-p>(n+2)\alpha-n\alpha=2\alpha=$

$\sqrt{5}-1$, 而该式不成立.

第二种情况是 $p < n\alpha < p+1 < (n+1)\alpha < p+2$. 此时, 我们需要证明

$$[(p+1)\alpha] = n-p-1 \Leftrightarrow n-p-1 < (p+1)\alpha < n-p$$
$$\Leftrightarrow (n-p-1)\alpha < (p+1)-(p+1)\alpha < (n-p)\alpha$$
$$\Leftrightarrow n\alpha < p+1 < (n+1)\alpha$$

这显然为真.

现在, 针对本题, 首先假定 $\varphi = \dfrac{1+\sqrt{5}}{2}$, 即 $\varphi = \dfrac{1}{\alpha}$. 我们要证明的等式用 φ 来表示就是

$\left[\dfrac{n+1}{\varphi}\right] = n - \left[\dfrac{\left[\frac{n}{\varphi}\right]+1}{\varphi}\right]$. 为了得到题中要求的方程, 我们所要做的是考察等式右手边的

第二项, 用 $\left[\dfrac{n}{\varphi}\right]$ 代替 n, 然后将最后一项进行同样的代换, 依此类推.

反过来, 假定题中所述等式对于任意非负整数 n 都成立. 当 $n=0$ 时, 我们发现必定

会得到 $\varphi > 0$. 将上述等式与经过 $\left[\dfrac{n}{\varphi}\right]$ 代换后的等式进行比较, 我们得到 $\left[\dfrac{n+1}{\varphi}\right] = n -$

$\left[\dfrac{\left[\frac{n}{\varphi}\right]+1}{\varphi}\right]$. 对于所有非负整数 n 都成立. 如果我们将该等式除以 n, 然后推演到 $n\to\infty$ 的

极限, 可以得到 $\dfrac{1}{\varphi} = 1 - \dfrac{1}{\varphi^2} \Leftrightarrow \varphi^2 - \varphi - 1 = 0$, 也就可以推得 $\varphi = \dfrac{1+\sqrt{5}}{2}$（因为我们知道 φ 必

定为正）. 证毕.

该题是由 Marcel Celaya 和 Frank Ruskey 在《美国数学月刊》2012 年 6 月刊上发表的
题 16551, 并由 O. P. Lossers 在该杂志 2014 年 6 月刊上解答.

说明 我们的解答方法和 O. P. Lossers 的方法有细微的差别. 他的方法应用了下列

等式 $\left[\dfrac{\left[\frac{n}{\varphi}\right]+1}{\varphi}\right] = \left[\dfrac{n+1}{\varphi^2}\right]$, 然后减去（本题的）关键等式 $\left[\dfrac{n+1}{\varphi}\right] = n - \left[\dfrac{\left[\frac{n}{\varphi}\right]+1}{\varphi}\right]$, 得到

$\left[\dfrac{n+1}{\varphi}\right] + \left[\dfrac{n+1}{\varphi^2}\right] = n$. 该等式可以通过 $\dfrac{1}{\varphi^2} = 1 - \dfrac{1}{\varphi}$ 进行证明, 但是有趣的是该等式也可以

通过简单的计数来获得. 也就是说, 如果我们再次考察（上题中的）通项公式 $a_n = [n\varphi]$ 和

$b_n = [n\varphi^2]$, 那么 $\left[\dfrac{n+1}{\varphi}\right]$ 和 $\left[\dfrac{n+1}{\varphi^2}\right]$ 分别表示互补数列 $(a_n)_{n\geqslant 1}$ 和 $(b_n)_{n\geqslant 1}$ 中不大于 n 的项

数. 当然, 这些成对的数之和为 n. 读者可以尝试证明本说明中提到的结论.

最后, 我们还可以来聊一聊, 数列 $(a_n)_{n\geqslant 1}$ 和 $(b_n)_{n\geqslant 1}$ 也被称为威索夫数列, 该数列前

几项分别是 $1,3,4,6,8,9,11,12,14,\cdots$ 和 $2,5,7,10,13,15,18,20,23,\cdots$.

第七章　二次函数与二次方程

二次函数在实数中的定义是一个映射 $f: \mathbb{R} \to \mathbb{R}$，其形式为 $f(x)=ax^2+bx+c$（$a,b,c\in\mathbb{R}$ 且 $a\neq0$），该函数图像被称作抛物线. 已知 $f(x)-f(y)=a(x-y)\left(x+y+\dfrac{b}{a}\right)$，于是 $f(x)=f(y)\Leftrightarrow x=y$ 或 $x+y=-\dfrac{b}{a}$. 所以，$x=-\dfrac{b}{2a}$ 是 f 相关抛物线的一条对称轴. 此前的表达式还表明，若 $a>0$，则 f 在 $\left(-\infty,-\dfrac{b}{2a}\right]$ 区间内递减，在 $\left[-\dfrac{b}{2a},\infty\right)$ 区间内递增. 如果 x_1 和 x_2 是等式 $f(x)=0$ 的根，那么，$x_1+x_2=-\dfrac{b}{a}$ 且 $x_1x_2=\dfrac{c}{a}$，这被称作韦达（Vieta）表达式. 已知这些表达式是通过 $f(x)=a(x-x_1)(x-x_2)$ 这一事实获得的. 最后一个表达式还表明，若 $a>0$ 且 x_1 和 x_2 是实数，那么 f 在两根之间的区间内是负值，在两根之外的区间是正值.

虽然所有这些结论看上去非常基础，但是它们却有出人意料的应用方式. 我们在这里展示其中的一部分，它们包含不同的理念，但是都可以概括为二次函数或者二次方程. 第一道例题出现在 1994 年的罗马尼亚国家奥林匹克数学竞赛中.

例1　令 a,b,c,A,B,C 为正实数，使得等式一 $ax^2-bx+c=0$ 和等式二 $Ax^2+Bx+C=0$ 有实数解. 请证明：对于任何包含于等式一两根之间区间内的 u 和任何包含于等式二两根之间区间内的 U，都可以得到不等式 $(au+AU)\left(\dfrac{c}{u}+\dfrac{C}{U}\right)\leqslant\left(\dfrac{b+B}{2}\right)^2$.

证明　根据韦达关系式显然可以看出这两个等式都有实数根. 令 $f(x)=ax^2-bx+c$，$F(x)=Ax^2-Bx+C$. 根据前述已知条件以及该题题设，我们可以知道 $f(u)\leqslant0$ 和 $F(U)\leqslant0$，也可以写成 $au+\dfrac{c}{u}\leqslant b$ 和 $AU+\dfrac{C}{U}\leqslant B$. 所以，$b+B\geqslant(au+AU)+\left(\dfrac{c}{u}+\dfrac{C}{U}\right)$. 将上述不等式与 AM – GM 不等式相结合，我们马上可以得到所要证明的结论.

下一题是一道越南例题的变体，该题并不会直接出现在竞赛中，但是其论证过程是需要了解的，因为它出现在很多这一类的题目中.

例2　请证明：存在大于 2 007 的整数 a,b,c,d，使得 $a^2+b^2+c^2+d^2=abcd+6$.

证明　我们来看看如何通过分别赋予 a,b,c,d 一个相对小的值来得到一个相对大的解. 我们很容易可以知道$(a,b,c,d)=(1,2,2,3)$是等式的一个解. 我们的方法是将该等式看作是关于a(或者b,c,d)的一个二次方程,然后应用韦达关系式获得其他一些新的解. 事实上,通过将上述等式看作是关于a的二次方程,我们发现,如果(a,b,c,d)是一个解,那么$(bcd-a,b,c,d)$也是,而且这些变量的任意位置交换也都是,因为该等式是对称的. 所以,$(2,2,3,11)$也是该方程的一个解,通过再次应用这一方法,我们可以得到另一个解$(2,3,11,64)$. 现在,如果$2\leqslant a<b<c<d$是某一个解的组成部分,那么$b<c<d<bcd-a$就是另一个解的组成部分. 上述最后一个不等式是很容易得到的,因为$bcd-d=d(bc-1)\geqslant 3d>a$. 因此,我们总是能找到一个解,使其最小的组成部分永远大于前一个解的最小组成部分. 具体地说,我们可以找到一个解,其最小组成部分大于 2 007.

例 3 令 P 是一个系数为实数的多项式,且对于所有 $x>0$ 都有 $P(x)>0$. 请证明:存在系数为实数的多项式 Q 和 R,使得 $P(X)=\dfrac{Q(X)}{R(X)}$.

证明 这里最关键的论证是每一个系数为实数的多项式都可以被因式分解成系数为实数的线性二次多项式的一个乘积. 如果一个多项式可以表示成 $P(X)=\dfrac{Q(X)}{R(X)}$(P 和 Q 为非负系数),我们就称其为"优质"多项式. 两个优质多项式的乘积显然也是一个优质多项式. 所以,这足以证明 P 是优质多项式的乘积. 因为对于 $x>0$ 都有 $P(x)>0$,所以 P 的线性因数都必须表示为 $X+a(a>0)$,那么 P 的任意线性因数也都是优质的. 现在已知 P 的一个不包含零的二次因数,可以写成 $X^2-2aX+b^2(a^2<b^2)$. 当 $a<0$ 时,该因数就是优质的,所以我们只要考虑当 $a>0$ 时的情况. 现在,我们将要证明当 $a>0$ 时,该因数仍然是一个优质多项式. 以下等量关系是非常有用的

$$(X^2+b^2)^{2n}-(2aX)^{2n}=(X^2-2aX+b^2)\sum_{k=0}^{2n-1}(X^2+b^2)^k(2aX)^{2n-k-1}$$

这表明,本题可以简化为,存在一个数 n,使得 $\dbinom{2n}{n}>4^n\left(\dfrac{a^2}{b^2}\right)^n$. 由于 $\dbinom{2n}{n}$ 是二次项系数 $\dbinom{2n}{k}$ 中的最大值,并且 $\sum_{k=0}^{2n}\dbinom{2n}{k}=4^n$,于是,$\dbinom{2n}{n}\geqslant\dfrac{4^n}{2n+1}$. 因此,这足以证明存在 n 使得 $\left(\dfrac{b^2}{a^2}\right)^n>2n+1$. 这是显而易见的,因为 $\lim\limits_{n\to\infty}\dfrac{\left(\dfrac{b^2}{a^2}\right)^n}{2n+1}=\infty$. 这就证明了多项式 P 的所有因数都是优质的,所以多项式 P 也是优质的.

在接下来这道算题的陈述中,二次方程的使用就不那么显而易见了.

例 4 求所有正有理数 x,y,z,使得 $x+\dfrac{1}{y},y+\dfrac{1}{z},z+\dfrac{1}{x}$ 都是整数.

解 我们设 $a=x+\dfrac{1}{y},b=y+\dfrac{1}{z},c=z+\dfrac{1}{x}$. 于是,$y=\dfrac{1}{a-x},z=\dfrac{1}{b-y}=\dfrac{a-x}{ab-1-bx}$. 所

以，$\dfrac{a-x}{ab-1-bx}+\dfrac{1}{x}=c \Rightarrow (bc-1)x^2+(a-b+c-abc)x+ab-1=0$.

显然，若 $bc=1$，则 $b=c=1$，所以 $a=1$，但是根据上文这是不可能的. 该二次方程的判别式为 $\Delta=(abc-a-b-c)^2-4$. 由于 $x\in\mathbb{Q}$，所以 Δ 是一个平方数，而这只有在 $|abc-a-b-c|=2$ 时才成立. 现在，因为 $abc-a-b-c=a(bc-1)-b-c \geqslant bc-1-b-c \geqslant -2$，根据关系式 $abc-a-b-c=-2$ 可以得到 $bc=1$，这与上文相矛盾.

类似地，只有在 a,b,c 中有一个是 1 或者 2 时，我们才能得到 $abc=a+b+c+2$. 当 $a=1$ 时，我们可以得到 $(b-1)(c-1)=4$，所以，$(b,c)=(3,3)$ 或者 $(2,5)$. 当 $a=2$ 时，$(2b-1)(2c-1)=9$，于是 (b,c) 就是 $(2,2)$，$(1,5)$ 或者 $(5,1)$. 最后的三联数组就是 $(x,y,z)=\left(\dfrac{1}{3},\dfrac{3}{2},2\right)$，$\left(\dfrac{1}{2},2,1\right)$，$\left(\dfrac{2}{3},3,\dfrac{1}{2}\right)$，$(1,1,1)$. 我们也可以用类似的方法来证明 $a=2,b=1,c=5$ 的情况或者其排列组合.

推荐习题

1. 令 x 为非零整数，$\lambda=k+\sqrt{k^2-1}$，请证明：对于所有整数 n，$\lambda^n+\dfrac{1}{\lambda^n}$ 是一个偶数.

2. 如果方程 $x^2+ax+b=0$ 和 $x^2+cx+d=0$ 有各自的实数解，我们就称其为友好方程. 更确切地说，如果我们用 $x_1<x_2$ 和 $x_3<x_4$ 分别表示第一个和第二个方程的根，那么可以得到 $x_1<x_3<x_2<x_4$ 或 $x_3<x_1<x_4<x_2$. 请证明：方程 $x^2+\left(\dfrac{a+c}{2}\right)x+\left(\dfrac{b+d}{2}\right)=0$ 有实数根，并且它与上述两个方程都是友好方程.

3. 对于实数 α 和 β，有 $\mathcal{M}(\alpha,\beta)=\{x\in\mathbb{R}\mid x^2+\alpha x+\beta=0\}$. 令 a,b,c 为整数，请证明：若 $\mathcal{M}(a,b)\cup\mathcal{M}(b,c)\cup\mathcal{M}(c,a)=\varnothing$，则 $a=b=c$.

4. 对于实数 α,β,γ，有 $\mathcal{M}(\alpha,\beta,\gamma)=\{x\in\mathbb{R}\mid \alpha x^2+\beta x+\gamma=0\}$. 令 a,b,c 为非零实数，请证明：若 $\mathcal{M}(a,b,c)\cap\mathcal{M}(b,c,a)\cap(c,a,b)\neq\varnothing$，则集合 $\mathcal{M}(a,b,c)\cup\mathcal{M}(b,c,a)\cup\mathcal{M}(c,a,b)$ 有三至四个元素.

5. 令 a,b,c 为非零实数，$33(a^6+b^6+c^6)\leqslant 31(a^3+b^3+c^3)^2$. 请证明：我们可以求出 a,b,c 的循环排列组合 α,β,γ，使得 $\{x\in\mathbb{R}\mid \alpha x^2+\beta x+\gamma=0\}=\varnothing$.

6. 令 a,b,m,n 是实数，$m^2+n^2-a(m+n)+2b=0$，请证明：$(m+n+a)^2\geqslant 8(mn+b)$.

7. 令 n 为正整数. 用 $\mathcal{F}_n$ 表示满足等式 $f(f(1))=f(f(2))=\cdots=f(f(n))$ 的所有二次函数 $f:\mathbb{R}\rightarrow\mathbb{R}$ 的集合.

(1) 请证明：对于所有 $n\geqslant 5$ 都有 $\mathcal{F}_n=\varnothing$.

(2) 求 $\mathcal{F}_4$ 的值.

8. 令 a,b,c 为实数,使得 $ad>0$,同时令 x_0 为三次方程 $ax^3+bx^2+cx+d=0$ 的一个实数根. 请证明:$x_0 \leqslant \dfrac{c^2-4bd}{4ad}$.

9. 令 a,b,c 为实数,$a \neq 0$. 请证明:若 a 和 $4a+3b+2c$ 同号,那么二次方程 $ax^2+bx+c=0$ 的两个根不可能同时落在区间 $(1,2)$ 内.

10. 令 a,b,c 为实数,同时设 $f:\mathbb{R} \to \mathbb{R}$ 是一个系数为整数的二次函数,并且 $|f(k)| < ak^2+bk+c+1$(k 为整数). 请证明:$b^2-4ac<9a^2$.

11. 令 a,b,c 为实数,同时设 $f:\mathbb{R} \to \mathbb{R}$ 是一个关系式为 $f(x)=ax^3+bx^2+cx+d$ 的函数. 请证明:若 $f(2)+f(5)<7<f(3)+f(4)$,则存在两个实数 u 和 v,使得 $u+v=7$,$f(u)+f(v)=7$.

12. 令 $g,h:\mathbb{R} \to \mathbb{R}$ 是两个二次函数,$f:\mathbb{R} \to \mathbb{R}$ 满足 $f \circ g = h$. 请证明:存在两个实数 m 和 n 以及无界区间 I,使得对于所有 $y \in I$ 都存在 $f(y)=my+n$.

13. 我们用 $\mathcal{Q}$ 表示所有二次函数的集合. 请证明:若函数 $f:\mathbb{R} \to \mathbb{R}$ 满足推论 $g \in \mathcal{Q} \Rightarrow f \circ g \in \mathcal{Q}$,则对于实数 m 和 n 有 $f(x)=mx+n$.

14. 令 $f,g:\mathbb{R} \to \mathbb{R}$ 是两个二次函数. 并且,若 $g(x)$ 是整数,则 $f(x)$ 也是整数. 请证明:存在两个整数 m 和 n,使得 $f(x)=mg(x)+n$ 对于所有实数 x 都成立.

15. 求满足关系式 $f(x^2+x) \leqslant x \leqslant f^2(x)+f(x)$($x$ 为非负实数)的所有函数 $f:[0,\infty) \to [0,\infty)$.

16. 令 f 为二次函数,使得 $0 \leqslant f(-1) \leqslant 1$,$0 \leqslant f(0) \leqslant 1$,$0 \leqslant f(1) \leqslant 1$. 请证明:$f(x) \leqslant \dfrac{9}{8}$ 对于所有实数 $x \in [-1,1]$ 都成立.

17. 令 $x \in [0,1]$,$y \in [1,2]$,$z \in [2,3]$ 都是实数. 请证明:$\dfrac{3}{4} \leqslant x^2+y^2+z^2-xy-yz-zx \leqslant 7$,然后求出取等号的条件.

18. 令 a,b,c 为正整数,$b>a^2+c^2$. 请证明:二次方程 $ax^2+bx+c=0$ 的根是无理数.

19. 令 a,b,x,y 为实数,$x,y>0$,$x \neq y$. 请证明:若在 $n=k$ 和 $n=k+1$ 时不等式 $x^n+y^n=a(x^{n-1}+y^{n-1})+b(x^{n-2}+y^{n-2})$ 成立,则它对于所有整数 n 都成立.

20. 令 $a>2$ 为有理数,请证明:方程 $x^2-a(a^2-3)x+1=0$ 的任意整数解都是某一整数的立方.

答案

1. 令 $x_1 = k+\sqrt{k^2-1}$,$x_2 = k-\sqrt{k^2-1} = \dfrac{1}{k+\sqrt{k^2-1}}$,于是得到 $x_1x_2=1$ 和 $x_1+x_2=$

$2k$. 我们需要证明 $x_1^n+x_2^n$(n 为整数)是一个偶数. 首先,已知 $x_1^n+x_2^n = x_1^{-n}+x_2^{-n}$,这足以证明 n 是正数.

2. 令 $f(x) = x^2 + ax + b, g(x) = x^2 + cx + d, h(x) = \frac{1}{2}(f(x) + g(x))$. 若 x_1, x_2 和 x_3, x_4 分别是方程 $f(x) = 0$ 和 $g(x) = 0$ 的解，其中 $x_1 < x_3 < x_2 < x_4$，则

$$f(x) = x^2 + ax + b = (x - x_1)(x - x_2)$$

$$g(x) = x^2 + cx + d = (x - x_3)(x - x_4)$$

已知 $h(x) = \frac{1}{2}\left[(x - x_1)(x - x_2) + (x - x_3)(x - x_4) \right]$，所以

$$h(x_1) = \frac{1}{2}g(x_1) = \frac{1}{2}(x_1 - x_3)(x_1 - x_4) > 0$$

$$h(x_2) = \frac{1}{2}g(x_2) = \frac{1}{2}(x_2 - x_3)(x_2 - x_4) > 0$$

类似地

$$h(x_3) = \frac{1}{2}g(x_3) = \frac{1}{2}(x_3 - x_1)(x_3 - x_2) < 0$$

$$h(x_4) = \frac{1}{2}g(x_4) = \frac{1}{2}(x_4 - x_1)(x_4 - x_2) > 0$$

因为 $h(x_1) > 0, h(x_2) < 0, h(x_4) > 0$，所以 h 有两个不同的实数解 $y_1 \in (x_1, x_2)$ 和 $y_2 \in (x_2, x_4)$. 因为 $x_1 < y_1 < x_2 < y_2$，所以 h 和 f 是友好方程. 又因为 $h(x_1) > 0, h(x_3) < 0, h(x_4) > 0$，我们就可以得到 $y_1 \in (x_1, x_3)$ 和 $y_2 \in (x_3, x_4)$，因此 $y_1 < x_3 < y_2 < x_4$，也就是说 h 也是 g 的友好方程.

3. 显然，$\mathcal{M}(a,b) = \mathcal{M}(b,c) = \mathcal{M}(c,a) = \varnothing$ 所以方程组 $x^2 + ax + b = 0, x^2 + bx + c = 0, x^2 + cx + a = 0$ 没有实数解. 我们从条件 $a^2 < 4b, b^2 < 4c, c^2 < 4a$，可以得到 $a, b, c \geqslant 1$. 若 $a = 1$，则 $c^2 < 4 \Rightarrow c = 1$，类似地也可以得到 $b = 1$. 若 $a, b, c \geqslant 2$，则 $a > \frac{c^2}{4} > \frac{b^4}{4^3} > \frac{a^8}{4^7} \Rightarrow a^7 < 4^7 \Rightarrow a \leqslant 3$，类似地也可以得到 b 和 c 的不等式. 所以，$a, b, c \in \{2, 3\}$. 若 $a = 3$，则 $9 < 4b \Rightarrow b > \frac{9}{4} \Rightarrow b = 3$，进而得到 $c = 3$. 若 $a = 2$，则 $c^2 < 8$，所以 $c = 2$，类似地也可以得到 $b = 2$. 最终，得到 $a = b = c \in \{1, 2, 3\}$.

4. 设 $\alpha \in \mathcal{M}(a,b,c) \cap \mathcal{M}(b,c,a) \cap \mathcal{M}(c,a,b)$，于是得到 $a\alpha^2 + b\alpha + c = 0, b\alpha^2 + c\alpha + a = 0, c\alpha^2 + a\alpha + b = 0$，通过相加，可以得到

$$(a + b + c)(\alpha^2 + \alpha + 1) = 0 \Rightarrow a + b + c = 0$$

现在，我们可以看到 $1 \in \mathcal{M}(a,b,c) \cap \mathcal{M}(b,c,a) \cap \mathcal{M}(c,a,b)$，通过应用韦达关系式，可以得到

$$\mathcal{M}(a,b,c) = \left\{1, \frac{c}{a}\right\}, \mathcal{M}(b,c,a) = \left\{1, \frac{a}{b}\right\}, \mathcal{M}(c,a,b) = \left\{1, \frac{b}{c}\right\}$$

我们不可能得到 $a = b = c$ (因为 $a + b + c = 0$ 会使得 $a = b = c = 0$)，但是这三个数中有

可能存在两个数相等的情况. 比如说,根据条件 $a=b$ 和 $a+b+c=0$,我们很容易就能得到

$$\mathcal{M}(a,b,c) \cup \mathcal{M}(b,c,a) \cup \mathcal{M}(c,a,b) = \left\{1, -2, -\frac{1}{2}\right\}$$

当 $a=c$ 或 $b=c$ 时,我们也会得到同样的结果. 否则,我们必然会得到 $\frac{a}{b} \neq 1, \frac{b}{c} \neq 1, \frac{c}{a} \neq 1$. 如果我们假设 $\frac{c}{a} = \frac{a}{b}$,那么 $a^2 = bc$,且 $(-b-c)^2 = bc \Rightarrow b^2 + bc + c^2 = 0 \Rightarrow \left(b + \frac{c}{2}\right)^2 + \frac{3c^2}{4} = 0$(该等式只有在 $b=c=0$ 时才成立,而这实际上是不可能的). 总而言之,当 a, b, c 互异时,$\mathcal{M}(a,b,c) \cup \mathcal{M}(b,c,a) \cup \mathcal{M}(c,a,b) = \left\{1, \frac{a}{b}, \frac{b}{c}, \frac{c}{a}\right\}$ 就有四个元素(而当 a, b, c 中有两个数相等时,上述集合就有三个元素).

5. 我们假设相反的情况,就可以得到 $a^2 \geqslant 4bc, b^2 \geqslant 4ca, c^2 \geqslant 4ab$. 因此,得到 $a^6 + b^6 + c^6 \geqslant 64(a^3b^3 + b^3c^3 + c^3a^3) = 32[(a^3 + b^3 + c^3)^2 - (a^6 + b^6 + c^6)]$,即 $a^6 + b^6 + c^6 \geqslant \frac{32}{33}(a^3 + b^3 + c^3)^2$,这与已知条件相矛盾.

6. 我们定义二次方程为 $f(x) = x^2 - ax + b + (x - m)(x - n) = 2x^2 - (m + n + a)x + mn + b$. 根据条件可知 $f(m) + f(n) = 0$,所以方程 $f(x) = 0$ 有实数解(如果没有,就会导致对于所有实数 x 都有 $f(x) > 0$). 因此,$\Delta = (m + n + a)^2 - 8(mn + b) \geqslant 0$.

通过一些计算,我们还可以用另外一种方法证明不等式. 也就是,用 $a(m + n) - m^2 - n^2$ 代换 $2b$,然后通过计算得到不等式 $5(m^2 + n^2) + a^2 \geqslant 6mn + 2a(m + n)$,也就得到 $3(m^2 + n^2) \geqslant 6mn$ 和 $2(m^2 + n^2) + a^2 \geqslant (m + n)^2 + a^2 \geqslant 2a(m + n)$,这就是我们所要证明的不等式. 理解应用二次函数的这种证明方法是很重要的,因为用这种技巧可以解答体量巨大的不等式组,比如用二次函数证明柯西 - 施瓦茨不等式.

7. 第一个问题的答案是显而易见的,因为 $f(f(X))$ 是一个四次非零多项式,所以它不可能有 4 个以上不同的预映射. 现在,令 $\alpha = f(f(1)) = f(f(2)) = f(f(3)) = f(f(4))$, y_1, y_2 是二次方程 $f(y) = \alpha$ 的解. 于是,可以得到 $f(1), f(2), f(3), f(4) \in \{y_1, y_2\}$. 如果 $i \neq j \neq k$,那么就可能得到 $f(i) = f(j) = f(k)$. 因此,我们必定会得到 $f(1) = f(4)$ 和 $f(2) = f(3)$. 若 $f(x) = ax^2 + bx + c$,则 $-\frac{b}{a} = 1 + 4 = 2 + 3$,所以对于 $a \neq 0$ 和 c 就有 $f(x) = ax^2 - 5ax + c$.

从 $f(f(1)) = f(f(2))$ 和 $f(1) \neq f(2)$,我们可以推得 $f(1) + f(2) = -5 \Rightarrow -10a + 2c = -5 \Rightarrow c = \frac{10a - 5}{2}$. 因此,$f(x) = ax^2 - 5ax + \frac{10a - 5}{2}$.

8. 我们定义二次函数表达式为 $f(x) = (ax_0 + b)x^2 + cx + d$,同时假设 $x_0 \neq -\dfrac{b}{a}$. 因为 $f(x_0) = 0$,所以方程 $f(x) = 0$ 有实数解,于是得到 $\Delta = c^2 - 4d(ax_0 + b) \geqslant 0 \Rightarrow x_0 \cdot 4ad \leqslant c^2 - 4bd \Rightarrow x_0 \leqslant \dfrac{c^2 - 4bd}{4ad}$.

$x_0 = -\dfrac{b}{a}$ 是一个平凡解. 事实上,我们显然能够解出不等式的结果为 $\dfrac{c^2}{4ad} \geqslant 0$.

9. 假设方程 $ax^2 + bx + c = 0$ 的根 x_1, x_2 位于 $(1,2)$ 区间上,那么就可以得到
$$(x_1 - 1)(x_2 - 2) + (x_2 - 1)(x_1 - 2) < 0$$
$$\Rightarrow 2x_1 x_2 - 3(x_1 + x_2) + 4 < 0$$
$$\Rightarrow 2 \cdot \frac{c}{a} - 3 \cdot \left(-\frac{b}{a}\right) + 4 < 0$$
$$\Rightarrow \frac{2c + 3b + 4a}{a} < 0$$

这与已知条件矛盾.

10. 当 $b^2 - 4ac < 0$ 时,结论是显而易见的,所以我们假设相反的情况. 令 $x_1 \leqslant x_2$ 是二次函数 $ax^2 + bx + c = 0$ 的实数解. 对于任意 $k \in \mathbb{Z} \cap [x_1, x_2]$,我们都可以得到 $|f(k)| < ak^2 + bk + c + 1 \leqslant 1 \Rightarrow |f(k)| < 1$. 由于 $f(k)$ 为整数,所以 $f(k) = 0$. 于是,区间 $[x_1, x_2]$ 最多包含两个整数. 因此,我们可以推得
$$|x_1 - x_2| < 3 \Rightarrow (x_1 - x_2)^2 < 9$$
$$\Rightarrow (x_1 + x_2)^2 - 4x_1 x_2 < 9$$
$$\Rightarrow \left(-\frac{b}{a}\right)^2 - 4 \cdot \frac{c}{a} < 9$$
$$\Rightarrow b^2 - 4ac < 9a^2$$

11. 已知满足规律 $g(x) = f(x) + f(7 - x) - 7$ 的函数 $g:\mathbb{R} \to \mathbb{R}$ 是一个二次函数(还可能是线性的). 根据不等式 $g(2) = f(2) + f(5) - 7 < 0$ 和 $g(3) = f(3) + f(4) - 7 > 0$,可以得到存在 $u \in (2,3)$ 使得 $g(u) = 0 \Leftrightarrow f(u) + f(7 - u) = 7$,因此足以得到 $v = 7 - u$.

12. 记 $g(x) = ax^2 + bx + c$,$h(x) = a'x^2 + b'x + c'$,所以 $f(ax^2 + bx + c) = a'x^2 + b'x + c'$. 对于 $x = 0$ 和 $x = -\dfrac{b}{a}$,我们可以推得 $f(c) = c'$,$f(c) = a'\dfrac{b^2}{a^2} - b'\dfrac{b}{a} + c'$,于是得到 $a'\dfrac{b^2}{a^2} - b'\dfrac{b}{a} = 0 \Rightarrow \dfrac{b'}{b} = \dfrac{a'}{a}$. 令 $b' = mb$,$a' = ma$,我们推得 $f(ax^2 + bx + c) = m(ax^2 + bx + c) + n$,其中 $n = c' - mc$. $b = 0$ 的情况类似.

13. 令 $a, b, c \in \mathbb{R}$,使得 $f(x^2) = ax^2 + bx + c$ 对于所有实数 x 都成立. 分别取 $x = 1$ 和 $x = -1$,我们推得 $b = 0$,所以 $f(x^2) = ax^2 + c$ 对于每一个实数 x 都成立. 进而,可以得到

$f(y) = ay + c$ 对于所有实数 $y \in [0, \infty)$ 都成立. 类似地, $f(y) = a'y + c'$ 对于所有 $y \in (-\infty, 0]$ 都成立, 所以

$$f(y) = \begin{cases} a'y + c', & y \in (-\infty, 0] \\ ay + c, & y \in [0, \infty) \end{cases}$$

进而, 推得映射 $x \mapsto f(x^2 + x)$ 是一个二次函数. 而由于

$$f(x^2 + x) = \begin{cases} ax^2 + ax + c, & x \in (-\infty, -1] \cup [0, \infty) \\ a'x^2 + a'x + c', & x \in [-1, 0] \end{cases}$$

所以 $a = a'$, $c = c'$. 因此, 结论自然就出来了.

14. 用形如 $g(A + x)$ 的某个函数代换 g, 我们就可以设 $g(x) = px^2 + s$, $f(x) = ax^2 + bx + c$. 对于任意整数 $k > s$, $g\left(\sqrt{\dfrac{k-s}{p}}\right)$ 都是整数, 所以 $f\left(\sqrt{\dfrac{k-s}{p}}\right)$ 也是整数. 于是, 对于每一个整数 $k > s$ 都有

$$\begin{aligned} a_k &= f\left(\sqrt{\frac{k+1-s}{p}}\right) - f\left(\sqrt{\frac{k-s}{p}}\right) \\ &= \frac{a}{p} + \frac{b}{(\sqrt{k+1-s} + \sqrt{k-s})\sqrt{p}} \in \mathbb{Z} \end{aligned}$$

因为对于所有 $k > s$ 都有 $\lim\limits_{k \to \infty} a_k = \dfrac{a}{p}$ ($a_k \in \mathbb{Z}$), 我们令对于所有足够大的 k 都有 $a_k = \dfrac{a}{p}$, 所以 $b = 0$, 且 $\dfrac{a}{p} \in \mathbb{Z}$. 现在, 本题得到了解答.

15. 表达式为 $g(x) = x^2 + x$ 的函数 $g: [0, \infty) \to [0, \infty)$ 可逆且递增. 已知关系式就可以写成 $f(g(x)) \leq x \leq g(f(x))$. 用 $g^{-1}(x)$ 代换第一个 x, 根据 g 的单调性, 我们得到

$$f(g(x)) \leq x \Rightarrow f(x) \leq g^{-1}(x)$$
$$g(f(x)) \geq x \Rightarrow f(x) \geq g^{-1}(x)$$

因此, $f(x) = g^{-1}(x) = \dfrac{-1 + \sqrt{1 + 4x}}{2}$.

16. 令 $h(x) = f(x) - \dfrac{1}{2}$, 我们可知 $|h(-1)| \leq \dfrac{1}{2}$, $|h(0)| \leq \dfrac{1}{2}$, $|h(1)| \leq \dfrac{1}{2}$. 我们应用表示理论, 得到 $h(x) = \dfrac{h(-1)}{2}x(x-1) + \dfrac{h(1)}{2}x(x+1) + h(0)(1-x^2)$. 事实上, 映射 $x \mapsto \dfrac{h(-1)}{2}x(x-1) + \dfrac{h(1)}{2}x(x+1) + h(0)(1-x^2)$ 是一个二次函数, 且与二次函数 h 相交于 $x = 0$, $x = -1$, $x = 1$. 于是, 得到

$$h(x) = \frac{h(-1)}{2}x(x-1) + \frac{h(1)}{2}x(x+1) + h(0)(1-x^2)$$

$$\leqslant \frac{1}{4}|x|(1-x)+\frac{1}{4}|x|(1+x)+\frac{1}{2}(1-x^2)$$

$$=\frac{-x^2+|x|+1}{2}\leqslant \frac{5}{8}$$

因此,$f(x)\leqslant \frac{1}{2}+\frac{5}{8}=\frac{9}{8}$.

17. 记 $f(x,y,z)=x^2+y^2+z^2-xy-yz-zx$,我们就可以得到 $f(x,y,z)=z^2-(x+y)z+x^2+y^2-xy$. 所以,$f$ 是一个关于 z 的二次函数,它在 $z_0=\frac{x+y}{2}\in\left[\frac{1}{2},\frac{3}{2}\right]$ 时得到最小值. 因此

$$f(x,y,2)\leqslant f(x,y,z)\leqslant f(x,y,3)$$
$$\Rightarrow x^2+y^2-xy-2x-2y+4\leqslant f(x,y,z)\leqslant x^2+y^2-xy-3x-3y+9$$

现在,关于 x 的二次函数 $x\mapsto x^2-(y+3)x+y^2-3y+9$ 在 $x_0=\frac{y+3}{2}\in\left[2,\frac{5}{2}\right]$ 时得到最小值. 因此,对于所有 $x\in[0,1]$,我们都可以得到 $\varphi(x)\leqslant \varphi(0)=y^2-3y+9\leqslant 7$. 另一侧不等式的证明也是类似的.

18. 如果已知方程有有理数解,那么其判别式 $\Delta=b^2-4ac$ 必定是一个完全平方数,而这是不可能的,因为 $(b-1)^2<b^2-4ac<b^2$. 事实上

$$2b>2a^2+2c^2\geqslant 4ac\Rightarrow 2b>4ac$$
$$\Rightarrow 2b>4ac+1$$
$$\Rightarrow 2b-1>4ac$$
$$\Rightarrow (b-1)^2>b^2-4ac$$

19. x,y 满足二次方程 $t^2-\alpha t-\beta=0$,其中,$\alpha=x+y,\beta=-xy$. 所以,$x^n=\alpha x^{n-1}+\beta x^{n-2},y^n=\alpha y^{n-1}+\beta y^{n-2}$,于是得到 $x^n+y^n=\alpha(x^{n-1}+y^{n-1})+\beta(x^{n-2}+y^{n-2})$. 根据题中条件,可知

$$\begin{cases}(a-\alpha)(x^{k-1}+y^{k-1})+(b-\beta)(x^{k-2}+y^{k-2})=0\\(a-\alpha)(x^k+y^k)+(b-\beta)(x^{k-1}+y^{k-1})=0\end{cases}$$

若 $a-\alpha\neq 0$,则 $b-\beta\neq 0$,且 $(x^{k-1}+y^{k-1})^2=(x^k+y^k)(x^{k-2}+y^{k-2})\Rightarrow x^{k-2}y^{k-2}(x-y)^2=0$,而这是不可能的. 因此,得到 $a-\alpha=0$ 和 $b-\beta=0$,证毕.

20. 若 x_1,x_2 是已知方程的根,则 $x_1+x_2=a^3-3a,x_1x_2=1$. 令 $y_1=\sqrt[3]{x_1},y_2=\sqrt[3]{x_2}$,我们得到

$$(y_1+y_2)^3=(\sqrt[3]{x_1}+\sqrt[3]{x_2})^3=x_1+x_2+3\sqrt[3]{x_1x_2}(\sqrt[3]{x_1}+\sqrt[3]{x_2})$$
$$=a^3-3a+3(y_1+y_2)$$

所以,$(y_1+y_2)^3-3(y_1+y_2)=a^3-3a$,即

$$(y_1 + y_2 - a)\left[\left(y_1 + y_2 + \frac{a}{2}\right)^2 + \frac{3}{4}(a^2 - 4)\right] = 0$$

这表明 $y_1 + y_2 = a$. 进而, 得到 $\sqrt[3]{x_1} + \sqrt[3]{x_2} = a \Rightarrow \sqrt[3]{x_1} + \dfrac{1}{\sqrt[3]{x_1}} = a \Rightarrow \sqrt[3]{x_1^2} - a\sqrt[3]{x_1} + 1 = 0.$

现在, 我们假设 x_1 是一个整数, 令 $u = \sqrt[3]{x_1}$, 于是得到 $u^2 - au + 1 = 0$ 和 $u^3 = x_1$. 所以, $u^3 - au^2 + u = 0$. 从该等式, 我们得到 $x_1 + u = a(au - 1)$, 这表明 u 是一个有理数. 因为 u^3 是整数, 所以 u 也是整数. 综上所述, 可见 x_1 是一个正整数的立方.

第八章　定方程的参数解

如果包含多个未知数的实数方程有解,那么一般具有无限多个解.此时,一个非常重要的技巧就是用参数来描述解集.我们接下来讨论两种实数方程及其两种参数化方法,我们还会进一步展示一个简单的理念如何催生出大量精妙的例题,其中一些例题非常难解.

我们从下题开始讨论.该题可能很罕见,但它确实可以引导我们去进一步讨论其他相关的主题.

例 1　已知三个实数 $a,b,c,abc=1$,令

$$x=a+\frac{1}{a}, y=b+\frac{1}{b}, z=c+\frac{1}{c} \tag{1}$$

求 x,y,z 之间不包含 a,b,c 的代数关系.

解　当然,你可以通过等式(1)分别求出 a,b,c,然后将结果代入关系式 $abc=1$.但是,这种方法比较复杂.这里有一个很妙的方法.想要求出关于 x,y,z 的关系式,我们可以计算乘积

$$
\begin{aligned}
xyz &= \left(a+\frac{1}{a}\right)\left(b+\frac{1}{b}\right)\left(c+\frac{1}{c}\right) \\
&= \left(a^2+\frac{1}{a^2}\right)+\left(b^2+\frac{1}{b^2}\right)+\left(c^2+\frac{1}{c^2}\right)+2 \\
&= (x^2-2)+(y^2-2)+(z^2-2)+2
\end{aligned}
$$

所以

$$x^2+y^2+z^2-xyz=4 \tag{2}$$

这就是本题的答案.

现在,另一个问题出现了:反过来是否也成立呢?答案显然是否定的($(x,y,z)=(1,1,-1)$就是一个反例).但是,我们再来看看式(1),我们会发现必须使得 $\{|x|,|y|,|z|\}\geqslant 2$,接下来我们就来证明.

例 2　令实数 x,y,z 满足式(2),请证明:存在满足式(1)的实数 a,b,c,且 $abc=1$.

证明　任何需要处理 $\max\{|x|,|y|,|z|\}>2$ 的情况,我们都最好选择其中一种.这里,我们取 $|x|>2$,这表明存在一个非零实数使得 $x=u+\frac{1}{u}$(这里我们已经取 $|x|>2$).

现在,我们将式(2)看作是关于 z 的二次方程. 由于方程具有实数根,所以判别式必定非负,这意味着 $(x^2-4)(y^2-4)\geq 0$. 但是由于 $|x|>2$,于是 $y^2\geq 4$,所以在非零实数 v 上使得 $y=v+\dfrac{1}{v}$. 我们怎样才能求出对应的 z 值呢? 只要解出这个二次方程即可,我们可以得到两个根: $z_1=uv+\dfrac{1}{uv},z_2=\dfrac{u}{v}+\dfrac{v}{u}$. 这样我们几乎就已经解答完该题了. 若 $z=uv+\dfrac{1}{uv}$,我们可以得到 $(a,b,c)=\left(u,v,\dfrac{1}{uv}\right)$;若 $z=\dfrac{u}{v}+\dfrac{v}{u}$,我们则得到 $(a,b,c)=\left(\dfrac{1}{u},v,\dfrac{u}{v}\right)$. 所有条件都符合,所以本题得解.

从前一题可以直接得到如下推论:若 $x,y,z>0$ 是满足(2)的实数,使得 $\max\{|x|,|y|,|z|\}>2$,则存在 $\alpha,\beta,\chi\in\mathbb{R}$ 使得 $x=2\mathrm{ch}(\alpha),y=2\mathrm{ch}(\beta),z=2\mathrm{ch}(\chi)$,其中 $\mathrm{ch}:\mathbb{R}\to(0,\infty),\mathrm{ch}(x)=\dfrac{e^x+e^{-x}}{2}$. 事实上,我们此时显然是取等式(1)中的 $a,b,c>0$,并且 $\alpha=\ln a,\beta=\ln b,\chi=\ln c$.

受上题中方程的启发,我们来看一下另一个方程
$$x^2+y^2+z^2+xyz=4 \tag{3}$$

其中 $x,y,z>0$. 接下来证明该方程的解集为三联数组 $(2\cos A,2\cos B,2\cos C)$,其中 $\angle A,\angle B,\angle C$ 为锐角三角形的内角. 我们先来证明所有这些三联数组都是该方程的解,也就是将方程转换为 $\cos^2 A+\cos^2 B+\cos^2 C+2\cos A\cos B\cos C=1$. 通过和差化积公式,我们很容易证明该等式,但是这里还有一个通过应用几何线性代数的绝妙证法. 我们已知对于任意三角形都有以下关系式
$$\begin{cases} a=c\cos B+b\cos C \\ b=a\cos C+c\cos A \\ c=b\cos A+a\cos B \end{cases}$$

这都是余弦定理的简单推导. 现在,我们来看一下方程组
$$\begin{cases} x-y\cos C-z\cos B=0 \\ -x\cos C+y-z\cos A=0 \\ -x\cos B-y\cos A+z=0 \end{cases}$$

根据上述内容可知,该方程组有不平凡解 (a,b,c),我们必需使得
$$\begin{vmatrix} 1 & -\cos C & -\cos B \\ -\cos C & 1 & -\cos A \\ -\cos B & -\cos A & 1 \end{vmatrix}=0$$

其展开式为 $\cos^2 A+\cos^2 B+\cos^2 C+2\cos A\cos B\cos C=1$. 反过来看,我们首先会发现 $0<x,y,z<2$,所以存在角 A,角 $B\in\left(0,\dfrac{\pi}{2}\right)$ 使得 $x=2\cos A,y=2\cos B$. 通过解关于 z 的方程,

同时考虑到 $z \in (0,2)$，我们可以得到 $z = -2\cos(A+B)$. 因此，我们就可以取 $\angle C = \pi - \angle A - \angle B$，并得到 $(x,y,z) = (2\cos A, 2\cos B, 2\cos C)$. 最重要的是，我们其实还解答了以下算题.

例 3 当且仅当存在一个锐角三角形 ABC 使得 $x = 2\cos A, y = 2\cos B, z = 2\cos C$ 时，才存在满足等式(3)的正实数 x,y,z.

在看完上述导言和一些简单算题之后，现在是时候看一下对上述结论的精妙应用了.

例 4 令 $x,y,z > 2$ 满足等式(2). 我们定义数列 $(a_n)_{n \geq 1}, (b_n)_{n \geq 1}$ 和 $(c_n)_{n \geq 1}$ 为：$a_{n+1} = \dfrac{a_n^2 + x^2 - 4}{a_{n-1}}, b_{n+1} = \dfrac{b_n^2 + y^2 - 4}{b_{n-1}}, c_{n+1} = \dfrac{c_n^2 + z^2 - 4}{c_{n-1}}$，其中，$a_1 = x, b_1 = y, c_1 = z$，且 $a_2 = x^2 - 2$，$b_2 = y^2 - 2, c_2 = z^2 - 2$.

请证明：对于所有 $n \geq 1$ 都存在满足等式(2)的三联数组.

证明 我们假设 $x = a + \dfrac{1}{a}, y = b + \dfrac{1}{b}, z = c + \dfrac{1}{c}$，，其中 $abc = 1$. 于是，$a_2 = a^2 + \dfrac{1}{a^2}$，$b_2 = b^2 + \dfrac{1}{b^2}, c_2 = c^2 + \dfrac{1}{c^2}$. 所以，得到一个合理的推论：$(a_n, b_n, c_n) = \left(a^n + \dfrac{1}{a^n}, b^n + \dfrac{1}{b^n}, c^n + \dfrac{1}{c^n}\right)$. 其实，这是从 $\dfrac{\left(a^n + \dfrac{1}{a^n}\right)^2 + a^2 + \dfrac{1}{a^2} - 2}{a^{n-1} + \dfrac{1}{a^{n-1}}} = a^{n+1} + \dfrac{1}{a^{n+1}}$ 和两个类似的等式归纳得到的. 这样，我们就得到了 $(a_n, b_n, c_n) = \left(a^n + \dfrac{1}{a^n}, b^n + \dfrac{1}{b^n}, c^n + \dfrac{1}{c^n}\right)$.

但是，如果 $abc = 1$，那么当然就会有 $a^n b^n c^n = 1$，这其实就表明了三联数组 (a_n, b_n, c_n) 是满足等式(2)的.

从另一方面来看，以下算题及特别的解题方法说明，有的时候一个有效的代换比十个复杂的想法更有帮助.

例 5 令 $a,b,c > 0$，求出正实数三联数组 (x,y,z)，使得 $\begin{cases} x+y+z = a+b+c \\ a^2x + b^2y + c^2z + abc = 4xyz \end{cases}$

解 我们尝试从第二个等式所提供的信息入手. 该等式也可以写成

$$\frac{a^2}{yz} + \frac{b^2}{zx} + \frac{c^2}{xy} + \frac{abc}{xyz} = 4$$

我们已经对等式 $u^2 + v^2 + w^2 + uvw = 4$（其中，$u = \dfrac{a}{\sqrt{yz}}, v = \dfrac{b}{\sqrt{zx}}, w = \dfrac{c}{\sqrt{xy}}$）不陌生了，而且我们已知可以求出一个锐角 $\triangle ABC$ 使得 $u = 2\cos A, v = 2\cos B, w = 2\cos C$. 我们已经用过第二个等式了，所以现在根据第一个等式得到 $x + y + z = 2\sqrt{xy}\cos C + 2\sqrt{yz}\cos A +$

$2\sqrt{zx}\cos B$. 为了解关于 $\sqrt{x}$ 的二次方程,我们通过应用三角几何公式并简化得到判别式为

$-4(\sqrt{y}\sin C-\sqrt{z}\sin B)^2$. 由于该判别式必定是非负的,所以我们推得 $\sqrt{y}\sin C=\sqrt{z}\sin B$ 和

$\sqrt{x}=\sqrt{y}\cos C+\sqrt{z}\cos B$. 现在,我们代入 $\cos A=\dfrac{a}{2\sqrt{yz}}$, $\cos B=\dfrac{b}{2\sqrt{zx}}$, $\cos C=\dfrac{c}{2\sqrt{xy}}$,得到

$$\sqrt{x}=\sqrt{y}\cos C+\sqrt{z}\cos B=\sqrt{y}\cdot\frac{c}{2\sqrt{xy}}+\sqrt{z}\cdot\frac{b}{2\sqrt{zx}}=\frac{1}{\sqrt{x}}\cdot\frac{b+c}{2},\ 即\ x=\frac{b+c}{2}.$$

我们继续以同样的方法求出 y 和 z,最终得到: $x=\dfrac{b+c}{2}$, $y=\dfrac{c+a}{2}$, $z=\dfrac{a+b}{2}$. 我们马上就能看出该三联数组同时满足题中的两个条件,因此题中的方程组存在(上述)唯一解.

我们现在几乎已经证明了不等式 $x+y+z\geqslant 2\sqrt{xy}\cos C+2\sqrt{yz}\cos A+2\sqrt{zx}\cos B$ 对于所有正数 x,y,z 都成立,且 $\angle A$, $\angle B$, $\angle C$ 代表了三角形各内角的度数. 接下来,我们让读者自己来证明:当且仅当 $\dfrac{\sqrt{x}}{\sin A}=\dfrac{\sqrt{y}}{\sin B}=\dfrac{\sqrt{z}}{\sin C}$ 时,等式 $x+y+z=2\sqrt{xy}\cos C+2\sqrt{yz}\cos A$ $+2\sqrt{zx}\cos B$ 成立.

推荐习题

1. 在正实数域内,求解方程组 $\begin{cases} x^2+y^2+z^2+xyz=4 \\ x+y+z=3 \end{cases}$.

2. 令 x,y,z 为正实数, $x^2+y^2+z^2+xyz=4$,请证明: $\sqrt{\dfrac{(2-x)(2-y)}{(2+x)(2+y)}}+\sqrt{\dfrac{(2-y)(2-z)}{(2+y)(2+z)}}+\sqrt{\dfrac{(2-z)(2-x)}{(2+z)(2+x)}}=1$.

3. 求出所有正实数三联数组 (k,l,m),使得方程组

$$\begin{cases} \dfrac{x}{y}+\dfrac{y}{x}=k \\[2mm] \dfrac{y}{z}+\dfrac{z}{y}=l \\[2mm] \dfrac{z}{x}+\dfrac{x}{z}=m \end{cases}$$

在实数域内有解,且 $k+l+m=2\,002$.

4. 令 x,y,z 为正实数, $x+y+z=xyz$. 请证明: $\dfrac{1}{1+x^2}+\dfrac{1}{1+y^2}+\dfrac{1}{1+z^2}+$

$\dfrac{2}{\sqrt{(1+x^2)(1+y^2)(1+z^2)}}=1$.

5. 令 a,b,c 为正实数, $a + b + c + 2\sqrt{abc} = 1$, 请证明: $\sqrt{\dfrac{1-a}{a}} + \sqrt{\dfrac{1-b}{b}} + \sqrt{\dfrac{1-c}{c}} = \sqrt{\dfrac{1-a}{a}} \cdot \sqrt{\dfrac{1-b}{b}} \cdot \sqrt{\dfrac{1-c}{c}}$.

6. 请证明:方程 $x^2 + y^2 + z^2 + xyz = 4$ 在整数域中有无限多个解.

7. 令 $(a_n)_{n \in \mathbb{N}}$ 为严格单调递增实数数列,它满足 $a_{n+1}^2 + a_n^2 + a_{n-1}^2 - a_{n+1}a_n a_{n-1} = 4$ (n 为整数, $a_0 = a_1 = 47$). 请证明:

(1)对于每一个 $n \in \mathbb{N}$, $2 + a_n$ 都是一个平方数;

(2)对于每一个 $n \in \mathbb{N}$, $2 + \sqrt{2 + a_n}$ 都是一个平方数.

8. 令 a,b,c 为非负实数, $a^2 + b^2 + c^2 + abc = 4$,请证明: $0 \leqslant ab + bc + ca - abc \leqslant 2$.

9. 令 x,y,z 为非负实数, $x^2 + y^2 + z^2 + 2xyz = 1$. 请证明: $xyz \leqslant \dfrac{1}{8}$.

10. 令 x,y,z 为满足 $x^2 + y^2 + z^2 = xyz$ 的正实数,请证明:不等式 $xy + xz + yz \geqslant 4(x + y + z) - 9$ 成立.

11. 请证明:对于满足 $x + y + z = xyz$ 的任意正实数 x,y,z ,不等式 $(x-1)(y-1)(z-1) \leqslant 6\sqrt{3} - 10$ 都成立.

答案

1. 我们利用锐角 $\triangle ABC$,令 $x = 2\cos A, y = 2\cos B, z = 2\cos C$. 那么本方程组的第二个等式就可以写成 $\cos A + \cos B + \cos C = \dfrac{3}{2}$,所以 $\triangle ABC$ 就是等边三角形,因此 $x = y = z = 1$.

2. 令 $\angle A, \angle B, \angle C \in \left[0, \dfrac{\pi}{2} \right)$ 使得 $\angle A + \angle B + \angle C = \pi$,且 $x = 2\cos A, y = 2\cos B, z = 2\cos C$. 于是,由

$$\frac{2-x}{2+x} = \frac{2 - 2\cos A}{2 + 2\cos A} = \frac{1 - \cos A}{1 + \cos A} = \frac{2\sin^2 \dfrac{A}{2}}{2\cos^2 \dfrac{A}{2}} = \tan^2 \frac{A}{2}$$

可以得到

$$\sqrt{\frac{(2-x)(2-y)}{(2+x)(2+y)}} + \sqrt{\frac{(2-y)(2-z)}{(2+y)(2+z)}} + \sqrt{\frac{(2-z)(2-x)}{(2+z)(2+x)}}$$
$$= \tan \frac{A}{2}\tan \frac{B}{2} + \tan \frac{B}{2}\tan \frac{C}{2} + \tan \frac{C}{2}\tan \frac{A}{2} = 1$$

3. 正如我们已经证明的 $k^2 + l^2 + m^2 - 4 = klm$,两边加上 $2kl + 2lm + 2mk$ 后可以得到 $klm + 2kl + 2lm + 2mk + 4 = (k + l + m)^2$,再加上 $4(k + l + m) + 4$ 便得到

$$(k+2)(l+2)(m+2)=(k+l+m+2)^2$$

即 $(k+2)(l+2)(m+2)=2\,004^2=2^4\times3^2\times167^2$. 在 $k+2,l+2$ 和 $m+2$ 的分解因式中因数 167 的指数不可能大于 1,因为 $(k+2)+(l+2)+(m+2)=2\,008$,而 167^2 远大于 2 008. 所以,以上各数中只有两个数包含因数 167,这里设 167 可以整除 $k+2$ 和 $l+2$,那么 167 $\left(\dfrac{k+2}{167}+\dfrac{l+2}{167}\right)+(m+2)=2\,008$,且 $\dfrac{k+2}{167}\times\dfrac{l+2}{167}\times(m+2)=2^4\times3^2$. 现在,我们已知不可能得到 $\dfrac{k+2}{167}+\dfrac{l+2}{167}\geqslant13$,因为 $167\times13>2\,008$. 我们也不可能得到 $\dfrac{k+2}{167}+\dfrac{l+2}{167}\leqslant11$,因为 $m+2$ 的最大值为 $2^4\times3^2=144$,而 $167\times11+144<2\,008$. 因此,必然可以得到 $\dfrac{k+2}{167}+\dfrac{l+2}{167}=12$. 并且由于 $\dfrac{k+2}{167}$ 和 $\dfrac{l+2}{167}$ 都是 $2^4\times3^2$ 的因数,所以我们可以看到唯一的可能性就是 $\dfrac{k+2}{167}=\dfrac{l+2}{167}=6$.

根据由 k,l,m 构成的等式的对称性,我们可以看到三联数组 (k,l,m) 只可能是 $(2,1\,000,1\,000)$,$(1\,000,2,1\,000)$,$(1\,000,1\,000,2)$.

根据这些值,就可以求出上述方程组的解为

$$(1,500+\sqrt{500^2-1},500+\sqrt{500^2-1})$$
$$(500+\sqrt{500^2-1},1,500+\sqrt{500^2-1})$$
$$(500+\sqrt{500^2-1},500+\sqrt{500^2-1},1)$$

4. 我们先来证明存在 $\angle A,\angle B,\angle C\in\left[0,\dfrac{\pi}{2}\right)$ 使得 $\angle A+\angle B+\angle C=\pi$,且 $x=\tan A$,$y=\tan B,z=\tan C$. 令 $\angle A,\angle B\in\left[0,\dfrac{\pi}{2}\right)$,使得 $x=\tan A,y=\tan B$. 于是,根据已知方程可以得到 $z=-\dfrac{x+y}{1-xy}=-\dfrac{\tan A+\tan B}{1-\tan A\tan B}=-\tan(A+B)=\tan C$(其中 $\angle C=\pi-\angle A-\angle B$).

现在,我们可以得到 $\dfrac{1}{1+x^2}=\dfrac{1}{1+\tan^2A}=\cos^2A$,类似地,也可以得到对应的 y 和 z 值. 最终,我们就得到了 $\dfrac{1}{1+x^2}+\dfrac{1}{1+y^2}+\dfrac{1}{1+z^2}=\dfrac{2}{\sqrt{(1+x^2)(1+y^2)(1+z^2)}}=\cos^2A+\cos^2B+\cos^2C+2\cos A\cos B\cos C=1$.

5. 根据已知条件可以得到 $(2\sqrt{a})^2+(2\sqrt{b})^2+(2\sqrt{c})^2+(2\sqrt{a})(2\sqrt{b})(2\sqrt{c})=4$,所以,设 $\sqrt{a}=\cos A,\sqrt{b}=\cos B,\sqrt{c}=\cos C$. 对于 $\angle A,\angle B,\angle C\in\left[0,\dfrac{\pi}{2}\right)$ 成立,其中 $\angle A+\angle B+\angle C=\pi$. 那么,$\sqrt{\dfrac{1-a}{a}}=\sqrt{\dfrac{1-\cos^2A}{\cos^2A}}=\tan A$,我们也可以得到类似的关于 b 和 c 的

等式. 最终, 我们就可以得到 $\tan A + \tan B + \tan C = \tan A\tan B\tan C$.

6. 我们先将等式转变成关于 z 的方程 $z^2 + xyz + x^2 + y^2 - 4 = 0$. 如果我们想要得到整数解, 那就必须使得判别式 $\Delta = (x^2 - 4)(y^2 - 4)$ 是一个平方数, 而当 $x = y$ 时, 该值就是一个平方数, 此时, $z^2 + x^2z + 2x^2 - 4 = 0$, $\sqrt{\Delta} = |x^2 - 4|$. 于是, 得到 $z = \dfrac{-x^2 \pm (x^2 - 4)}{2}$. 因此, 我们就可以得到无数个解, 即 $(x, x, -2)$ 和 $(x, x, 2 - x^2)$ (x 为整数).

7. 在理论部分的解答中, 我们已经看到方程

$$x^2 + \left(a + \frac{1}{a}\right)^2 + \left(b + \frac{1}{b}\right)^2 - \left(a + \frac{1}{a}\right)\left(b + \frac{1}{b}\right)x = 4$$

的根为 $x_1 = ab + \dfrac{1}{ab}$ 和 $x_2 = \dfrac{a}{b} + \dfrac{b}{a}$. 即可看出, 若 $a \geqslant b > 1$, 则 $ab + \dfrac{1}{ab} > a + \dfrac{1}{a} > \dfrac{a}{b} + \dfrac{b}{a}$. (其实, 第一个不等式等价于 $(ab - 1)(b - 1) > 0$, 而第二个不等式可以转化成 $(a^2 - b)(b - 1) > 0$, 由于已知 $b - 1 > 0$, $a^2b - 1 > 1 - 1 = 0$, $a^2 > a \geqslant b$, 所以 $a^2 - b > 0$.)

我们已知 $a_0 = a_1 = 47 = \alpha + \dfrac{1}{\alpha}$, 其中 $\alpha = \dfrac{47 + 21\sqrt{5}}{2} > 1$, 通过代入 $a_2^2 + a_1^2 + a_0^2 - a_2a_1a_0 = 4$, 我们得到 $a_2 = 2$ 或者 $a_2 = 47^2 - 2$. 所以, 由于数列单调递增

$$a_2 = 47^2 - 2 = \alpha^2 + \frac{1}{\alpha^2}$$

现在, 可以合理地通过归纳推断出 $a_n = b_n + \dfrac{1}{b_n}$ ($(b_n)_{n \in \mathbb{N}}$ 为递增实数列, 且所有元素大于 1), 因为如果该结论对于 $n - 1$ 和 n 为真, 那么 a_{n+1} 就是方程 $x^2 + \left(b_n + \dfrac{1}{b_n}\right)^2 + \left(b_{n-1} + \dfrac{1}{b_{n-1}}\right)^2 - \left(b_n + \dfrac{1}{b_n}\right)\left(b_{n-1} + \dfrac{1}{b_{n-1}}\right)x = 4$ 的解, 且大于 a_n. 根据上述分析, 我们得到该方程的两个解, 即 $b_nb_{n-1} + \dfrac{1}{b_nb_{n-1}}$ 和 $\dfrac{b_n}{b_{n-1}} + \dfrac{b_{n-1}}{b_n}$. 而且, 我们还知道

$$b_nb_{n-1} + \frac{1}{b_nb_{n-1}} > b_n + \frac{1}{b_n} > \frac{b_n}{b_{n-1}} + \frac{b_{n-1}}{b_n}$$

所以只有第一个解释大于 a_n 的. 因此, 我们必定能够得到 $a_{n+1} = b_nb_{n-1} + \dfrac{1}{b_nb_{n-1}}$ 或者 $a_{n+1} = b_{n+1} + \dfrac{1}{b_{n+1}}$, 其中 $b_{n+1} = b_nb_{n-1} > b_n$.

因为我们已知对于所有 $n \in \mathbb{N}$ 都有 $b_0 = b_1 = \alpha$ 和 $b_{n+1} = b_nb_{n-1}$, 所以可以马上推得 $b_n = \alpha^{F_n}$ ($(F_n)_{n \in \mathbb{N}}$ 是一个斐波那契数列, 可以定义为: 对于所有 $n \geqslant 1$ 都有 $F_0 = F_1 = 1$ 和 $F_{n+1} = F_n + F_{n-1}$). 最终, 不难看出 $\alpha = \beta^4$, 其中 $\beta = \dfrac{3 + \sqrt{5}}{2}$, 所以实际上可以得到: 对于所有

n 都存在 $a_n = \beta^{4F_n} + \dfrac{1}{\beta^{4F_n}}$. 而对于所有 $k \geqslant 1$，存在 $\beta^{k+1} + \dfrac{1}{\beta^{k+1}} = 3\left(\beta^k + \dfrac{1}{\beta^k}\right) -$

$\left(\beta^{k-1} + \dfrac{1}{\beta^{k-1}}\right)$（请证明），这允许我们通过标准归纳法得到 $\beta^k + \beta^{-k}$ 对于所有 $k \in \mathbb{N}$ 都是一

个整数（其实还是一个正整数）. 另外，我们还可以注意到 $2 + a_n = 2 + \beta^{4F_n} + \dfrac{1}{\beta^{4F_n}} =$

$\left(\beta^{2F_n} + \dfrac{1}{\beta^{2F_n}}\right)^2$ 是一个平方数，而 $2 + \sqrt{2 + a_n} = 2 + \beta^{2F_n} + \dfrac{1}{\beta^{2F_n}} = \left(\beta^{F_n} + \dfrac{1}{\beta^{F_n}}\right)^2$ 也是一个平方

数. 证明结束.

8. 三个数不能同时都大于 1，否则我们会得到以下矛盾结论

$$4 = a^2 + b^2 + c^2 + abc > 1 + 1 + 1 + 1 = 4$$

（同样的原因，a, b, c 也不能同时都小于 1. ）所以，我们可以假定 $c \leqslant 1$，就可以得到 $ab +$ $bc + ca - abc = ab(1 - e) + bc + ca \geqslant 0$，第一个不等式就得到证明.

现在，这三个数里面必定有两个数同时大于等于 1 或者同时小于等于 1，若 a 和 b 是这两个数，我们就会得到 $(1 - a)(1 - b) \geqslant 0$. 另一方面，根据已知条件和 AM－GM 不等式，可以得到 $2ab + c^2 + abc \leqslant a^2 + b^2 + c^2 + abc = 4 \Leftrightarrow ab(2 + c) \leqslant (2 - c)(2 + c)$，所以 $ab \leqslant 2 - c$，即 $ab + c \leqslant 2$. 因此，我们得到 $ab + bc + ca - abc = ab + c - c(1 - a)(1 - b) \leqslant ab + c \leqslant 2$，第二个不等式也就得到证明.

请注意，当 a, b, c 为正数时，我们已知 $a = 2\cos A$，$b = 2\cos B$ 和 $c = 2\cos C$（$\angle A, \angle B$，$\angle C \in \left[0, \dfrac{\pi}{2}\right)$，$\angle A + \angle B + \angle C = \pi$），所以，在任一锐角三角形内都可以得到不等式 $0 \leqslant$

$\cos A + \cos B + \cos C - 2\cos A\cos B\cos C \leqslant \dfrac{1}{2}$. 读者只能在等边三角形中得到第二个不等式的相等关系，而在第一个不等式中则不能得到相等的情况.（或者，我们也可以认为能够取等号，但是只能在一个具有两个直角的"三角形"中.）

9. 两边都乘以 4，我们得到 $(2x)^2 + (2y)^2 + (2z)^2 + (2x)(2y)(2z) = 4$，所以，$x = \cos A$，$y = \cos B$，$z = \cos C$（$\angle A, \angle B, \angle C \in \left[0, \dfrac{\pi}{2}\right)$，$\angle A + \angle B + \angle C = \pi$）. 由此，可以得出，在每

一个 $\triangle ABC$ 中都有 $\cos A\cos B\cos C \leqslant \dfrac{1}{8}$.

我们也可以纯粹用代数方法来证明. 通过反证法，我们假定 $xyz > \dfrac{1}{8}$，于是根据二次

几何平均不等式，我们推得 $\sqrt{\dfrac{x^2 + y^2 + z^2}{3}} \geqslant \sqrt[3]{xyz} > \dfrac{1}{2}$，所以 $x^2 + y^2 + z^2 > \dfrac{3}{4}$. 据此，得到

$1 = x^2 + y^2 + z^2 + 2xyz > \dfrac{3}{4} + 2 \times \dfrac{1}{8} = 1$，这显然为假命题.

10. 由于 $xyz = x^2 + y^2 + z^2 > 2xy$,我们马上可以从已知条件得到 $z > 2$;随之也分别可以得到 $x > 2$ 和 $y > 2$. 所以,令 $x - 2 = a, y - 2 = b$ 和 $z - 2 = c(a > 0, b > 0, c > 0)$,也就是 $x = a + 2, y = b + 2, z = c + 2$. 通过将其代入已知条件中,利用简单的计算我们得到

$$(a+2)^2 + (b+2)^2 + (c+2)^2 = (a+2)(b+2)(c+2)$$

$$\Leftrightarrow a^2 + b^2 + c^2 + 4 = abc + 2(ab + ac + bc)$$

现在,根据一个众所周知的不等式,我们可以得到

$$ab + ac + bc + 4 \leqslant a^2 + b^2 + c^2 + 4 = abc + 2(ab + ac + bc)$$

$$\leqslant \left(\frac{ab + ac + bc}{3}\right)^{\frac{3}{2}} + 2(ab + ac + bc)$$

其中,若 $t = \sqrt{3(ab + ac + bc)}$,则得到 $\frac{t^3}{27} + \frac{t^2}{3} \geqslant 4$,将其改写为 $(t-3)(t+6)^2 \geqslant 0$ 就得到

$\sqrt{3(ab + ac + bc)} = t \geqslant 3 \Rightarrow ab + ac + bc \geqslant 3$. 剩下来的工作就是用变量 x, y, z 将其转化为

$$(x-2)(y-2) + (x-2)(z-2) + (y-2)(z-2) \geqslant 3$$

$$\Leftrightarrow xy + xz + yz \geqslant 4(x + y + z) - 9$$

这正是我们想要的不等式.

说明 令 $\triangle ABC$ 是一个边长为 a, b, c 且半周长为 s 的三角形. 同时,令 $M = \sqrt{\tan\left(\frac{A}{2}\right)\tan\left(\frac{B}{2}\right)\tan\left(\frac{C}{2}\right)}$. 如果 x, y, z 满足已知条件,我们就可以得到以下任意一种参数表达式:要么 $x = \dfrac{s}{\sqrt{(s-b)(s-c)}}, y = \dfrac{s}{\sqrt{(s-a)(s-c)}}, z = \dfrac{s}{\sqrt{(s-a)(s-b)}}$,要么 $x = \dfrac{1}{M\sqrt{\tan\dfrac{A}{2}}}, y = \dfrac{1}{M\sqrt{\tan\dfrac{B}{2}}}, z = \dfrac{1}{M\sqrt{\tan\dfrac{C}{2}}}$. 这种参数化表达赋予了已知不等式非常有趣的几何特点.

11. 由于这些数是正数,所以从已知条件可以得到 $x < xyz \Leftrightarrow yz > 1$. 类似地,也可以得到 $xz > 1$ 和 $yz > 1$,所以,其中任意两个数不可能同时都小于等于 1. 如果一个数小于 1 而另外两个数大于 1,那么题中不等式显然为真(左侧乘积为负数),所以我们就剩下考虑 $x > 1, y > 1, z > 1$ 的情况了. 于是,$u = x - 1, v = y - 1$ 和 $w = z - 1$ 都为正数,将 $x = u + 1, y = v + 1, w = z + 1$ 代入假设的条件中,我们得到 $uvw + uv + uw + vw = 2$. 根据三个正数的算数平均数与几何平均数之间的不等式关系,我们得到 $uvw + 3\sqrt[3]{u^2 v^2 w^2} \leqslant uvw + uv + uw + vw = 2$. 于是,取 $t = \sqrt[3]{uvw}$,我们可以得到 $t^3 + 3t^2 - 2 \leqslant 0 \Leftrightarrow (t+1)(t+1+\sqrt{3})(t+1-\sqrt{3}) \leqslant 0$. 据此,得到 $t \leqslant \sqrt{3} - 1$,进而求得不等式 $uvw = t^3 \leqslant (\sqrt{3} - 1)^3 = 6\sqrt{3} - 10$,其中取等的情况只出现在 x, y, z 都等于 $\sqrt{3}$ 的时候.

说明

(1)对于所有的正数 x,y,z,不等式的无限定表达式为$(x+y+z)\left(\dfrac{1}{x}+\dfrac{1}{y}+\dfrac{1}{z}\right)-9\geqslant$

$\dfrac{2(x+y+z)\sqrt{x+y+z}}{\sqrt{xyz}}-6\sqrt{3}.$

(2)如果借用参数 $x=\cot\dfrac{A}{2}$,$y=\cot\dfrac{B}{2}$ 和 $z=\cot\dfrac{C}{2}$($\angle A,\angle B,\angle C$ 为一个三角形的三

个角),我们就得到了著名的布兰登(Blundon)不等式:$s\leqslant 2R+(3\sqrt{3}-4)r$(正如三角形的

一般标记法:s 是半周长,R 和 r 分别是外接圆半径和内切圆半径.)更多细节,请参见 Ga-

briel Dospinescu、Mircea Lascu、Cosmin Pohoata 以及本书作者之一所撰写的《布兰登不等

式的一种基本证明方法》,该文发表于《理论与应用数学中的不等式杂志》2008 年 4 月

刊.

(3)我们可以利用本题的不等式来证明 $h_a+h_b+h_c-9r\geqslant 2s\sqrt{\dfrac{2r}{R}}-6\sqrt{3}r$ 在任意三角

形中都成立(s,R,r 所指对象同上,而 h_a,h_b 和 h_c 则是三角形的高线长). 这同样可以参见

《美国数学月刊》2007 年 10 月刊中的题 11330.

第九章　数　量　积

两个向量 u 和 v 的数量积就是将其各自长度及其夹角的余弦值相乘所得到的实数,用 $u \cdot v$ 表示. 即,$u \cdot v = u \cdot v \cdot \cos \alpha$,其中 $\alpha = \angle(u, v)$. 该定义的一个直接结论就是下述非常实用的特性:若 u 和 v 是非零向量,那么 $u \cdot v = 0 \Leftrightarrow \vec{u} \perp \vec{v}$. 而且,$u \cdot u = u^2$. 数量积是可逆的:$u \cdot v = v \cdot u$. 它还符合加法分配率:$u \cdot (v + w) = u \cdot v + u \cdot w$. 并且,对于每一个实数 λ,都有 $\lambda(u \cdot v) = (\lambda u) \cdot v = u \cdot (\lambda v)$. 我们可以很容易来证明两个向量的数量积就是第一个向量的长乘以第二个向量在第一个向量方向上的投影.

例 1　（欧拉（Euler））令点 E,点 F 是四边形 $ABCD$ 对角线 AC 和 BD 的中点. 请证明等式 $AC^2 + BD^2 = AB^2 + BC^2 + CD^2 + DA^2 - 4EF^2$.

证法 1　令 $a = \overrightarrow{AB}$, $b = \overrightarrow{BC}$, $c = \overrightarrow{CD}$,则 $\overrightarrow{AC} = a + b$,$\overrightarrow{BD} = b + c$ 和 $\overrightarrow{AD} = a + b + c$. 并且

$$\overrightarrow{AF} = \frac{1}{2}(\overrightarrow{AB} + \overrightarrow{AD}) = \frac{1}{2}(2a + b + c)$$

$$\overrightarrow{AE} = \frac{1}{2}\overrightarrow{AC} = \frac{1}{2}(a + b)$$

所以

$$\overrightarrow{EF} = \overrightarrow{AF} - \overrightarrow{AE} = \frac{1}{2}(a + c)$$

现在可以得到

$$\begin{aligned}
AC^2 + BD^2 &= (a + b)^2 + (b + c)^2 \\
&= (a^2 + 2ab + b^2) + (b^2 + 2bc + c^2) \\
&= a^2 + 2b^2 + c^2 + 2ab + 2bc
\end{aligned} \tag{1}$$

另一方面

$$\begin{aligned}
&AB^2 + BC^2 + CD^2 + DA^2 - 4EF^2 \\
&= a^2 + b^2 + c^2 + (a + b + c)^2 - (a + c)^2 \\
&= a^2 + b^2 + c^2 + a^2 + b^2 + c^2 + 2ab + 2bc + 2ca - (a^2 + c^2 + 2ac) \\
&= a^2 + 2b^2 + c^2 + 2ab + 2bc
\end{aligned} \tag{2}$$

通过等式（1）和等式（2）,我们就可以得到我们的结论了.

解法 2　接下来的方法可能更加便捷一点. 已知 $\overrightarrow{EF} = \overrightarrow{EA} + \overrightarrow{AD} + \overrightarrow{DF}$,类似地,$\overrightarrow{EF} =$

$\overrightarrow{EC} + \overrightarrow{CB} + \overrightarrow{BF}$. 将两个等式相加,由于点 E 和点 F 分别是两条对角线的中点,所以我们可以得到 $2\overrightarrow{EF} = \overrightarrow{AD} + \overrightarrow{CB}$. 将两边平方可以得到 $4EF^2 = AD^2 + BC^2 + 2\overrightarrow{AD} \cdot \overrightarrow{CB}$.

现在,已知 $YZ^2 = XY^2 + XZ^2 - 2\overrightarrow{XY} \cdot \overrightarrow{XZ} \Leftrightarrow 2\overrightarrow{XY} \cdot \overrightarrow{XZ} = XY^2 + XZ^2 - YZ^2$,其中点 X,点 Y,点 Z 为任意点(其实我们想一下就可以知道这就是余弦定理,通过将 $\overrightarrow{YZ} = \overrightarrow{XZ} - \overrightarrow{XY}$ 两边平方立马可以得到).

$$\begin{aligned} 2\overrightarrow{AD} \cdot \overrightarrow{CB} &= 2\overrightarrow{AD} \cdot \overrightarrow{AB} - 2\overrightarrow{AD} \cdot \overrightarrow{AC} \\ &= (AD^2 + AB^2 - BD^2) - (AD^2 + AC^2 - CD^2) \\ &= AB^2 + CD^2 - AC^2 - BD^2 \end{aligned}$$

将该等式代入上述 $4EF^2$ 的表达式中就可以完成论证.

需要注意的是,四边形 $ABCD$ 没必要非得是以 AC 和 BD 为对角线的四边形,其实点 A,点 B,点 C,点 D 可以是(三维)空间中的任意一点,其中 E 和 F 分别是 AC 和 BD 的中点.(类似的表达式还可以是 AD 和 BC 中点连线段长度的平方,或者 AB 和 CD 中点连线段长度的平方. 比如说,若点 M 和点 N 分别是 AD 和 BC 的中点,则 $4MN^2 = AB^2 + CD^2 + AC^2 + BD^2 - AD^2 - CB^2$. 证明过程基本是相同的.)但是,我们更偏向传统的表述方法,该表述通常以其提出者欧拉的名字来命名. 欧拉的结论概括了一个由阿波罗尼乌斯(Apollonius)提出的古老命题(所以这也以阿波罗尼乌斯定理(Apollonius's theorem)著称):平行四边形边长平方之和等于其对角线长度平方之和. 一个更加一般化的表述如下:如果 A,B,C,D 是空间中的点,P 和 Q 分别满足向量等式 $\overrightarrow{PA} = k\overrightarrow{PC}$ 和 $\overrightarrow{QB} = k\overrightarrow{QD}$(实数 $k \neq 1$),那么 $(1-k)^2 PQ^2 = AB^2 + k^2 CD^2 - kAD^2 - kBC^2 + kAC^2 + kBD^2$.

当然,在特殊情况 $k = -1$ 时,该表述缺乏对称性,所以也就在很大程度上缺失了美学价值. 而且,该表述没有引入新的论证方法,而仅仅是些一般性的结论(而非论证方法). 所以,我们认为这仅仅是作为让读者进行训练的一道习题.

例 2 令四边形 $ABCD$ 为四边形,请证明:当且仅当 $AB^2 + CD^2 = AD^2 + BC^2$ 时,其对角线 AC 和 BD 垂直.

证法 1 令 $\boldsymbol{a} = \overrightarrow{AB}, \boldsymbol{b} = \overrightarrow{BC}, \boldsymbol{c} = \overrightarrow{CD}$,所以,$\overrightarrow{AD} = \boldsymbol{a} + \boldsymbol{b} + \boldsymbol{c}$.

于是

$$\begin{aligned} & AB^2 + CD^2 = AD^2 + BC^2 \\ \Leftrightarrow & \boldsymbol{a}^2 + \boldsymbol{c}^2 = (\boldsymbol{a} + \boldsymbol{b} + \boldsymbol{c})^2 + \boldsymbol{b}^2 \\ \Leftrightarrow & \boldsymbol{a}^2 + \boldsymbol{c}^2 = \boldsymbol{a}^2 + 2\boldsymbol{b}^2 + \boldsymbol{c}^2 + 2\boldsymbol{ab} + 2\boldsymbol{bc} + 2\boldsymbol{ca} \\ \Leftrightarrow & (\boldsymbol{a} + \boldsymbol{b})(\boldsymbol{b} + \boldsymbol{c}) = 0 \\ \Leftrightarrow & \overrightarrow{AC} \cdot \overrightarrow{BD} = 0 \\ \Leftrightarrow & AC \perp BD \end{aligned}$$

证法 2 或者,另一种方法是,再用一次 $2\overrightarrow{XY} \cdot \overrightarrow{XZ} = XY^2 + XZ^2 - YZ^2$ 来表述 $2\overrightarrow{AC} \cdot \overrightarrow{BD} = AD^2 + BC^2 - AB^2 - CD^2$,进而(正如上文一样)快速地进行证明. 同样地,$A$、$B$、$C$、$D$ 没必要非得是以 AC 和 BD 为对角线的四边形的顶点,它们可以是空间中的任意点,并且题中所说的 AC 和 BD 相互垂直等价于 $AB^2 + CD^2 = AD^2 + BC^2$.

例 3 令点 B,点 C,点 D 是共线的点,点 D 位于点 B 和点 C 之间,点 A 是其他的任意一个点. 请证明斯图尔特定理(Stewart's theorem),即 $AB^2 \cdot CD - AD^2 \cdot BC + AC^2 \cdot BD = BC \cdot BD \cdot CD$.

证明 令 $r = \dfrac{BD}{BC}$,于是,$1 - r = \dfrac{CD}{BC}$,且 $(1-r)\overrightarrow{BD} + r\overrightarrow{CD} = \overrightarrow{0}$. 我们可以将最后一个等式写成 $(1-r)(\overrightarrow{AD} - \overrightarrow{AB}) + r(\overrightarrow{AD} - \overrightarrow{AC}) = \overrightarrow{0}$,进而可以得到 $\overrightarrow{AD} = (1-r)\overrightarrow{AB} + r\overrightarrow{AC}$. 两边平方,得到

$$
\begin{aligned}
AD^2 &= (1-r)^2 AB^2 + r^2 AC^2 + 2r(1-r)\overrightarrow{AB} \cdot \overrightarrow{AC} \\
&= (1-r)^2 AB^2 + r^2 AC^2 + r(1-r)(AB^2 + AC^2 - BC^2) \\
&= (1-r)AB^2 + rAC^2 - r(1-r)BC^2
\end{aligned}
$$

现在,只要将 $1-r$ 和 r 分别代换为它所指代的值就可以得到所要证明的等式了.

顺便要提到的是,斯图尔特定理(Stewart's theorem)是一种通过三角形边长来计算塞瓦(cevians)线段长度的绝佳方法. 比如说,如果点 D 是线段 BC 的中点,那么根据斯图尔特定理(经过很少的计算)就可以得到

$$
4AD^2 = 2(AB^2 + AC^2) - BC^2
$$

这也是一种用三角形边长来表示其中位线长的方法(这也被称为中位线定理). 我们很容易就会发现这等价于前述关于平行四边形的阿波罗尼乌斯定理(Apollonius). 在斯图尔特定理的辅助下,我们还可以计算一个(内接或者外接)三角形角平分线的长度(通过 $\dfrac{BD}{CD} = \dfrac{AB}{AC}$ 得到以 AB、AC 和 BC 表示的 BD 和 DC 的长度),及其对称中线的长度(此时需要用到施泰纳定理(Steiner's Theorem),即 $\dfrac{BD}{CD} = \left(\dfrac{AB}{AC}\right)^2$).

数量积理论还经常出现在(至少第一眼看上去)不以几何语言表述的算题中. 比如下面这道例题,如果用数量积理论来计算就是直截了当的,但是如果用其他方法那就不那么容易解答了.

例 4 令 a,b,c,d,e,f,g,h 为实数,请证明:下列各数不可能全都为负数:$ac + bd$,$ae + bf, ag + bh, ce + df, cg + dh, eg + fh$.

证明 我们将向量 $(a,b),(c,d),(e,f),(g,h)$ 置于垂直坐标系 xOy 中,我们会发现其中有两个向量,比如 (a,b) 和 (c,d),它们的夹角要么是锐角要么是 90°. 因此,数量积

$(a,b) \cdot (c,d) = ac + bd$ 必定是非负的.

推荐习题

1. 请用数量积证明以高线求斜边定理(直角三角形高线定理).

2. 令四边形 $ABCD$ 为正方形,点 M 和点 N 分别是 AB 和 BC 的中点. 请证明:直线 DM 和 AN 垂直.

3. 令 $\triangle ABC$ 为直角三角形,$\angle BAC = 90°$,$\angle ACB = 30°$. 令点 D 为 BC 中点,点 E 在线段 AC 上且 $AC = 3AE$. 请证明:AD 和 BE 垂直.

4. 令 $\triangle ABC$ 为直角三角形,$\angle BAC = 90°$,AD 为从 A 点发出的高线($D \in BC$). 同时,令点 M 和点 N 分别是 AD 和 BD 的中点,请证明:AN 和 CM 垂直.

5. 令点 A,点 B,点 C,点 D 为空间中的任意点,点 M,点 N,点 P,点 Q 分别是 AB,CD,AC,BD 的中点. 请证明:当且仅当 $AD = BC$ 时,MN 和 PQ 垂直.

6. 令 $ABCD$ 为四边形(或者四面体),点 K,点 L,点 M,点 N 分别是 AB,BC,CD,DA 边的中点. 请证明:$(AB^2 + CD^2) - (AD^2 + BC^2) = 2(LN^2 - KM^2) = 2AC \cdot BD \cdot \cos \alpha$,其中 α 是 $\overrightarrow{AC}$ 和 $\overrightarrow{DB}$ 的夹角.

7. 令点 H 为锐角三角形 ABC 的垂心,$A' \in (HA, B' \in (HB, C' \in (HC$(其中 $(XY$ 表示从 X 发出的射线并且包含 Y),使得 $HA' = BC$,$HB' = CA$,$HC' = AB$. 请证明:$\triangle A'B'C'$ 各边垂直于 $\triangle ABC$ 的各中位线.

8. 令 $ABCDEF$ 为凸六边形,点 M,N,P,Q,R,S 分别是 AB,BC,CD,DE,EF,FA 边的中点. 请证明:当且仅当 $RN^2 = MQ^2 + PS^2$ 时,$MQ \perp PS$.

9. 令 ABC 为三角形,以点 O 表示圆心,点 D 为 AB 边的中点,点 E 为 $\triangle ACD$ 的形心. 请证明:当且仅当 $AB = AC$ 时,$OE \perp CD$.

10. 令 ABC 和 $A'B'C'$ 为已知三角形,请证明:若从点 A,B,C 到 $B'C'$,$C'A'$,$A'B'$ 的垂线共点,则从点 A',点 B',点 C' 到 BC,CA,AB 的垂线也是共点的.

11. 令 $\triangle ABC$ 为三角形,假设存在一个点 M 使得 $MA_1 \perp MA$,$MB_1 \perp MB$,$MC_1 \perp MC$($A_1 \in BC$,$B_1 \in CA$,$C_1 \in AB$). 请证明:点 A_1,B_1,C_1 共线.

12. 令 $A_1A_2A_3A_4$ 为外接四边形(也就是说,它有一个内接圆,即位于四边形内且与四边形各边相切的圆). 请证明:当且仅当穿过内接圆切点的直线与该四边形的对边垂直时,四边形 $A_1A_2A_3A_4$ 也外接于一个圆.

13. 令 $ABCD$ 为四面体,$AD \perp BC$,$AC \perp BD$. 请证明:$AB \perp CD$.

14. 令 $A_1A_2A_3A_4A_5$ 为五边形,并假设从点 A_2,点 A_3,点 A_4,点 A_5 发出的高线共点. 请证明:五边形的所有五条高线都是共点的. (五边形的高就是指穿过 A_{k+3} 并垂直于 A_kA_{k+1} 的直线,其中 $1 \leq k \leq 5$,并且 $A_{k+5} = A_k$)

15. 令点 $A_1,\cdots,$点 A_n 为空间中任意点,$w_1,\cdots,w_n$ 为实数,且 $w=w_1+\cdots+w_n\neq0$. 请证明空间中存在一个唯一点 X 使得 $w_1\overrightarrow{XA_1}+\cdots+w_n\overrightarrow{XA_n}=\mathbf{0}$($X$ 是加权点 (A_i,w_i) 的质心). 同时,请证明:莱布尼兹定理(Leibniz's theorem)的一种形式

$$\sum_{i=1}^{n}w_iMA_i^2=\sum_{i=1}^{n}w_iXA_i^2+wMX^2$$

或

$$w\sum_{i=1}^{n}w_iMA_i^2=\sum_{1\le i<j\le n}w_iw_jA_iA_j^2+w^2MX^2$$

其中点 M 可以是空间中的任意点. 并且请推导,若 $w_1,\cdots,w_n$ 的和为正数,则当且仅当点 $M=$ 点 X时,$\sum_{i=1}^{n}w_iMA_i^2\ge\sum_{i=1}^{n}w_iXA_i^2$ 对于任意点 M 都成立.

16. 令 $ABCD$ 为四面体,$K_{ABC}=K_{ABD}$,$K_{ACD}=K_{BCD}$(其中 K_{xyz} 表示 $\triangle XYZ$ 的面积). 请证明:在该四面体中,我们可以得到 $AC=BD$ 和 $AD=BC$.

答案

1. 令 $\triangle ABC$ 为直角三角形,$m(\angle BAC)=90°$,AD 是从顶点 A 发出的高($D\in BC$),所以我们想要证明的就是 $AD^2=BD\cdot DC$(从直角三角形直角顶点发出的高线长就是斜边为垂足所分割的两部分长度的几何中项). 我们可以得到

$$BD\cdot DC=\overrightarrow{BD}\cdot\overrightarrow{DC}=(\overrightarrow{AD}-\overrightarrow{AB})(\overrightarrow{AC}-\overrightarrow{AD})$$
$$=\overrightarrow{AD}\cdot\overrightarrow{AC}-\overrightarrow{AD}^2+\overrightarrow{AB}\cdot\overrightarrow{AD}$$
$$=\overrightarrow{AD}^2+\overrightarrow{AD}(\overrightarrow{AB}-\overrightarrow{AD}+\overrightarrow{AC}-\overrightarrow{AD})$$
$$=AD^2+AD^2\cdot(\overrightarrow{DB}+\overrightarrow{DC})=AD^2$$

我们在上述运算中应用了 $\overrightarrow{AB}\cdot\overrightarrow{AC}=\overrightarrow{AD}\cdot\overrightarrow{DB}=\overrightarrow{AD}\cdot\overrightarrow{DC}=0$(垂直性)这一特性.

现在,应用数量积关系,请尝试证明 $AB^2=BD\cdot BC$.(这是斜边上高线定理的另一部分内容,即,直角三角形的一条直角边长是对应斜边长与斜边在该直角边上投影长度的几何中项).

2. **解法** 1 已知 $2\overrightarrow{DM}=\overrightarrow{DA}+\overrightarrow{DB}$(因为点 M 是 AB 的中点)和 $2\overrightarrow{AN}=\overrightarrow{AB}+\overrightarrow{AC}$(因为点 N 是 BC 的中点),因此 $4\overrightarrow{DM}\cdot\overrightarrow{AN}=\overrightarrow{DA}\cdot\overrightarrow{AC}+\overrightarrow{DB}\cdot\overrightarrow{AB}=0$,于是就可以得到本题结论了. 这里我们用到了 $\overrightarrow{DA}\cdot\overrightarrow{AB}=\overrightarrow{DB}\cdot\overrightarrow{AC}=0$(根据垂直性)和 $-\overrightarrow{DA}\cdot\overrightarrow{AC}=\overrightarrow{DB}\cdot\overrightarrow{AB}=l^2$(数量积的定义),其中 l 是正方形 $ABCD$ 的边长.

解法 2 已知 $\overrightarrow{DM}\cdot\overrightarrow{AN}=(\overrightarrow{DA}+\overrightarrow{AM})\cdot(\overrightarrow{AB}+\overrightarrow{BN})=\overrightarrow{DA}\cdot\overrightarrow{BN}+\overrightarrow{AM}\cdot\overrightarrow{AB}=0$,于是结论就出来了. 这一次我们用到了 $\overrightarrow{DA}\cdot\overrightarrow{AB}=\overrightarrow{AM}\cdot\overrightarrow{BN}=0$(根据垂直性)和 $-\overrightarrow{DA}\cdot\overrightarrow{BN}=$

$$\overrightarrow{AM} \cdot \overrightarrow{AB} = \frac{l^2}{2}(根据数量积的定义).$$

3. 已知 $2\overrightarrow{AD} = \overrightarrow{AB} + \overrightarrow{AC}$(因为点 D 是 BC 的中点)和 $3\overrightarrow{BE} = \overrightarrow{AC} - 3\overrightarrow{AB}$(相当于 $3\overrightarrow{AE} = \overrightarrow{AC}$),于是可以得到

$$6\overrightarrow{AD} \cdot \overrightarrow{BE} = (\overrightarrow{AB} + \overrightarrow{AC}) \cdot (\overrightarrow{AC} - 3\overrightarrow{AB}) = AC^2 - 3AB^2 = 0$$

因为 $\overrightarrow{AB} \cdot \overrightarrow{AC} = 0$ 且 $\frac{AC}{AB} = \cot 30° = \sqrt{3}$.

请尝试不用数量积关系来解答该题.(提示:三角形 ABD 是等边三角形,BE 是 $\angle ABD$ 的角平分线).

4. 我们已知 $2\overrightarrow{CM} = \overrightarrow{CA} + \overrightarrow{CD} = 2\overrightarrow{CD} - \overrightarrow{AD}$ 和 $2\overrightarrow{AN} = \overrightarrow{AB} + \overrightarrow{AD} = 2\overrightarrow{AD} + \overrightarrow{DB}$,于是得到

$$4\overrightarrow{CM} \cdot \overrightarrow{AN} = (2\overrightarrow{CD} - \overrightarrow{AD}) \cdot (2\overrightarrow{AD} + \overrightarrow{DB})$$
$$= 2(\overrightarrow{CD} \cdot \overrightarrow{DB} - \overrightarrow{AD} \cdot \overrightarrow{AD})$$
$$= 2(CD \cdot BD - AD^2) = 0$$

因为 $\overrightarrow{CD} \cdot \overrightarrow{AD} = \overrightarrow{AD} \cdot \overrightarrow{DB} = 0$,并且根据斜边上的高线定理可以得到 $CD \cdot BD = AD^2$

请再次尝试用经典的欧几里得几何学方法来解答该题.(提示:点 M 对于 $\triangle NAC$ 来说是一个什么样的特殊点?)

5. 已知 $2\overrightarrow{MN} = \overrightarrow{AD} + \overrightarrow{BC}$ 和 $2\overrightarrow{PQ} = \overrightarrow{AD} - \overrightarrow{BC}$(见欧拉关系式的证明),所以 $4\overrightarrow{MN} \cdot \overrightarrow{PQ} = AD^2 - BC^2$,于是结论就显而易见了.

请尝试用多种方法解答该题(这次没有提示)请注意,用这些方法解题可能比数量积方法更容易理解,我们把它们放在这里是为了给那些不太熟悉数量积方法的读者们准备的,至少做这些习题对他们来说也是很好的训练.

6. 根据 $\overrightarrow{AB} = \boldsymbol{b}, \overrightarrow{AC} = \boldsymbol{c}, \overrightarrow{AD} = \boldsymbol{d}$,我们得到

$$\overrightarrow{CD} = \boldsymbol{d} - \boldsymbol{c}, \overrightarrow{BC} = \boldsymbol{c} - \boldsymbol{b}$$
$$\overrightarrow{KM} = \overrightarrow{AM} - \overrightarrow{AK} = \frac{1}{2}(\boldsymbol{d} + \boldsymbol{c} - \boldsymbol{b})$$
$$\overrightarrow{LN} = \overrightarrow{AN} - \overrightarrow{AL} = \frac{1}{2}(\boldsymbol{d} - \boldsymbol{b} - \boldsymbol{c})$$

所以

$$(\overrightarrow{AB}^2 + \overrightarrow{CD}^2) - (\overrightarrow{AD}^2 + \overrightarrow{BC}^2) = [\boldsymbol{b}^2 + (\boldsymbol{d} - \boldsymbol{c})^2] - [\boldsymbol{d}^2 + (\boldsymbol{c} - \boldsymbol{b})^2]$$
$$= 2\boldsymbol{c}(\boldsymbol{b} - \boldsymbol{d}) = 2\overrightarrow{AC} \cdot \overrightarrow{DB}$$

(我们还有一种以线段长度的形式来计算数量积 $\overrightarrow{AC} \cdot \overrightarrow{DB}$ 的方法.)而

$$4(\overrightarrow{LN}^2 - \overrightarrow{KM}^2) = (\boldsymbol{d} - \boldsymbol{b} - \boldsymbol{c})^2 - (\boldsymbol{d} + \boldsymbol{c} - \boldsymbol{b})^2$$
$$= 4\,\boldsymbol{c}(\boldsymbol{b} - \boldsymbol{d})$$
$$= 4\,\overrightarrow{AC} \cdot \overrightarrow{DB}$$

本题的一个应用是,在每一个凸四边形中,以下论断是等价的:

(1)对角线垂直;

(2)连接对边中点的线段相等;

(3)对边边长的平方和等于剩下两边的平方和.

7. 其实我们就是要证明 $\overrightarrow{AM} \cdot \overrightarrow{B'C'} = 0$(点 M 是 BC 的中点). 我们已知

$$\overrightarrow{AM} \cdot \overrightarrow{B'C'} = \frac{1}{2}(\overrightarrow{AB} + \overrightarrow{AC})(\overrightarrow{HC'} - \overrightarrow{HB'})$$

$$= \frac{1}{2}(\overrightarrow{AB} \cdot \overrightarrow{HC'} - \overrightarrow{AB} \cdot \overrightarrow{HB'} + \overrightarrow{AC} \cdot \overrightarrow{HC'} - \overrightarrow{AC} \cdot \overrightarrow{HB'})$$

$$= \frac{1}{2}(\overrightarrow{AC} \cdot \overrightarrow{HC'} - \overrightarrow{AB} \cdot \overrightarrow{HB'})$$

而因为 $\angle(AC,HC') = \angle(AB,HB') = \dfrac{\pi}{2} - \angle A$,所以 $\overrightarrow{AM} \cdot \overrightarrow{B'C'} = \dfrac{1}{2}(bc\sin A - bc\sin A) = 0$.

8. 我们令 $\overrightarrow{RN} = \dfrac{1}{2}(\overrightarrow{FB} + \overrightarrow{EC})$,通过类似的表示法,我们就可以得到 $\overrightarrow{RN} + \overrightarrow{MQ} + \overrightarrow{PS} = \boldsymbol{0}$. 所以, $\overrightarrow{NR} = \overrightarrow{MQ} + \overrightarrow{PS}$,进而得到 $NR^2 = MQ^2 + PS^2 + 2\,\overrightarrow{MQ} \cdot \overrightarrow{PS}$. 现在,已知条件为 $NR^2 = MQ^2 + PS^2$,这就等于说 $\overrightarrow{MQ} \cdot \overrightarrow{PS} = 0$,也就表明 $MQ \perp PS$.

9. 已知 $\overrightarrow{OE} = \dfrac{1}{3}(\overrightarrow{OA} + \overrightarrow{OC} + \overrightarrow{OD}) = \dfrac{1}{3}(\overrightarrow{OA} + \overrightarrow{OC} + \dfrac{1}{2}(\overrightarrow{OA} + \overrightarrow{OB})) = \dfrac{1}{6}(3\,\overrightarrow{OA} + 2\,\overrightarrow{OC} + \overrightarrow{OB})$,且

$$\overrightarrow{CD} = \overrightarrow{OD} - \overrightarrow{OC} = \frac{1}{2}(\overrightarrow{OA} + \overrightarrow{OB}) - \overrightarrow{OC} = \frac{1}{2}(\overrightarrow{OA} + \overrightarrow{OB} - 2\,\overrightarrow{OC})$$

于是可以得到, $\overrightarrow{OE} \cdot \overrightarrow{CD} = \dfrac{1}{12}(4\,\overrightarrow{OA} \cdot \overrightarrow{OB} - 4\,\overrightarrow{OA} \cdot \overrightarrow{OC}) = \dfrac{1}{3}\overrightarrow{OA} \cdot \overrightarrow{OB} - \overrightarrow{OC})$. 我们现在证明了 $\overrightarrow{OE} \cdot \overrightarrow{CD} = \dfrac{1}{3}\overrightarrow{OA} \cdot \overrightarrow{CB}$,如果 $OE \perp CD$,那么 $\overrightarrow{OE} \cdot \overrightarrow{CD} = \boldsymbol{0} \Rightarrow \overrightarrow{OA} \cdot \overrightarrow{CB} = \boldsymbol{0}$,这就说明 $OA \perp BC$,最终我们可以得到 $AB = AC$.

10. 令点 O 为经过点 A,点 B,点 C 的垂线交点,点 O' 为经过点 A' 和点 B' 分别与 BC 和 CA 垂直的垂线交点. 记 $\overrightarrow{OA} = \boldsymbol{a}$, $\overrightarrow{OB} = \boldsymbol{b}$, $\overrightarrow{OC} = \boldsymbol{c}$, $\overrightarrow{O'A'} = \boldsymbol{a'}$, $\overrightarrow{O'B'} = \boldsymbol{b'}$, $\overrightarrow{O'C'} = \boldsymbol{c'}$,于是可以得到 $\boldsymbol{a'}(\boldsymbol{c} - \boldsymbol{b}) = \boldsymbol{b'}(\boldsymbol{a} - \boldsymbol{c}) = 0$,所以 $\boldsymbol{a} \cdot \boldsymbol{b'} = \boldsymbol{b} \cdot \boldsymbol{a'} = \boldsymbol{b'} \cdot \boldsymbol{c'} = \boldsymbol{c} \cdot \boldsymbol{a'} = \boldsymbol{c} \cdot \boldsymbol{b'}$. 继而,可以

得到 $c'(b-a)=0$，即 $O'C' \perp AB$.

11. 记 $\overrightarrow{MA}=a, \overrightarrow{MB}=b, \overrightarrow{MC}=c$，且 $\dfrac{\overrightarrow{AC_1}}{\overrightarrow{C_1B}}=\dfrac{p_1}{q_1}, \dfrac{\overrightarrow{BA_1}}{\overrightarrow{A_1C}}=\dfrac{p_2}{q_2}, \dfrac{\overrightarrow{CB_1}}{\overrightarrow{B_1A}}=\dfrac{p_3}{q_3}$，所以，（根据比率）我们

可以得到 $\overrightarrow{MC_1}=\dfrac{p_1b+q_1a}{p_1+q_1}, \overrightarrow{MA_1}=\dfrac{p_2c+q_2b}{p_2+q_2}, \overrightarrow{MB_1}=\dfrac{p_3a+q_3c}{p_3+q_3}$.

两边分别乘以 c, a, b，我们就可以得到

$$0 = c \cdot \overrightarrow{MC_1} \Rightarrow p_1 b \cdot c = -q_1 a \cdot c$$

$$0 = a \cdot \overrightarrow{MA_1} \Rightarrow p_2 a \cdot c = -q_2 a \cdot b$$

$$0 = b \cdot \overrightarrow{MB_1} \Rightarrow p_3 a \cdot b = -q_3 b \cdot c$$

最终，我们求得 $\dfrac{p_1}{q_1} \cdot \dfrac{p_2}{q_2} \cdot \dfrac{p_3}{q_3} = -\dfrac{a \cdot c}{b \cdot c} \cdot \dfrac{a \cdot b}{a \cdot c} \cdot \dfrac{b \cdot c}{a \cdot b} = -1$，因此，点 A_1，点 B_1，点 C_1

共线.

12. 令点 O 为四边形的内心，记 $r_i = \overrightarrow{OM_i}$，其中点 M_i 是内接圆与 A_iA_{i+1} 边（$A_5=A_1$）的

切点.

已知 $r_1^2 = r_2^2 = r_3^2 = r_4^2$，并且根据数量积的定义可知 $r_1 \cdot r_2 + r_3 \cdot r_4 = r_3 \cdot r_2 + r_1 \cdot r_4 = 0$，

因为 $A_1A_2A_3A_4$ 也是共圆的（所以其对角和为 $180°$）. 进而，可以得到 $\overrightarrow{M_1M_3} \cdot \overrightarrow{M_2M_4} =$

$(r_3-r_1)(r_4-r_2)=0$，所以 $M_1M_3 \perp M_2M_4$.

反过来，若 $M_1M_2 \perp M_2M_4$，则有 $r_1^2 = r_2^2 = r_3^2 = r_4^2$ 和 $(r_3-r_1)(r_4-r_2)=0$，于是，得到 $r_1 \cdot$

$r_2 + r_3 \cdot r_4 = r_3 \cdot r_2 + r_1 \cdot r_4$. 因为 r_1, r_2, r_3, r_4 等长，上述最后一个等式就可以转换为

$\cos(180°-A_1) + \cos(180°-A_3) = \cos(180°-A_2) + \cos(180°-A_4)$，即 $\cos A_1 + \cos A_3 =$

$\cos A_2 + \cos A_4$，也就是说，$2\cos\dfrac{A_1+A_3}{2}\cos\dfrac{A_1-A_3}{2} = 2\cos\dfrac{A_2+A_4}{2}\cos\dfrac{A_2-A_4}{2}$，其中 $A_1, A_2, A_3,$

A_4 分别表示四边形各顶点内角度数. 已知，$\angle A_1 + \angle A_2 + \angle A_3 + \angle A_4 = 360°$，所以 $\cos\dfrac{A_1+A_3}{2} =$

$-\cos\dfrac{A_2+A_4}{2}$ 如果这些余弦值不等于零，我们可以将上述等式化简为 $\cos\dfrac{A_1-A_3}{2} =$

$-\cos\dfrac{A_2-A_4}{2}$，但是该等式却会导致出现矛盾（请找出这个矛盾所在）. 因此，$\cos\dfrac{A_1+A_3}{2} =$

$-\cos\dfrac{A_2+A_4}{2}$，也就是意味着 $\angle A_1 + \angle A_3 = \angle A_2 + \angle A_4 = 180°$. 因此，正如我们所要证明

的，$A_1A_2A_3A_4$ 共圆.

13. 已知

$$\overrightarrow{DA} \cdot \overrightarrow{BC} + \overrightarrow{DB} \cdot \overrightarrow{CA} + \overrightarrow{DC} \cdot \overrightarrow{AB} = \overrightarrow{DA} \cdot (\overrightarrow{DC}-\overrightarrow{DB}) + \overrightarrow{DB} \cdot (\overrightarrow{DA}-\overrightarrow{DC}) + \overrightarrow{DC} \cdot (\overrightarrow{DB}-\overrightarrow{DA}) = 0$$

所以,我们已知 $AD \perp BC$ 和 $AC \perp BD$,如果等式左手边的第一个和第二个数量积为零,那么第三个数量积必定也是零,也就是说 AB 和 CD 也垂直.

同样地,$\angle A$,$\angle B$,$\angle C$,$\angle D$ 可以不必是四面体的顶点,而可以是空间中的任何一个点. 比如说,如果它们在同一个平面上,这就是求三角形高线交点的一步. 另外,还请证明,如果 $AD \perp BC$,$AC \perp BD$(所以也就有 $AB \perp CD$),我们就可以得到 $AB^2 + CD^2 = AC^2 + BD^2 = AD^2 + BC^2$.(请回忆以线段长度来表示 $\overrightarrow{AB} \cdot \overrightarrow{CD}$ 这种数量积的表达式)

14. 本题基本上还是应用了上题的理念. 令点 H 为经过点 A_2,点 A_3,点 A_4,点 A_5 的高线交点,因为已知

$$\overrightarrow{HA_1} \cdot (\overrightarrow{HA_3} - \overrightarrow{HA_4}) + \overrightarrow{HA_2} \cdot (\overrightarrow{HA_4} - \overrightarrow{HA_5}) + \overrightarrow{HA_3} \cdot (\overrightarrow{HA_5} - \overrightarrow{HA_1}) +$$
$$\overrightarrow{HA_4} \cdot (\overrightarrow{HA_1} - \overrightarrow{HA_2}) + \overrightarrow{HA_5} \cdot (\overrightarrow{HA_2} - \overrightarrow{HA_3}) = 0$$

即

$$\overrightarrow{HA_1} \cdot \overrightarrow{A_4A_3} + \overrightarrow{HA_2} \cdot \overrightarrow{A_5A_4} + \overrightarrow{HA_3} \cdot \overrightarrow{A_1A_5} + \overrightarrow{HA_4} \cdot \overrightarrow{A_2A_1} + \overrightarrow{HA_5} \cdot \overrightarrow{A_3A_2} = 0$$

上述数量积从第二个开始都为零,于是第一个数量积也必须为零,这意味着 $HA_1 \perp A_3A_4$,也就是从 A_1 发出经过 H 的高线.

15. 如果将 $\overrightarrow{MA_i} = \overrightarrow{MX} + \overrightarrow{XA_i}$ 平方,我们可以得到 $MA_i^2 = XA_i^2 + MX^2 + 2\overrightarrow{MX} \cdot \overrightarrow{XA_i}$. 现在,我们将其乘以 w_i,其中 i 值是从 1 到 n,于是得到 $\sum\limits_{i=1}^{n} w_i MA_i^2 = \left(\sum\limits_{i=1}^{n} w_i XA_i^2\right) + wMX^2 + 2\overrightarrow{MX} \cdot \left(\sum\limits_{i=1}^{n} w_i \overrightarrow{XA_i}\right)$,这也就是我们所要求的(第一个)等式,因为 $\sum\limits_{i=1}^{n} w_i \overrightarrow{XA_i} = \mathbf{0}$.

对于第二个等式,我们从 $\sum\limits_{i=1}^{n} w_i \overrightarrow{XA_i} = \mathbf{0}$ 的平方开始:

$$\sum\limits_{i=1}^{n} w_i^2 XA_i^2 + 2 \times \sum\limits_{1 \leq i < j \leq n} w_i w_j \overrightarrow{XA_i} \cdot \overrightarrow{XA_j} = 0.$$ 而 $2\overrightarrow{XA_i} \cdot \overrightarrow{XA_j} = XA_i^2 + XA_j^2 - A_iA_j^2$,所以上述等式就变成了

$$\sum\limits_{i=1}^{n} w_i^2 XA_i^2 + \sum\limits_{1 \leq i < j \leq n} w_i w_j (XA_i^2 + XA_j^2 - A_iA_j^2) = 0$$

由于

$$\sum\limits_{i=1}^{n} w_i^2 XA_j^2 + \sum\limits_{1 \leq i < j \leq n} w_i w_j (XA_i^2 + XA_j^2) = \left(\sum\limits_{i=1}^{n} w_i\right)\left(\sum\limits_{i=1}^{n} w_i XA_i^2\right)$$

所以可以得到

$$\sum\limits_{i=1}^{n} w_i XA_i^2 = \frac{1}{w} \sum\limits_{1 \leq i < j \leq n} w_i w_j A_iA_j^2$$

将等式右边部分代换为莱布尼兹定理的第一种形式,我们就得到了题中的第二个等式.

题中的不等式是莱布尼兹定理(第一种形式)的一个直接结果,因为 $wMX^2 \geq 0$. 显然,

当且仅当 $MX = 0$ 时,也就是当且仅当点 M = 点 X 时,我们可以取等号.

同时还请注意,根据莱布尼兹定理的第二种形式,不等式 $w\sum\limits_{i=1}^{n} w_i MA_i^2 \geq \sum\limits_{1 \leq i < j \leq n} w_i w_j A_i A_j^2$ 可以用同样的方式进行约减,并且也是当且仅当 $M = X$ 时取等号. 这里我们不需要假设 $w > 0$,因为我们用到了 $w^2 MX^2 \geq 0$.

说明

(1)对于 $w_1 = \cdots = w_n = 1$,点 X 就是点 $A_1, \cdots, A_n$ 的质心 G. 也就是说,点 G 可以由向量等式 $\overrightarrow{GA_1} + \cdots + \overrightarrow{GA_n} = \mathbf{0}$ 来定义. 或者,对于每一个点 M 都有 $\overrightarrow{MA_1} + \cdots + \overrightarrow{MA_n} = n\overrightarrow{MG}$. 这种情况下的莱布尼兹公式可以表示为,对于任意点 M,都有 $\sum\limits_{i=1}^{n} MA_i^2 = \sum\limits_{i=1}^{n} GA_i^2 + nMG^2$ 或者 $n\sum\limits_{i=1}^{n} MA_i^2 = \sum\limits_{1 \leq i < j \leq n} A_i A_j^2 + n^2 MG^2$,我们也就得到 $\sum\limits_{i=1}^{n} GA_i^2 = \dfrac{1}{n} \sum\limits_{1 \leq i < j \leq n} A_i A_j^2$.

(2)(众所周知)$\triangle ABC$ 的质心点 G 就是其中线的交点,这表明 $MA^2 + MB^2 + MC^2 = GA^2 + GB^2 + GC^2 + 3MG^2$(即最广为人知的莱布尼兹定理表达式),也可以等价地表示为 $3(MA^2 + MB^2 + MC^2) = a^2 + b^2 + c^2 + 9MG^2$($a = BC$, $b = AC$, $c = AB$). 对于点 M = 点 O($\triangle ABC$ 的外接圆圆心),我们得到 $OG^2 = R^2 - \dfrac{1}{9}(a^2 + b^2 + c^2)$($R = OA = OB = OC$ 是 $\triangle ABC$ 的外接圆半径)和 $a^2 + b^2 + c^2 \leq 9R^2$,相等关系只出现在等边三角形的情况中.

(3)四面体 $ABCD$(或者,更一般地表述为,包含空间中四个同权的点 A,点 B,点 C,点 D 的任意系统,可能也会是一个四边形的顶点)的质心就是四条中线以及三条双中线的交点. 中线就是一个顶点与剩余三顶点质心的连线(例如,一条经过点 A 和 $\triangle BCD$ 质心的中线),而双中线连接的是正对两棱(如 AB 和 CD)的中点. 这种情况下,莱布尼兹公式就表示为

$$MA^2 + MB^2 + MC^2 + MD^2 = GA^2 + GB^2 + GC^2 + GD^2 + 4MG^2$$

或者也可以代换为

$$GA^2 + GB^2 + GC^2 + GD^2 = \dfrac{1}{4}(AB^2 + AC^2 + AD^2 + BC^2 + BD^2 + CD^2)$$

(4)最后一个例子(实际上还有很多例子,读者可以自己去发现),我们再来看一下边长分别为 $a = BC$, $b = AC$ 和 $c = AB$ 的 $\triangle ABC$. 众所周知,三角形内接圆圆心 I 就是加权点 (A, a),(B, b) 和 (C, c) 的质心,即 $a\overrightarrow{IA} + b\overrightarrow{IB} + c\overrightarrow{IC} = \mathbf{0}$,或者,对于任意点 M,等价于 $a\overrightarrow{MA} + b\overrightarrow{MB} + c\overrightarrow{MC} = (a + b + c)\overrightarrow{MI}$. 此时,莱布尼兹公式就表述为

$$aMA^2 + bMB^2 + cMC^2 = aIA^2 + bIB^2 + cIC^2 + (a + b + c)MI^2$$

即对于任意点 M,都有

$$(a + b + c)(aMA^2 + bMB^2 + cMC^2) = abc^2 + acb^2 + bca^2 + (a + b + c)^2 MI^2$$

$$\Leftrightarrow aMA^2 + bMB^2 + cMC^2 = abc + (a + b + c)MI^2$$

对于点 $M =$ 点 O(三角形外接圆圆心)的特殊情况,我们可以得到 $(a + b + c)R^2 = abc + (a + b + c)OI^2$,即

$$OI^2 = R^2 - \frac{abc}{a + b + c}$$

现在,根据一个众所周知的等式 $abc = 4Rrs$(r 为内切圆圆心,$s = \frac{a + b + c}{2}$),可以得到另一个著名的欧拉公式,即求一个三角形内切圆圆心和外接圆圆心之间距离的公式: $OI^2 = R^2 - 2Rr$. 欧拉不等式 $R \geqslant 2r$(当且仅当三角形为等边三角形时取等)明显就是该公式的一个推论,请注意这与本题结论所推导出的不等式是相关联的.

16. 本题与数量积并不完全相关,只是用到了上述证明的有关空间中任意四点的欧拉公式. 同样,我们把这个漂亮的结论放在这里是因为我们认为这个(准)代数的证明(基于处理三角形面积的海伦公式(Heron's formula))非常自然而且漂亮. 该证明很少有人知道,实际上是根本没有人知道,至少我们此前从来没有在其他地方见到过. 实际上,更加匀称的结论可以表述为:各面面积都相等的四面体是等面体(equifacial)(也就是说,每条棱长恒等于其正对的棱长),这一论断展示了一种更为精致的美. 读者们马上就会明白这一结论就是讨论以下算题后所得到的.

我们令 $a = BC, b = AC, c = AB, x = AD, y = BD, z = CD$. 根据上述提到的海伦公式($s = \frac{a + b + c}{2}$),可知

$$K_{ABC} = \sqrt{s(s - a)(s - b)(s - c)} = \frac{1}{4}\sqrt{2a^2b^2 + 2a^2c^2 + 2b^2c^2 - a^4 - b^4 - c^4}$$

类似的公式可以推得其他的面积,所以该假说就可以表述为

$$2a^2b^2 + 2a^2c^2 + 2b^2c^2 - a^4 - b^4 - c^4 = 2c^2x^2 + 2c^2y^2 + 2x^2y^2 - c^4 - x^4 - y^4$$

和

$$2b^2x^2 + 2b^2z^2 + 2x^2z^2 - b^4 - x^4 - z^4 = 2a^2y^2 + 2a^2z^2 + 2y^2z^2 - a^4 - y^4 - z^4$$

我们可以将第一个等式转写为

$$(x^2 - y^2)^2 - (a^2 - b^2)^2 = 2c^2(x^2 + y^2 - a^2 - b^2)$$

或者

$$(x^2 - y^2 - a^2 + b^2)(x^2 - y^2 + a^2 - b^2) = 2c^2(x^2 + y^2 - a^2 - b^2)$$

类似地,第二个等式就变成了 $(x^2 + y^2 - a^2 - b^2)(x^2 - y^2 + a^2 - b^2) = 2z^2(x^2 - y^2 - a^2 + b^2)$. 将上述两个等式左右两边相乘并稍加调整顺序,就得到

$$(x^2 - y^2 - a^2 + b^2)(x^2 + y^2 - a^2 - b^2)((x^2 - y^2 + a^2 - b^2)^2 - 4c^2z^2) = 0$$

现在,我们可以看到

$$x^2 + y^2 - a^2 - b^2 = 0, x^2 - y^2 - a^2 + b^2 = 0$$

这两个等式相互印证并(通过加和减)可以得到 $x = a$ 和 $y = b$,这正是我们想要证明的.

所以,剩下来要看的就是当上述第三个因子为零的情况,否则证明就结束. 其实,我们要进一步证明的就是第三个因子永远不可能为零. 为了得到这一结论,我们令点 M,点 N,点 P,点 Q 分别为棱 AC,BC,AD,BD 的中点. 根据欧拉的结论,我们得到 $4NP^2 = b^2 + c^2 + y^2 + z^2 - a^2 - x^2$ 和 $4MQ^2 = a^2 + c^2 + x^2 + z^2 - b^2 - y^2$. 三角形的不等式特性(比如 $\triangle NPQ$)表明 $NP < PQ + QN$,即 $NP < \dfrac{c+z}{2}$. 因此,我们得到

$$(c+z)^2 > 4NP^2 = b^2 + c^2 + y^2 + z^2 - a^2 - x^2 \Rightarrow 2cz > -(x^2 + y^2 + a^2 - b^2)$$

再次(在 $\triangle MPQ$ 中)应用三角形的不等式特性,得到 $MQ < MP + PQ = \dfrac{c+z}{2}$,于是

$$(c+z)^2 > 4MQ^2 = a^2 + c^2 + x^2 + z^2 - b^2 - y^2 \Rightarrow 2cz > x^2 - y^2 + a^2 - b^2$$

因此,我们求得 $2cz > |x^2 - y^2 + a^2 - b^2|$,即

$$4c^2z^2 > (x^2 - y^2 + a^2 - b^2)^2$$

这意味着(我们宣称的)第三个因子永远不会是零. 证毕.

第十章 复数平面中的等边三角形

大量有关等边三角形的算题都可以用复数的集合解析来简化计算.

每一个复数 $z = x + iy$ 都等价于 xy 平面中的点 $M(x,y)$. 令 $r = OM$, 且 α 是 OM 与 x 正向轴的夹角, 我们可以得到

$$x = r\cos\alpha, \quad y = r\sin\alpha$$

于是 $x + iy = r(\cos\alpha + i\sin\alpha)$ 就是一个复数的三角几何形式. 反过来, $r = \sqrt{x^2 + y^2}$ 是 $z = x + iy$ 的绝对值, 以 $|z|$ 来表示, 其中夹角 $\alpha \in [0, 2\pi)$, 并且 $\cos\alpha = \dfrac{x}{\sqrt{x^2 + y^2}}$ 和 $\sin\alpha = \dfrac{y}{\sqrt{x^2 + y^2}}$ 被称作 $z = x + iy$ 的辐角. 根据

$$(\cos\alpha + i\sin\alpha)(\cos\beta + i\sin\beta) = \cos(\alpha + \beta) + i\sin(\alpha + \beta)$$

这一特性, 我们可以得到

$$\arg(z_1 z_2) = \arg z_1 + \arg z_2 \pmod{2\pi}$$

和

$$\arg\left(\frac{z_1}{z_2}\right) = \arg z_1 - \arg z_2 \pmod{2\pi}$$

这两个公式. 在笛卡儿平面中, $A(a_1, a_2)$ 和 $B(b_1, b_2)$ 的距离为 $AB = \sqrt{(a_1 - b_1)^2 + (a_2 - b_2)^2}$. 若同时考虑相应的复数 $z_A = a_1 + ia_2$ 和 $z_B = b_1 + ib_2$, 我们则会得到

$$|z_A - z_B| = |(a_1 - b_1) + i(a_2 - b_2)| = \sqrt{(a_1 - b_1)^2 + (a_2 - b_2)^2}$$

于是, 我们就得到了公式 $ab = |z_A - z_B|$.

我们接下来会用 $z_A, z_B, z_C, \cdots, z_M, \cdots$ (或者简化为 $a, b, c, \cdots, m, \cdots$) 来表示 xOy 平面上与复数对应的点 A, 点 B, 点 C, $\cdots$, 点 M, $\cdots$

令点 $A(a_1, a_2)$ 和点 $B(b_1, b_2)$ 是 xOy 平面上的两个点. 已知 $\angle AOx = \arg z_A$, $\angle BOx = \arg z_B$. 于是, $\angle AOB = \angle AOx - \angle BOx = \arg z_A - \arg z_B = \arg\left(\dfrac{z_A}{z_B}\right)$. 并且, 我们还要用一个公式来定义 $\angle ACB$ 的复数形式, 其中 C 就是点 $C(c_1, c_2)$.

设点 A' 和点 B',使得四边形 $OA'AC$ 和四边形 $OB'BC$ 为平行四边形. 显然,$z_{A'} = z_A - z_C, z_{B'} = z_B - z_C$. 于是

$$\angle ACB = \angle A'OB' = \arg \frac{z_{A'}}{z_{B'}} = \arg \frac{z_A - z_C}{z_B - z_C}$$

现在,我们就得到了 a, b, c 三个数为等边三角形各顶点的像. 在这里,我们会用到以下规律:当且仅当 $\angle BAC = \frac{\pi}{3}$ 且 $BA = AC$ 时,三角形 $A(a), B(b)$ 和 $C(c)$ 为等边三角形.

已知

$$\angle BAC = \frac{\pi}{3} \Leftrightarrow \arg \frac{b-a}{c-a} = \frac{\pi}{3} \tag{1}$$

和

$$BA = AC \Leftrightarrow |a-b| = |a-c| \Leftrightarrow \left| \frac{b-a}{c-a} \right| = 1 \tag{2}$$

并且,等式(1)和等式(2)等价于 $\frac{b-a}{c-a} = \cos \frac{\pi}{3} + i\sin \frac{\pi}{3}$. 若 $\lambda = \cos \frac{\pi}{3} + i\sin \frac{\pi}{3}$,我们可以得到 $\lambda^3 = -1$ 和 $\lambda^2 - \lambda + 1 = 0$. 因此

$$\frac{b-a}{c-a} = \lambda \Leftrightarrow a(\lambda - 1) + b - c\lambda = 0$$

$$\Leftrightarrow a\lambda^2 + b - c\lambda = 0$$

乘以 λ^2 就可以推得 $a\lambda^4 + b\lambda^2 + c = 0$. 如果 $w = \lambda^2, w = \cos \frac{2\pi}{3} + i\sin \frac{2\pi}{3}$,我们就可以得到 $aw^2 + bw + c = 0$. 如果 $\triangle ABC$ 在相反的方向,我们就可以得到 $aw^2 + cw + b = 0$. 反过来,如果 $aw^2 + bw + c = 0$,那么 $a, b, c \in \mathbb{C}$ 就是一个等边三角形各顶点的投影. 事实上

$$\frac{b-a}{c-a} = \frac{b-a}{-(aw^2 + bw) - a} = \frac{b-a}{-a(w^2+1) - bw}$$

$$= \frac{b-a}{aw - bw}$$

$$= \frac{b-a}{w(c-a)} = -\frac{1}{w}$$

$$= -w^2 = -\lambda^4 = \lambda$$

现在,由 $\frac{b-a}{c-a} = \lambda$,可知 $\left| \frac{b-a}{c-a} \right| = 1 \Rightarrow |b-a| = |c-a| \Rightarrow AB = AC$,以及 $\angle BAC = \arg \frac{b-a}{c-a} = \arg \lambda = \frac{\pi}{3}$,所以 $\triangle ABC$ 为等边三角形.

我们证明了,当且仅当

$$aw^2 + bw + c = 0 \text{ 或 } aw^2 + cw + b = 0 \tag{3}$$

（其中，$w = \cos\dfrac{2\pi}{3} + \mathrm{i}\sin\dfrac{2\pi}{3}$，所以 $w^3 = 1$ 且 $w^2 + w + 1 = 0$）时，$a, b, c \in \mathbb{C}$ 是一个等边三角形的三个顶点.

一个直接的推论是，当给定 $a, b \in \mathbb{C}$ 时，我们可以很容易求出等边三角形的第三个顶点 $c \in \mathbb{C}$，即 $c = -aw^2 - bw$ 或者 $c = -aw - bw^2$（取决于方向）.

例 1 令 $a, b, c \in \mathbb{C}$，使得

$$a^2 + b^2 + c^2 = ab + bc + ca \tag{4}$$

请证明：a, b, c 是等边三角形的三个顶点（即最终得到 $a = b = c$）.

证法 1 若 a, b, c 是一个等边三角形的三个顶点，那么 $c = -aw^2 - bw$ 或者 $c = -aw - bw^2$. 这些值显然满足(4). 反过来，若(4)为真，我们可以推出

$$c^2 - (a+b)c + a^2 + b^2 - ab = 0 \tag{5}$$

这是一个关于 c 的二次方程. 对于给定的 $a, b \in \mathbb{C}$，最多存在两个满足等式(5)的 c 值. 但是，我们已知

$$c = -aw^2 - bw \text{ 和 } c = -aw - bw^2 \tag{6}$$

满足等式(5). 因此，等式(5)可以推出等式(6)并由等式(3)推导得到，a, b, c 则是一个等边三角形的三个顶点.

证法 2 给定的关系式等同于 $(a-b)^2 + (b-c)^2 + (c-a)^2 = 0$. 设 $x = b - a, y = c - a$，我们可以得到 $x^2 + y^2 + (x-y)^2 = 0 \Rightarrow x^2 - xy + y^2 = 0$. 若 $y = 0$，则 $x = 0$，于是 $a = b = c$. 若 $y \neq 0$，则 $\left(\dfrac{x}{y}\right)^2 - \dfrac{x}{y} + 1 = 0$，继而得到 $\dfrac{x}{y} = \lambda \Leftrightarrow \dfrac{b-a}{c-a} = \lambda$. 因此，结论为真，另一种情况也是类似的.

证法 3 我们已知给定的关系式等同于等式(3)，所以我们要做的是计算 $(aw^2 + bw + c)(aw^2 + cw + b)$ 的乘积. 如果此时应用 w 的性质，你会惊喜地发现 $(aw^2 + bw + c)(aw^2 + cw + b) = a^2 + b^2 + c^2 - ab - bc - ca$，于是，答案随之就出来了.

例 2 令点 A，点 B，点 C 三点共线，点 B 在点 A 和点 C 之间. 假设在 AC 同侧存在等边 $\triangle ABM$ 和等边 $\triangle BCN$，令点 D 和点 E 分别是 AN 和 MC 的中点. 请证明，$\triangle BDE$ 为等边三角形，而且 $\triangle BDE$ 的形心是 $\triangle AMB$ 和 $\triangle BNC$ 形心连线段的中点.

证明 设 $A(0), B(b), C(c), b, c \in \mathbb{R}, 0 < b < c$. 我们以点 A 为原点和以 $\overrightarrow{AC}$ 为正实数轴构建一个复数坐标系，使得上述设定成立. 通过(3)，我们可以得到 $m + w \cdot 0 + w^2 b = 0$，$n + wb + w^2 c = 0$. 于是，$m = -w^2 b, n = -wb - w^2 c$. 而且，由于 $d = \dfrac{a+n}{2} = \dfrac{-wb - w^2 c}{2}$ 和 $e = \dfrac{m+c}{2} = \dfrac{-w^2 b + c}{2}$，可以得到

$$b + we + w^2 d = b + w \cdot \dfrac{-w^2 b + c}{2} + w^2 \cdot \dfrac{-wb - w^2 c}{2} = 0$$

所以△BDE 为等边三角形. 最后,我们还需要验证一下

$$\frac{b+d+e}{3}=\frac{1}{2}\left(\frac{a+m+b}{3}+\frac{b+c+n}{3}\right)$$

在让读者自己做题之前,我们再来讨论一下两道几何题,通过应用本章的方法,我们能够很容易解出这两道题.

例 3　令△AOB,△COD,△EOF 是同一方向的等边三角形,请证明:BC,DE,FA 的各中点是等边三角形的顶点.

证明　令点 O 为复数平面的原点,设 $A(a)$,$C(c)$,$E(e)$,于是就有 $B(a\lambda)$,$D(c\lambda)$,$F(e\lambda)$,其中 $\lambda=\cos\frac{\pi}{3}+\mathrm{isin}\frac{\pi}{3}$(所以,$\lambda^3=-1$ 且 $\lambda^4=-\lambda$).令点 M,点 N,点 P 分别是 BC,DE,FA 的中点,我们可知 $M\left(\frac{a\lambda+c}{2}\right)$,$N\left(\frac{c\lambda+e}{2}\right)$,$P\left(\frac{e\lambda+a}{2}\right)$. 现在,代入 $w=\lambda^2$,可得

$$\frac{a\lambda+c}{2}+\frac{c\lambda+e}{2}\cdot w+\frac{e\lambda+a}{2}\cdot w^2=\frac{a\lambda+c}{2}+\frac{c\lambda+e}{2}\cdot\lambda^2+\frac{e\lambda+a}{2}\cdot\lambda^4$$
$$=\left(\frac{a\lambda+c}{2}+\frac{-c+e\lambda^2}{2}+\frac{-e\lambda^2-a\lambda}{2}\right)$$
$$=0$$

例 4　令点 A,点 B,点 C 三点共线,点 B 在点 A 和点 C 之间. 假设在 AC 一侧存在等边△ACM,在 AC 另一侧存在等边△ABP 和等边△BCR. 请证明这些三角形的形心构成一个新的等边三角形,其形心位于 AC 上.

证明　令点 A 为复数坐标系的原点,$\overrightarrow{AC}$ 为正实数轴. 设 $B(b)$,$C(c)$,于是就有 $P(-w^2b)$,$r(-bw-cw^2)$,$M(-cw)$. 我们进一步以点 O_1,点 O_2,点 O_3 分别表示△ACM,△ABP 和△BCR 的形心,就可以得到 $O_1\left(\frac{c-cw}{3}\right)$,$O_2\left(\frac{b-bw^2}{3}\right)$,$O_3\left(\frac{b+c-bw-cw^2}{3}\right)$,并且

$$\frac{c-cw}{3}+\frac{b+c-bw-cw^2}{3}\cdot w+\frac{b-bw^2}{3}\cdot w^2=0$$

最后,△$O_1O_2O_3$ 的形心就是 $\frac{1}{3}\left(\frac{c-cw}{3}+\frac{b+c-bw-cw^2}{3}+\frac{b-bw^2}{3}\right)=\frac{b+c}{3}\in\mathbb{R}$,所以它位于实数轴 $\overrightarrow{AC}$ 上.

推荐习题

1. 令 $a,b,c\in\mathbb{C}$,$|a|=|b|=|c|>0$. 请证明:a,b,c 是一个等边三角形的三个顶点.

2. 令 $a,b,c\in\mathbb{C}$,$a\bar{b}=b\bar{c}=c\bar{a}\neq0$. 请证明:$a,b,c$ 是一个等边三角形的三个顶点.

3. 令 $a,b,c\in\mathbb{C}^*$,$a^2=bc$,$b^2=ca$. 请证明:a,b,c 是一个等边三角形的三个顶点.

4. 令 $a,b,c\in\mathbb{C}$ 是绝对值相等的三个非零复数,以下二次方程 $az^2+bz+c=0$,bz^2+

$cz + a = 0$ 各自都至少有一个绝对值为 1 的根. 请证明:a,b,c 是一个等边三角形的三个顶点.

5. 令 $\triangle ABC$ 是一个等边三角形,它内接于半径为 R 的圆. 请证明:对于圆上的任意点 M,都有 $MA^2 + MB^2 + MC^2 = 6R^2$.

6. 令 $\triangle ABC$ 为三角形,点 M,点 $N \in AB$,点 P,点 $Q \in BC$,点 R,点 $S \in CA$,从而得到 $AM = MN = NB, BP = PQ = QC, CR = RS = SA$. 在 $\triangle ABC$ 的外侧,我们又构建等边 $\triangle MNC'$,$\triangle PQA'$,$\triangle RSB'$. 请证明:$\triangle A'B'C'$ 为等边三角形.

7. 令 $ABCD$ 为四边形,$AD = BC$,$\angle C + \angle D = \dfrac{2\pi}{3}$. 从 CD 出发有三个等边 $\triangle ACP$,$\triangle DCQ$,$\triangle DBR$. 请证明:点 P,点 Q,点 R 共线.

8. 我们在四边形 $ABCD$ 内构建等边 $\triangle ABM$ 和 $\triangle CDP$,在四边形 $ABCD$ 外构建等边 $\triangle BCN$ 和点 DAQ. 请证明:M,N,P,Q 是一个平行四边形的四个顶点.

9. 我们在 $\triangle ABC$ 外侧构建等边 $\triangle ABM$ 和 $\triangle CAN$. 请证明:线段 BC,AN,AM 的中点 P,Q,R 构成一个等边三角形的三个顶点.

10. 我们在 $\triangle ABC$ 外侧构建等边 $\triangle ABM$ 和 $\triangle CAN$. 令点 P 为点 A 相对于 BC 中点的一个像. 请证明:$\triangle MNP$ 是等边三角形.

11. 我们在 $\triangle ABC$ 外侧构建等边 $\triangle ABP$,$\triangle BCM$ 和 $\triangle CAN$. 令点 M' 为点 M 相对于点 A 的一个像. 请证明:$\triangle M'NP$ 是等边三角形.

12. 令 $\triangle XAB$,$\triangle YCD$,$\triangle ZEF$ 为平面内同侧等边三角形,点 M,点 N,点 P,点 Q,点 R,点 S 分别是 BC、DE、FA、AD、BE、CF 的中点.

(1)请证明:若 $\triangle XYZ$ 是等边三角形,并且也在 $\triangle XAB$,$\triangle YCD$,$\triangle ZEF$ 的同侧,则 $\triangle MNP$ 是等边三角形.

(2)请证明:若 $\triangle XYZ$ 为等边三角形,并且在 $\triangle XAB$ 的对侧,则 $\triangle QRS$ 是等边三角形.

13. 令 $\triangle ACE$ 和 $\triangle BDF$ 为平面内同侧等边三角形,点 M,点 N,点 P,点 Q,点 R,点 S 分别是 BC,DE,FA,AD,BE,CF 的中点. 请证明:$\triangle MNP$ 和 $\triangle QRS$ 同样都是等边三角形.

14. 令 $ABCDEF$ 为六边形,它内接于一个以点 O 为圆心的圆,且 $\angle AOB = \angle COD = \angle EOF = \alpha$. 设点 M,点 N,点 P 分别是 BC,DE,AF 的中点. 请证明:若 $\triangle MNP$ 为等边三角形而 $\triangle ACE$ 不是等边三角形,则 $\alpha = \dfrac{\pi}{3}$.

15. 令 $ABCDEF$ 为六边形,它内接于一个圆,点 M,点 N,点 P 分别是 BC,DE,FA 的中点,点 Q,点 R,点 S 分别是 AD,BE,CF 的中点. 请证明:若三角形 MNP 和 QRS 都是等边三角形,则 $AB = CD = EF$.

16. 令 $\triangle BCA'$,$\triangle CAB'$,$\triangle ABC'$ 都是构建在已知 $\triangle ABC$ 外侧(或内侧)的等边三角形. 请证明:$\triangle A'B'C'$ 也是等边三角形.

17. 令点 A',点 B',点 C',点 D' 分别是构建在四边形 $ABCD$ 各边 AB,BC,CD,DA 外侧的正方形的中心. 请证明:$A'C'$ 和 $B'D'$ 垂直且等长.

18. 令 $\triangle OAM$,$\triangle OBN$,$\triangle OCP$,$\triangle ODQ$ 为平面同侧的直角等腰三角形,且斜边分别是 OA,OB,OC,OD. 设点 X,点 Y,点 Z,点 T 为 $\triangle ANP$,$\triangle BPQ$,$\triangle CQM$,$\triangle DMN$ 的形心. 请证明:线段 XZ 和线段 YT 垂直且等长.

答案

1. **证法 1**　令 $z=\dfrac{b}{c}$. 已知

$$|z|=\left|\frac{b}{c}\right|=\frac{|b|}{|c|}=1$$

$$|z+1|=\left|\frac{b}{c}+1\right|=\left|\frac{b+c}{c}\right|=\left|\frac{-a}{c}\right|=\frac{|-a|}{|c|}=1$$

若 $z=x+\mathrm{i}y(x,y\in\mathbb{R})$,则 $\begin{cases}|z|=1\\|z+1|=1\end{cases}\Rightarrow\begin{cases}x^2+y^2=1\\(x+1)^2+y^2=1\end{cases}$.

两式相减,得到 $x=-\dfrac{1}{2}$,于是 $y^2=\dfrac{3}{4}$. 我们推导出 $z=-\dfrac{1}{2}\pm\mathrm{i}\dfrac{\sqrt{3}}{2}$,所以 $\left(\dfrac{b}{c}\right)^3=1$. 类似地,$\left(\dfrac{a}{c}\right)^3=1$. 进而,可以得到 $a^3=b^3=c^3$. 由于 a,b,c 互异,所以我们可以假设 $b=wa$,$c=w^2a$,其中 $w=-\dfrac{1}{2}+\mathrm{i}\dfrac{\sqrt{3}}{2}$.

证法 2　已知

$$0=\overline{a+b+c}=\bar{a}+\bar{b}+\bar{c}=\frac{|a|^2}{a}+\frac{|b|^2}{b}+\frac{|c|^2}{c}$$

$$\Rightarrow\frac{1}{a}+\frac{1}{b}+\frac{1}{c}=0$$

$$\Rightarrow ab+bc+ca=0$$

并且,$a^2+b^2+c^2=(a+b+c)^2-2(ab+bc+ca)=0$. 因此

$$a^2+b^2+c^2=ab+bc+ca\ (=0)$$

于是结论自然就出来了.

2. 已知 $|a\bar{b}|=|b\bar{c}|=|c\bar{a}|\Rightarrow|a|\cdot|b|=|b|\cdot|c|=|c|\cdot|a|$,所以 $|a|=|b|=|c|$,我们不失一般性地假设这些绝对值都等于 1,那么

$$a\bar{b}=b\bar{c}=c\bar{a}$$

$$\Rightarrow\frac{a}{b}=\frac{b}{c}=\frac{c}{a}$$

$$\Rightarrow a^2 = bc, b^2 = ca, c^2 = ab$$

$$\Rightarrow a^2 + b^2 + c^2 = ab + bc + ca$$

3. 将已知关系式相除,我们得到 $a^3 = b^3$. 所以, $c^2 = \dfrac{b^4}{a^2} = \dfrac{b \cdot b^3}{a^2} = \dfrac{b \cdot a^3}{a^2} = ab$. 最终,就可以得到 $a^2 + b^2 + c^2 = ab + bc + ca$.

4. 若 $|z| = 1$ 且 $az^2 + bz + c = 0$,则有

$$0 = \overline{az^2 + bz + c} = \bar{a} \cdot \overline{z^2} + \bar{b} \cdot \bar{z} + \bar{c} = \frac{|a|^2}{a} \cdot \frac{1}{z^2} + \frac{|b|^2}{b} \cdot \frac{1}{z} + \frac{|c|^2}{c}$$

$$\Rightarrow \frac{1}{az^2} + \frac{1}{bz} + \frac{1}{c} = 0$$

$$\Rightarrow \frac{1}{c}z^2 + \frac{1}{b}z + \frac{1}{a} = 0$$

$$\Rightarrow abz^2 + acz + bc = 0$$

$$\Rightarrow b(-bz - c) + acz + bc = 0$$

$$\Rightarrow (ac - b^2)z = 0$$

$$\Rightarrow b^2 = ac$$

类似地,也可以得到 $c^2 = ab$. 于是得出结论.

5. 假设 $R = 1$,将题中数量关系记为 $A(1), B(w), C(w^2), M(z)$,其中 $|z| = 1$. 于是,我们得到

$$MA^2 + MB^2 + MC^2 = |z - 1|^2 + |z - w|^2 + |z - w^2|^2$$

$$= (z - 1) \cdot \overline{z - 1} + (z - w) \cdot \overline{z - w} + (z - w^2) \cdot \overline{z - w^2}$$

$$= (z - 1)\left(\frac{1}{z} - 1\right) + (z - w)\left(\frac{1}{z} - w^2\right) + (z - w)^2\left(\frac{1}{z} - w\right)$$

$$= 6 - z\left(1 + \frac{1}{w} + \frac{1}{w^2}\right) - \frac{1}{z}(w^2 + w + 1) = 6$$

6. 如果我们记 $A(a), B(b), C(c)$,那么就会有

$$M\left(\frac{2a + b}{3}\right), N\left(\frac{2b + a}{3}\right)$$

$$P\left(\frac{2b + c}{3}\right), Q\left(\frac{2c + b}{3}\right)$$

$$R\left(\frac{2c + a}{3}\right), S\left(\frac{2a + c}{3}\right)$$

因此,可以得到

$$A'\left(-\frac{2c + b}{3}w - \frac{2b + c}{3}w^2\right)$$

$$B'\left(-\frac{2a+c}{3}w-\frac{2c+a}{3}w^2\right)$$

$$C'\left(-\frac{2b+a}{3}w-\frac{2a+b}{3}w^2\right)$$

7. 我们来看一下以点 $O=AD\cap BC$ 为原点,以 $\overrightarrow{OD}$ 为实数半轴的复数平面. 我们不失一般性地假设 $AD=BC=1$. 已知 $A(a)$ 和 $D(a+1)$ $(a\in\mathbb{R})$,$\angle DOC=\frac{\pi}{3}$,所以就有 $B(\lambda x)$ 和 $C(\lambda x+\lambda)$,其中 x 为实数,$\lambda=\cos\frac{\pi}{3}+\mathrm{i}\sin\frac{\pi}{3}$. 而且

$$p=-\lambda^2a+\lambda^2x+\lambda^2,\ q=-\lambda^2(a+1)+\lambda^2x+\lambda^2,\ r=-(a+1)\lambda^2+\lambda^2x$$

现在,$\frac{r-q}{r-p}$ 为实数,因此点 P,点 Q,点 R 共线.

8. 如果我们以 $A(a)$,$B(b)$,$C(c)$,$D(d)$ 表示题中数量关系,那么就会有 $M(-wa-w^2b)$,$N(-wc-w^2b)$,$P(-wc-w^2d)$,$Q(-wa-w^2d)$. 已知

$$\frac{(-wa-w^2b)+(-wc-w^2d)}{2}=\frac{(-wc-w^2b)+(-wa-w^2d)}{2}$$

所以四边形 $MNPQ$ 的两条对角线共享同一个中点,于是结论就出来了.

9. 如果我们假设已知 $A(a)$,$B(b)$,$C(c)$,那么就会有 $N(-wb-w^2a)$,$N(-wa-w^2c)$. 并且,还可以得到 $P\left(\frac{b+c}{2}\right)$,$Q\left(\frac{a-wa-w^2c}{2}\right)$,$R\left(\frac{a-wb-w^2a}{2}\right)$. 进而,可以得到 $\frac{b+c}{2}+\frac{a-wa-w^2c}{2}\cdot w+\frac{a-wb-w^2a}{2}\cdot w^2=0$,这意味着 $\triangle PQR$ 是等边三角形.

10. 如果我们以 $A(a)$,$B(b)$,$C(c)$ 表示题中数量关系,那么就会有 $m=-wb-w^2b$,$n=-wa-w^2c$. 因为四边形 $ABPC$ 是平行四边形,所以得到 $a+p=b+c\Rightarrow p=b+c-a$. 现在,我们就可以得到

$$p+wn+w^2m=(b+c-a)+w(-wa-w^2c)+w^2(-wb-w^2a)$$
$$=b+c-a-w^2a-c-b-wa=0$$

于是结论就出来了.

11. 通过 $A(a)$,$B(b)$,$C(c)$,我们可以得到 $M(-cw-bw^2)$,$N(-aw-cw^2)$,$P(-bw-aw^2)$ 和 $M'(2a+cw+bw^2)$. 现在,等式 $m'+pw+nw^2=0$ 就很容易证明了.

12. 我们不失一般性地假定 $\triangle XAB$,$\triangle YCD$,$\triangle ZEF$ 都为正定向,就可以得到

$$x+aw+bw^2=0,\ y+cw+dw^2=0,\ z+ew+fw^2=0\quad (w=\cos\frac{2\pi}{3}+\mathrm{i}\sin\frac{2\pi}{3})$$

(1)在这种情况下,我们得到 $x+yw+zw^2=0$. 将上述关系式分别乘以 $1,w$ 和 w^2 后相加得到 $(a+cw+ew^2)w+(b+dw+fw^2)w^2=0$. 进而,(两边都乘以 w 并利用 $w^3=1$)得到

$(a + cw + ew^2)w^2 + (b + dw + fw^2) = 0$,也可以转写为$\dfrac{b+c}{2} + \dfrac{d+e}{2}w + \dfrac{f+a}{2}w^2 = 0$. 由于 $m =$

$\dfrac{b+c}{2}, n = \dfrac{d+e}{2}, p = \dfrac{f+a}{2}$,所以这就意味着$\triangle MNP$是等边三角形.

(2)类似地,我们现在得到$x + yw^2 + zw = 0$,于是如果将最初的几个等式分别乘以 1,w^2 和 w,就得到$(a + cw^2 + ew)w + (b + dw^2 + fw)w^2 = 0$. (根据 w 的性质)我们马上就会意识到该等式等价于

$$\frac{a+d}{2} + \frac{b+e}{2}w + \frac{e+f}{2}w^2 = 0 \quad (q + rw + sw^2 = 0)$$

$\triangle QRS$ 为等边三角形得证.

请注意,当点 X, Y, Z 重合时,即点 $X =$ 点 $Y =$ 点 $Z =$ 点 O,我们会得到以下精彩论述:如果$\triangle OAB$,$\triangle OCD$,$\triangle OEF$ 为等边三角形且定向相同,那么$\triangle MNP$ 和$\triangle QRS$ 都是等边三角形(点 M, N, P, Q, R, S 的定义同上). 由于$\triangle XYZ$ 收缩为一个点,所以其定向也可被认为是任意的. 这一论述我们在之前已经遇到过,只是在言辞上有小小的改动. 同样也请注意以下这个特殊情况:若 $ABCDEF$ 是一个内接于半径为 R 的圆内的五边形 $AB = CD = EF = R$,则$\triangle MNP$ 和$\triangle QRS$ 都是等边三角形(点 M, N, P, Q, R, S 的定义同上). 这里的点 O 自然就是圆心.

13. 设$\triangle ACE$ 和$\triangle BDF$ 的方向为正,然后通常是令 $w = \cos\dfrac{2\pi}{3} + i\sin\dfrac{2\pi}{3}$,我们就会得到

$$a + cw + ew^2 = 0 \text{ 和 } b + dw + fw^2 = 0$$

所以

$$\frac{b+c}{2} + \frac{d+e}{2}w + \frac{f+a}{2}w^2 = \frac{1}{2}((a + cw + ew^2)w^2 + (b + dw + fw^2)) = 0$$

同时也可以得到

$$\frac{a+d}{2} + \frac{b+e}{2}w^2 + \frac{c+f}{2}w = \frac{1}{2}((a + cw + ew^2) + (b + dw + fw^2)w^2) = 0$$

这意味着$\triangle MNP$ 和$\triangle QRS$ 为等边三角形. 请注意,不同与上题的是,$\triangle MNP$ 和$\triangle QRS$ 现在是反向的. 对于圆内接六边形 $ABCDEF$ 的情况,我们还会碰到一些相反的论断.

14. 假设存在 $A(a), C(c), E(e)$,令 $\lambda = \cos\alpha + i\sin\alpha$,那么就会有 $b = \lambda a$, $d = \lambda c$, $f = \lambda e$. $\triangle MNP$ 为等边三角形,所以就有

$$m + nw + pw^2 = 0 \Rightarrow \frac{a\lambda + c}{2} + w \cdot \frac{c\lambda + e}{2} + w^2 \cdot \frac{e\lambda + a}{2} = 0$$

$$\Rightarrow \lambda(a + cw + w^2) + (a + cw + ew^2)w^2 = 0$$

而 $a + cw + ew^2 \neq 0$,因为$\triangle ACE$ 不是等边三角形,因此 $\lambda = -w^2 \Rightarrow \alpha = \dfrac{\pi}{3}$.

15. 令 $w = \cos\dfrac{2\pi}{3} + \mathrm{i}\sin\dfrac{2\pi}{3}$，我们用对应的小写字母来表示这些点的后缀，也就是说 a 表示点 A 的复数，其余依此类推. 那么，我们自然就得到 $m = \dfrac{b+c}{2}, n = \dfrac{d+e}{2}, p = \dfrac{f+a}{2}, q = \dfrac{a+d}{2}, r = \dfrac{b+e}{2}, s = \dfrac{c+f}{2}$. 首先假定 $\triangle MNP$ 和 $\triangle QRS$ 具有相同的定向（我们不失一般性地认为其为正）. 于是，因为是等边三角形且正定向，所以我们得到 $m + nw + pw^2 = 0$ 和 $q + rw + sw^2 = 0$. 第一个等式告诉我们

$$(b+c) + (d+e)w + (f+a)w^2 = 0$$

也可以在乘以 w（不要忘记 $w^3 = 1$）后写成

$$(a+bw) + (c+dw)w + (e+wf)w^2 = 0$$

类似地，根据 $q + rw + sw^2 = 0$ 得到

$$(a+d) + (b+e)w + (c+f)w^2 = 0$$

马上可以看出，该等式等价于

$$(a+bw) + (c+dw)w^2 + (e+wf)w = 0$$

现在，不难看出 $x + yw + zw^2 = 0$ 和 $x + yw^2 + zw = 0$ 一起（在 $1 + w + w^2 = 0$ 的辅助下）可以得到 $x = y = z$. 在本题中，我们可以得到 $a + bw = c + dw = e + fw$.

然而，$a + bw = c + dw$（即 $a - c = (d-b)w$）表明 AC 和 BD 等长，而这也表明 $AB = CD$ 或者 $AB \parallel CD$（因为点 A, B, C, D 在同一个圆上）. 类似地，$a + bw = e + fw$ 表明 $AE = BF$，所以得到 $AB = EF$ 或者 $AB \parallel EF$. 从 $c + dw = e + fw$，我们推得 $CE = DF$，也就得到 $CD = EF$ 或者 $CD \parallel EF$. 现在，由于不可能同时得到 $AB \parallel CD \parallel EF$，所以 $AB \parallel CD, AB \parallel EF$ 和 $CD \parallel EF$ 中最多只有一个能成立，也就是说，$AB = CD$，$AB = EF$ 和 $CD = EF$ 中至少有两个为真. 因此，必定能得到 $AB = CD = EF$. 请证明在这种情况下，AB, CD, EF 实际上等于 AB, CD, EF 外接圆的半径，也就是说，$\triangle OAB$，$\triangle OCD$，$\triangle OEF$ 是等边三角形，点 O 为圆心.（请注意，$a - c = (d-b)w$ 确定了 AC 和 BD 之间的夹角，其余以此类推.）

在第二种情况下（此时 $\triangle MNP$ 和 $\triangle QRS$ 是相反的定向），我们得到 $(b+c) + (d+e)w + (f+a)w^2 = 0$ 和 $(a+d) + (b+e)w^2 + (c+f)w = 0$，我们可以分别将其改写为

$$(a + cw + ew^2)w^2 + (b + dw + fw^2) = 0, \quad (a + cw + ew^2) + (b + dw + fw^2)w^2 = 0$$

但是，$xw^2 + y = 0$ 和 $x + yw^2$ 表明 $x = y = 0$.

在本题中，我们得到 $a + cw + ew^2 = 0$ 和 $b + dw + ew^2 = 0$，这意味着 $\triangle BDF$ 和 $\triangle ACE$ 为等边三角形，这又可以推得 $AB = CD = EF$（根据点 A, 点 B, 点 C, 点 D, 点 E, 点 F 在同一个圆上这一事实）. 这就是《美国数学月刊》上的题 11470.

16. 我们来考虑点 A'，点 B' 和点 C' 在 $\triangle ABC$ 外侧的情况. 如果 $\triangle ABC$ 为正定向，我们得到 $a' = \dfrac{b - cw}{1 - w}, b' = \dfrac{c - aw}{1 - w}$ 和 $c' = \dfrac{a - bw}{1 - w}$，其中 $w = \cos\dfrac{2\pi}{3} + \mathrm{i}\sin\dfrac{2\pi}{3}$. 因此，$a' + b'w + c'w^2 =$

$\frac{1}{1-w}(b-cw+cw-aw^2+aw^2-b)=0$. 这样就可以得到我们想要的结论了. 类似地, 我们可以接着讨论定向于点 ABC 内侧的三角形.

请注意, 通过这种方式得到的等边三角形 $A'B'C'$ 被称作拿破仑三角形. 请尝试(可以利用复数)证明外侧拿破仑三角形边长的平方为 $\frac{1}{6}(BC^2+CA^2+AB^2+4S\sqrt{3})$, 而该值对于内侧三角形则为 $\frac{1}{6}(BC^2+CA^2+AB^2-4S\sqrt{3})$. 我们进而得到外森比克不等式 $BC^2+CA^2+AB^2 \geqslant 4S\sqrt{3}$ 对于每一个面积为 S 的 $\triangle ABC$ 都成立(当且仅当三角形为等边三角形时取等).

17. 为什么只是在等边三角形中呢?(正如我们在上题中所看到的那样)我们可以用同样的方法在正方形等腰直角三角形, 或者任意等腰三角形中进行证明. 如果 $ABCD$ 为正定向, 我们就得到 $a'-a=(a'-b)\mathrm{i}$, 于是 $a'=\frac{a-b\mathrm{i}}{1-\mathrm{i}}$. 类似地, 可以得到 $b'=\frac{b-c\mathrm{i}}{1-\mathrm{i}}$, $c'=\frac{c-d\mathrm{i}}{1-\mathrm{i}}$ 和 $d'=\frac{d-a\mathrm{i}}{1-\mathrm{i}}$. (我们总是照例用 a 表示 A 中的数, 以此类推)因此, $d'-b'=\frac{1}{1-\mathrm{i}}(-a\mathrm{i}-b+c\mathrm{i}+d)=\mathrm{i}(c'-a')$, 这也就是意味着 $A'C'$ 和 $B'D'$ 垂直且相等. 如果正方形是在四边形 $ABCD$ 内侧建构的话, 该结论还成立吗?

说明 关于该结论, 还有一种精彩的综合证明法, 而该方法基于以下事实:如果等腰直角三角形 $\triangle OXY$ 和三角形 OZT 的直角都在点 O 上且定向相同, 那么 XZ 和 YT 垂直且相等(请考察其旋转的情况).

在本题中, 我们选定点 O 为 AC 的中点. 利用上述提及的事实以及三角形中线的特性, 我们可以看到 $\triangle OA'B'$ 和 $\triangle OC'D'$ 是等腰直角三角形, 于是就可以得到所求结论了. (当然, 如果我们考察 BD 的中点, 类似的证明也是可行的.)

18. 我们来看一下以点 Q 为原点的笛卡儿坐标系, 很快就会看出:$m=\frac{(1+\mathrm{i})a}{2}$, $n=\frac{(1+\mathrm{i})b}{2}$, $p=\frac{(1+\mathrm{i})c}{2}$, $q=\frac{(1+\mathrm{i})d}{2}$, 所以, $x=\frac{1}{3}\left(a+\frac{1+\mathrm{i}}{2}b+\frac{1+\mathrm{i}}{2}c\right)$, $y=\frac{1}{3}\left(b+\frac{1+\mathrm{i}}{2}c+\frac{1+\mathrm{i}}{2}d\right)$, $z=\frac{1}{3}\left(c+\frac{1+\mathrm{i}}{2}d+\frac{1+\mathrm{i}}{2}a\right)$, $t=\frac{1}{3}\left(d+\frac{1+\mathrm{i}}{2}a+\frac{1+\mathrm{i}}{2}b\right)$. 我们进而可以得到

$$z-x=\frac{1}{3}\left(-\frac{1-\mathrm{i}}{2}a-\frac{1+\mathrm{i}}{2}b+\frac{1-\mathrm{i}}{2}c+\frac{1+\mathrm{i}}{2}d\right), \quad t-y=\frac{1}{3}\left(\frac{1+\mathrm{i}}{2}a-\frac{1-\mathrm{i}}{2}b-\frac{1+\mathrm{i}}{2}c+\frac{1+\mathrm{i}}{2}d\right)$$

因此, $z-x=\mathrm{i}(t-y)$, 本题得解.

第十一章 递 归 关 系

定义数列 $(x_n)_{n \geq 1}$ 的一种方法是用该数列前一项的函数来表达下一项的值. 举例来说, 一个数列可以被定义为函数 $f: \mathbb{R} \to \mathbb{R}$, 使得对于所有 $n \geq 1$ 都有

$$x_{n+1} = f(x_n) \tag{1}$$

该定义还需要包含该数列的首项. 递归关系式(1)就是一个一阶递归, 可以特定地表述为: 对于实数 a 和 $b(a \neq 0)$, 都有

$$x_{n+1} = ax_n + b \tag{2}$$

我们称之为一阶线性递归. 在 $a = 1$ 的情况下, 数列 $(x_n)_{n \geq 1}$ 是一个等差数列. 当 $a \neq 1$ 时, 我们总能找到一个实数 α 使得数列 $y_n = x_n + \alpha$ 是一个等比数列. 事实上, 只要 $b + (1-a)\alpha = 0$, 所以 $\alpha = \dfrac{b}{a-1}$, 我们就可以得到

$$\frac{y_{n+1}}{y_n} = \frac{x_{n+1} + \alpha}{x_n + \alpha} = \frac{ax_n + b + \alpha}{x_n + \alpha} = a + \frac{b + (1-a)\alpha}{x_n + \alpha} = a$$

对于 $n \geq 1$, 由 x_1 和 x_2 共同定义的递归关系

$$ax_{n+2} + bx_{n+1} + cx_n = 0 \tag{3}$$

被称为二阶线性递归. 如果 $\lambda_1, \lambda_2 \in \mathbb{C}$, $\lambda_1 \neq \lambda_1$ 是相应二次方程 $a\lambda^2 + b\lambda + c = 0$ 的解, 那么很容易就能看出, 任意数列 $y_n = C\lambda_1^n$ 和 $z_n = C\lambda_2^n$ 都满足递归关系(3), 其中 $C \in \mathbb{R}$. 这可以用数列 $(x_n)_{n \geq 1}$ 的一般式来证明, 即对于所有 $n \geq 1$ 与特定的 α 和 β 都有 $x_n = \alpha\lambda_1^n + \beta\lambda_2^n$, 前提是 $\lambda_1 \neq \lambda_2$. 若 $\lambda_1 = \lambda_2$, 上述关于 x_n 的公式就可以表述成: 对于特定的 α 和 β 都有 $x_n = \alpha n\lambda_1^{n-1} + \beta\lambda_1^n$. 类似地, k 阶线性递归就是形如 $a_0 x_n + a_1 x_{n+1} + \cdots + a_k x_{n+k} = 0$ 关系式中的一个. 相应多项式 $f(x) = a_0 + a_1 x + a_2 x^2 + \cdots + a_k x^k$ 的根就是 $z_1, z_2, \cdots, z_k$. 当 $z_i \neq z_j (i \neq j)$ 时, 我们关于 α_i 的数列仍然可以被表述为

$$x_n = \alpha_1 z_1^n + \alpha_2 z_2^n + \cdots + \alpha_k z_k^n$$

所有上述内容都可以总结为以下一般性的结论.

定理

(1)如果复数数列 $(u_n)_{n \geq 1}$ 是一个系数为常数的线性递归数列, 那么 $f(z) = \displaystyle\sum_{n \geq 0} u_n z^n$ 就是一个趋近于 0 的有理分数.

(2)假定某一数列满足关系式 $u_{n+h} = q_1 u_{n+h-1} + q_2 u_{n+h-2} + \cdots + q_h u_n$,其中

$$Q(X) = 1 - q_1 X - \cdots - q_h X^h = (1 - \alpha_1 X)^{m_1}(1 - \alpha_2 X)^{m_2} \cdots (1 - \alpha_s X)^{m_s}$$

是 Q 在 $\mathbb{C}[X]$ 中的因式分解. 存在一个复数多项式 $P_1, P_2, \cdots, P_s$,使得 $\deg(P_i) < m_i$,且 $u_n = P_1(n)\alpha_1^n + P_2(n)\alpha_2^n + \cdots + P_s(n)\alpha_s^n$.

证明过程并不困难,但是需要一些技巧. 我们从第一个结论开始. 假定数列 $(u_n)_{n \geqslant 1}$ 满足关系式 $u_{n+h} = q_1 u_{n+h-1} + q_2 u_{n+h-2} + \cdots + q_h u_n$,并且 $M = \max(|q_1|, |q_2|, \cdots, |q_h|)$,那么,通过应用三角形不等式定理,我们可以推得 $|u_{n+h}| \leqslant M(|u_n| + |u_{n+1}| + \cdots + |u_{n+h-1}|)$. 令 $C > \max(|u_0|, |u_1|, \cdots, |u_h|, 1), A > 1 + M$. 我们规定 $|u_n| \leqslant CA^n$ 对于所有 n 都成立,这在 $n \leqslant h$ 时显然是成立的. 假定该式对于所有小于 $n + h$ 的值都成立,那么前述不等式就可以表述为

$$|u_{n+h}| \leqslant MCA^n(1 + A + \cdots + A^{h-1}) < \frac{MC}{A-1}A^{n+h} < CA^{n+h}$$

于是就完成了归纳论证. 这使得 $|u_n| \leqslant CA^n$ 对于所有 n 都成立,并且证明了级数 $\sum_{n \geqslant 0} u_n z^n = f(z)$ 必定收敛于 $|z| < \frac{1}{A}$. 由于 $(u_n)_{n \geqslant 1}$ 满足定理中的关系式,所以对于所有 $k \geqslant h, Q(z)f(z)$ 中 z^k 的系数都为零. 因此,在趋近于 0 的某数 V 中,存在多项式 P(指数小于 h)使得 $f(z) = \frac{P(z)}{Q(z)}$ 对于所有 $z \in V$ 都成立.

要证明第二个结论,我们一方面需要用到

$$f(z) = \frac{P(z)}{Q(z)} \quad (z \in V)$$

另一方面还需要一个著名的结论:存在某数 r_{ij} 使得

$$\frac{P(z)}{Q(z)} = \sum_{i=1}^{s} \sum_{j=1}^{m_i} \frac{r_{ij}}{(1 - \alpha_i z)^j}$$

用等式

$$\frac{1}{(1-Y)^j} = \sum_{r \geqslant 0} \binom{r+j-1}{j-1} Y^r$$

减去 $(j-1)$ 与 $1 + Y + Y^2 + \cdots = \frac{1}{1-Y}$ 的乘积,得到

$$\frac{P(z)}{Q(z)} = \sum_{r \geqslant 0} \left(\sum_{i=1}^{s} \sum_{j=1}^{m_i} r_{ij} \binom{r+j-1}{j-1} \alpha_i^r \right) z^r$$

因此,$u_n = \sum_{i=1}^{s} \sum_{j=1}^{m_i} r_{ij} \binom{n+j-1}{j-1} \alpha_i^n$,定理得证.

有时候递归关系在解函数方程时非常有用,这里就有出自 Gazeta 数学竞赛的一道非常具有挑战性的例题.

例 1 求出所有单调函数 $f:\mathbb{R}\to\mathbb{R}$，使得对于所有实数 x 都有 $f(f(f(x)))-3f(f(x))+6f(x)=4x+3$.

解 令 x 为任意实数，且定义数列 x_n 为 $x_0=x$ 和 $x_n=f(x_{n-1})$. 根据题中关系式可知

$$x_{n+3}-3x_{n+2}+6x_{n+1}=4x_n+3$$

代入 $a_n=x_n-n$ 可得对于所有 n 都有 $a_{n+3}-3a_{n+2}+6a_{n+1}-4a_n=0$. 由于方程 $t^3-3t^2+6t-4=0$ 的根为 1, $2\mathrm{e}^{\frac{\mathrm{i}\pi}{3}}$ 和 $2\mathrm{e}^{-\frac{\mathrm{i}\pi}{3}}$，所以存在函数 A，函数 B，函 C 使得 $y_n=A(x)+2^n\left(B(x)\cos\left(\frac{n\pi}{3}\right)+C(x)\sin\left(\frac{n\pi}{3}\right)\right)$. 我们马上就可以看出满足上述关系式的 f 是一个单射函数，并且 f 还是严格单调递增的（显然，如果 f 单调递增，那么 $f(f(f(x)))-3f(f(x))+6f(x)$ 也单调递增）.

现在，令 $x<y$. 由于 $f^n(x)<f^n(y)$ 对所有 n 都成立（其中 f^n 表示 f 自乘 n 次），所以

$$(B(x)-B(y))\cos\left(\frac{n\pi}{3}\right)+(C(x)-C(y))\sin\left(\frac{n\pi}{3}\right)>\frac{A(x)-A(y)}{2^n}$$

例 2 令 $z_1,z_2,\cdots,z_n$ 为复数，并且数列 $u_k=z_1^k+z_2^k+\cdots+z_n^k$ 只有有限数量的解. 请证明：$(u_k)_{k\geq1}$ 是一个周期性数列.

证明 根据本章的核心定理可知 u_k 满足 n 阶递归关系，这也可以直接表述为：若

$$S_1=\sum_{i=1}^n z_i, S_2=\sum_{1\leq i<j\leq n}z_iz_j, \cdots, S_n=z_1\cdots z_n$$

则对于所有 $1\leq i\leq n$ 都有

$$z_i^n-z_i^{n-1}S_1+z_i^{n-2}S_2+\cdots+(-1)^n S_n=0$$

将该等式乘以 z_i^k 并且全部相加，可以得到

$$u_{n+k}-S_1u_{n+k-1}+\cdots+(-1)^n S_n u_k=0$$

现在，假定 $(u_k)_{k\geq1}$ 只有有限多个解，那么由 n 个项组成的数列 $(u_k,u_{k+1},\cdots,u_{k+n-1})$ 也是如此. 所以，存在 $i<j$ 使得 $u_i=u_j,u_{i+1}=u_{j+1},\cdots,u_{i+n-1}=u_{j+n-1}$. 根据递归关系马上可以得到，数列 $(u_k)_k$ 是一个以 $j-i$ 为周期的周期数列.

不幸的是，在很多时候我们都无法求得数列的一般表达式，甚至连最简单的递归关系 $x_{n+1}=f(x_n)$ 也是如此. 通常在这些时候，我们感兴趣的是这些数列的不对称性，尤其是其收敛性. 显然，若 f 连续且 $(x_n)_{n\geq1}$ 收敛，那么其极限就是 f 的一个定点. 而且，如果我们能够找出一个区间 I 使得 $f(I)\subset I$ 且 f 在 I 内单调递增，那么，若 $x_{n_0}\in I$，则对于 $n\geq n_0$ 的数列 $(x_n)_n$ 将落在 I 内并且是单调递增的. 如果 I 还是有界的，那么 $(x_n)_n$ 也将是收敛的. 然而，正如以下例题一样，实际情况却复杂得多.

例 3 请研究一下数列 $(x_n)_{n\geq1}$（$x_0\in\mathbb{R}$）和 $x_{n+1}=2x_n^2-1$. 具体而言，求出使得上述数列收敛的所有 x_0 值及其对应的极限值，并求出 x_n 的一个解析式.

解 $|x_0|>1$ 的情况是简单的，我们很容易通过归纳法得到 $x_n>1$ 在 $n\geq1$ 时都成

立. 并且, 由于 $x_{n+1} - x_n = (2x_n - 1)(x_n - 1) > 0$, 所以数列是递增的.

我们认为 $\lim\limits_{n\to\infty} x_n = \infty$, 因为若 $\lim\limits_{n\to\infty} x_n = l \in \mathbb{R}$, 则 $l = 2l^2 - 1$, 所以 $l = -\dfrac{1}{2}$ 或者 $l = 1$, 而这是不可能的, 因为 $l \geqslant x_1 > 1$. 如果我们令 $|x_0| = \dfrac{e^a + e^{-a}}{2}$, 那么 $x_1 = 2x_0^2 - 1 = \dfrac{e^{2a} + e^{-2a}}{2}$. 经过归纳, 我们得到 $x_n = \dfrac{e^{2^n a} + e^{-2^n a}}{2}$, 其中 $a = \ln(|x_0| + \sqrt{x_0^2 - 1})$. 因此

$$x_n = \frac{(|x_0| + \sqrt{x_0^2 - 1})^{2^n} + (|x_0| - \sqrt{x_0^2 - 1})^{2^n}}{2} \quad n \geqslant 1$$

更难的情况是 $x_0 \in (-1, 1)$ 的时候 ($x_0 = \pm 1$ 的情况是平凡的). 令 $a = \arccos x_0$, 于是我们马上可以归纳出 $x_n = \cos(2^n a)$.

我们假定 x_n 收敛于 l, 于是 $l = 2l^2 - 1$, 所以 $l = -\dfrac{1}{2}$ 或者 $l = 1$. 假定 $l = 1$, 那么 $|x_{n+1} - 1| = 2|x_n - 1| \cdot |x_n + 1|$, 进而得到对于 $n \geqslant n_0$ 都有 $|x_{n+1} - 1| \geqslant 2|x_n - 1|$. 若 $x_{n_0} \neq 1$, 则 $|x_n - 1| \geqslant 2^{n - n_0} |x_{n_0} - 1|$, 这与 $\lim\limits_{n\to\infty} |x_n - 1| = 0$ 相矛盾. 所以, $x_{n_0} = 1$, 并且数列是以 n_0 为秩的常数列. 现在, 假定 $l = -\dfrac{1}{2}$, 那么, $2x_{n+1} + 1 = (2x_n + 1)(2x_n - 1)$, 由此可得

$$|2x_{n+1} + 1| \geqslant \frac{3}{2} |2x_n + 1| \quad n \geqslant n_1$$

$x_{n_1} = -\dfrac{1}{2}$ 和以 n_1 为秩的常数列与上述情况类似.

因此, 当 $x_0 = \cos\dfrac{2k\pi}{2^n}$ (对于某个 n 值和 $0 \leqslant k < 2^n$) 或 $x_0 = \cos\dfrac{2k\pi \pm \dfrac{2\pi}{3}}{2^m}$ (对于某个 m 值和 $0 \leqslant k < 2^m$) 时, 题中数列收敛.

推荐习题

1. 令 $(x_n)_{n \geqslant 1}$ 为实数数列, $x_1 \in (0, 1)$, $x_{n+1} = x_n - x_n^2 (n \geqslant 1)$. 请证明:

(1) 数列 $(x_n)_{n \geqslant 1}$ 收敛于 0, 且 $\lim\limits_{n\to\infty} n x_n = 1$;

(2) 我们可以求得 $\lim\limits_{n\to\infty} \dfrac{n}{\ln n}(1 - n x_n) = 1$.

2. 令 $x_0 = x_1 = 1$, 且对于所有正整数 n 都有 $x_{n+1} = \dfrac{x_n^2 + 1}{x_{n-1}}$. 请证明: 对于所有 n, x_n 都是一个整数.

3. 根据数列 $(x_n)_{n \geqslant 1}$ 的递归关系式 $x_{n+1} = 3 + \dfrac{5}{x_n}$, $n \geqslant 1$, 请证明: 该数列收敛.

4. 令 $(x_n)_{n \geqslant 1}$ 是已知递归关系式为 $x_{n+1} = x_n + x_n^2$ (n 为正整数) 的正实数数列. 请证明: 存在正实数 α 使得 $\lim\limits_{n \to \infty} \dfrac{x_n}{\alpha^{2^n}} = 1$.

5. 已知 $(a_n)_{n \geqslant 1}$ 是关系式为 $a_n = \lfloor (2 + \sqrt{3})^n \rfloor$ 的数列,请求出该数列的递归关系式.

6. 请证明: 对于所有 k, 都存在一个 $\alpha \in \mathbb{R} - \mathbb{Q}$ 使得 $k \mid \lfloor \alpha^n \rfloor + 1$ (n 为正整数).

7. 令 $a, b > 0$. 请求出所有 $f: [0, \infty) \to [0, \infty)$, 使得 $f(f(x)) + af(x) = b(a+b)x$ ($x \geqslant 0$).

8. 我们已知斐波那契数列 (Fibonacci sequence) $(f_n)_{n \geqslant 1}$ 的递归关系式为 $f_{n+2} = f_{n+1} + f_n$, 其中 $f_1 = f_2 = 1$. 已知数列 $(a_n)_{n \geqslant 1}$ 的通项公式为 $a_n = f_n^2$, 请求出该数列的递归关系式.

9. 我们已知斐波那契数列 $(f_n)_{n \geqslant 1}$ 的递归关系式为 $f_{n+2} = f_{n+1} + f_n$, 其中 $f_1 = f_2 = 1$. 请证明: 已知通项公式为 $a_n = \sum\limits_{k=1}^{n} \dfrac{1}{f_k f_{k+2}}$ 的数列 $(a_n)_{n \geqslant 1}$ 对于所有非负整数 n 都收敛于 1.

10. 令 a, b, c 为实数, 数列 $(a_n)_{n \geqslant 1}$ 的递归关系式为 $a_{n+3} = \dfrac{1}{3}(a_{n+2} + a_{n+1} + a_n)$, 其中 $a_1 = a, a_2 = b, a_3 = c$. 请证明: 数列 $(a_n)_{n \geqslant 1}$ 收敛于 $\dfrac{a + 2b + 3c}{6}$.

11. 令 $S_n = \sum\limits_{k=0}^{\lfloor \frac{n-1}{2} \rfloor} \dbinom{n}{2k+1} 2\,005^k$ ($n \in \mathbb{N}$), 请证明: $2^{n-1} \mid S_n$.

12. 令 $1 = x_1, x_2, \cdots$ 为实数数列, 且对于所有 $n \geqslant 1$ 都有 $x_{n+1} = x_n + \dfrac{1}{2x_n}$. 请证明: $\lfloor 25x_{625} \rfloor = 625$.

13. 请求出所有满足 $2n + 2\,001 \leqslant f(f(n)) + f(n) \leqslant 2n + 2\,002$ ($n \in \mathbb{N}$) 的 $f: \mathbb{N} \to \mathbb{N}$.

14. 已知数列 $(a_n)_{n \in \mathbb{N}}$ 的递归关系式为 $a_{n+3} = a_n + a_{n+1}$ (n 为非负整数), 且 $a_0 = 3$, $a_1 = 0, a_2 = 2$. 请证明: 每一个质数 p 都能整除 a_p.

15. 令 $m = 4k^2 - 5, k \geqslant 2$. 请证明: 存在 $a, b \in \mathbb{N}$ 使得数列 $(x_n)_{n \geqslant 0}$ 的所有元素都与 m 互素, 其中, $x_0 = a, x_1 = b, x_{n+2} = x_{n+1} + x_n$ ($n \geqslant 0$).

16. 已知 $a, b, c > 0, b^2 > 4ac$. 令 $(\lambda_n)_{n \geqslant 0}$ 为实数数列, 其中 $\lambda_0 > 0, c\lambda_1 > b\lambda_0$. 设 $u_0 = c\lambda_0, u_1 = c\lambda_1 - b\lambda_0, u_n = a\lambda_{n-2} - b\lambda_{n-1} + c\lambda_n$ ($n \geqslant 2$). 请证明: 若对于所有 $n \geqslant 0$ 都有 $u_n > 0$, 则对于所有 $n \geqslant 0$ 也都有 $\lambda_n > 0$.

17. 令 $(u_n)_{n \geqslant 1}$ 为实数数列, $u_1 = 1$, 且 $u_{n+1} = 1 + \dfrac{n}{u_n}$ ($n \geqslant 1$).

(1) 请证明: $\sqrt{n} \leqslant u_n < \sqrt{n} + 1$ ($n \geqslant 1$);

(2) 数列 $(u_n - \sqrt{n})_{n \geqslant 1}$ 在 $n \to \infty$ 时是否存在极限?

答案

1. (1) 由于对于所有 $n \geqslant 1$ 都存在 $x_{n+1} - x_n = -x_n^2 < 0$，所以数列 $(x_n)_{n \geqslant 1}$ 有界 (通过归纳很明显可以看出对于所有的 n 都有 $x_n \in (0,1)$) 且严格单调递增. 于是，该数列的收敛性马上就可以看出来. 因此，根据实数列单调收敛性定理可知，$(x_n)_{n \geqslant 1}$ 具有一个有限极值 x. 推演到递归关系式中的极限值，我们可以得到 $x = x - x^2$，即 $x = 0$.

或者，我们可以通过归纳法证明 $0 < x_n < \dfrac{1}{n}$ 对于所有 $n \geqslant 1$ 都成立. 其实，由于 $x_2 \leqslant \dfrac{1}{4}$ 相当于表明 $\left(x_1 - \dfrac{1}{2}\right)^2 \geqslant 0$，且 $0 < x_1 < 1$ 表明 $x_2 > 0$，所以我们可以得到 $0 < x_1 < 1$ 和 $0 < x_2 \leqslant \dfrac{1}{4} < \dfrac{1}{2}$. 对于 $n \geqslant 2$，如果我们可以得到 $0 < x_n < \dfrac{1}{n}$，也就可以得到 $x_n < \dfrac{1}{2}$. 由于二次函数 $x \mapsto x - x^2$ 对于 $x \leqslant \dfrac{1}{2}$ 单调递增，我们就可以得到

$$x_{n+1} = x_n - x_n^2 < \frac{1}{n} - \left(\frac{1}{n}\right)^2 = \frac{n-1}{n^2} < \frac{1}{n+1}$$

以及 $x_{n+1} > 0$，证毕.

由于已知 $\lim\limits_{n \to \infty} \dfrac{n+1-n}{\dfrac{1}{x_{n+1}} - \dfrac{1}{x_n}} = \lim\limits_{n \to \infty} \dfrac{x_{n+1}}{x_n} = \lim\limits_{n \to \infty} (1 - x_n) = 1$，而通项公式为 $\dfrac{1}{x_n}$ 的数列严格单调递增且无界，所以我们可以应用斯托尔兹 - 切萨罗定理 (Stolz-Cesàro theorem) 推得 $\lim\limits_{n \to \infty} n x_n = \lim\limits_{n \to \infty} \dfrac{n}{\dfrac{1}{x_n}} = 1$，这正是我们想要证明的结论.

对于证明 (2) 的部分，我们通过观察通项公式为 $y_n = \dfrac{1}{x_n} - n$ 的数列 $(y_n)_{n \geqslant 1}$ 可知 $y_{n+1} - y_n = \dfrac{1}{x_{n+1}} - \dfrac{1}{x_n} - 1 = \dfrac{x_n}{1 - x_n}$. 所以，(根据前述结论：$\lim\limits_{n \to \infty} x_n = 0$ 和 $\lim\limits_{n \to \infty} n x_n = 1$)

$$\lim_{n \to \infty} (n+1)(y_{n+1} - y_n) = \lim_{n \to \infty} \frac{n+1}{n} \cdot n x_n \cdot \frac{1}{1 - x_n} = 1$$

所以我们可以应用斯托尔兹 - 切萨罗定理，我们推得 $\lim\limits_{n \to \infty} \dfrac{y_n}{1 + \dfrac{1}{2} + \cdots + \dfrac{1}{n}} = 1$. 再根据一个众所周知的事实：$\lim\limits_{n \to \infty} \dfrac{1 + \dfrac{1}{2} + \cdots + \dfrac{1}{n}}{\ln n} = 1$，我们得到 $\lim\limits_{n \to \infty} \dfrac{y_n}{\ln n} = 1$. 这意味着 $\lim\limits_{n \to \infty} \dfrac{1}{\ln n}\left(\dfrac{1}{x_n} - n\right) = 1$，因此

$$\lim_{n\to\infty}\frac{n}{\ln n}(1-nx_n)=\lim_{n\to\infty}\frac{1}{\ln n}\cdot\left(\frac{1}{x_n}-n\right)\cdot nx_n=1$$

此即本题所求.

2. 我们通过归纳法着手. 假定 $x_0,x_1,\cdots,x_n$ 为整数,从 $x_{n-2}x_n=x_{n-1}^2+1$ 可以推导出其任意两个连续项互素. 现在

$$x_{n+1}=\frac{x_n^2+1}{x_{n-1}}=\frac{(x_{n-1}^2+1)^2+x_{n-2}^2}{x_{n-2}^2x_{n-1}}$$

这足以证明 $x_{n-2}^2\,|\,N$ 和 $x_{n-1}\,|\,N$,其中 $N=(x_{n-1}^2+1)^2+x_{n-2}^2$. 通过归纳假设,即 $x_n=\dfrac{x_{n-1}^2+1}{x_{n-2}}$ 为整数,可以推导出 x_{n-2} 可以整除 x_{n-1}^2+1. 根据 N 的定义,可以得到 $x_{n-2}^2\,|\,N$. 于是,$N\equiv 1+x_{n+2}^2\equiv x_{n-3}x_{n-1}\equiv 0\,(\mathrm{mod}\,x_{n-1})$. 我们还可以得到该数列的通项公式. 通过两个连续项的关系式 $x_{n-1}x_{n+1}=x_n^2+1$ 和 $x_{n-2}x_n-x_{n-1}^2=1$,以及它们的差,我们可以得到

$$x_n(x_n+x_{n-2})=x_{n-1}(x_{n-1}+x_{n+1})$$

也可以写成 $\dfrac{x_{n-1}+x_{n+1}}{x_n}=\dfrac{x_{n-2}+x_n}{x_{n-1}}$. 这表明,$\dfrac{x_{n-1}+x_{n+1}}{x_n}$ 是一个常数. 因此,x_n 满足二阶线性递归.

3. 我们定义 $a_n=x_1x_2\cdots x_n,n\geqslant 1$. 于是,$x_n=\dfrac{a_n}{a_{n-1}}$ 对于所有 $n\geqslant 2$ 都成立,所以上述关系式可以写成 $a_{n+1}-3a_n=5a_{n-1}$. 对应二次方程 $\lambda^2-3\lambda-5=0$ 的根为 $\lambda_1=\dfrac{3+\sqrt{29}}{2}$ 和 $\lambda_2=\dfrac{3-\sqrt{29}}{2}$. 所以,对于所有正整数 n 和实数 α,β,都有 $a_n=\alpha\lambda_1^n+\beta\lambda_2^n$. 若 $\alpha\beta\neq 0$,那么数列 $(x_n)_{n\geqslant 1}$ 是收敛的,即

$$\lim_{n\to\infty}x_n=\lim_{n\to\infty}\frac{\alpha\lambda_1^n+\beta\lambda_2^n}{\alpha\lambda_1^{n-1}+\beta\lambda_2^{n-1}}=\lim_{n\to\infty}\frac{\lambda_1^n\left(\alpha+\beta\left(\frac{\lambda_2}{\lambda_1}\right)^n\right)}{\lambda_1^{n-1}\left(\alpha+\beta\left(\frac{\lambda_2}{\lambda_1}\right)^{n-1}\right)}=\lambda_1$$

最终,如果 $\alpha=0$ 或者 $\beta=0$,那么数列 $(x_n)_{n\geqslant 1}$ 是一个常数列.

4. 数列 $(x_n)_{n\geqslant 1}$ 是递增数列且无上限. 我们定义 $y_n=\dfrac{\ln x_n}{2^n}$. 于是,$y_{n+1}=\dfrac{\ln(x_n^2+x_n)}{2^{n+1}}=$

$y_n+\dfrac{\ln\left(1+\dfrac{1}{x_n}\right)}{2^{n+1}}<y_n+\dfrac{1}{2^{n+1}x_n}$,所以 $0<y_{n+1}-y_n<\dfrac{1}{2^{n+1}x_n}$. 进而可以得到

$$0<y_{n+p}-y_n$$
$$<\frac{1}{2^{n+1}x_n}+\frac{1}{2^{n+2}x_{n+1}}+\cdots+\frac{1}{2^{n+p}x_{n+p-1}}$$

$$< \frac{1}{x_n} \left(\frac{1}{2^{n+1}} + \frac{1}{2^{n+2}} + \cdots + \frac{1}{2^{n+p}} \right)$$

$$= \frac{1}{x_n} \cdot \frac{1}{2^{n+1}} \cdot \frac{1 - \frac{1}{2^p}}{1 - \frac{1}{2}}$$

$$< \frac{1}{2^n x_n}$$

这表明数列 $(y_n)_{n \geqslant 1}$ 是一个高斯数列,所以是收敛的,我们以 λ 表示其极限值. 如果 $\alpha = e^\lambda$,那么根据 $0 < y_{n+p} - y_n < \frac{1}{2^n x_n}$,当 $p \to \infty$ 时,$0 \leqslant \ln \alpha - \frac{\ln x_n}{2^n} \leqslant \frac{1}{2^n x_n} \Leftrightarrow 0 \leqslant \ln \frac{\alpha^{2^n}}{x_n} \leqslant \frac{1}{x_n}$. 因此,可以得到 $\lim\limits_{n \to \infty} \ln \frac{\alpha^{2^n}}{x_n} = 0$,即 $\lim\limits_{n \to \infty} \frac{\alpha^{2^n}}{x_n} = 1$.

5. 根据二项式定理,可得 $(2 + \sqrt{3})^n + (2 - \sqrt{3})^n = 2 \times \sum\limits_{2k \leqslant n} \dbinom{n}{2k} \times 2^{n-2k} \times 3^k \in \mathbb{N}$,所以,该题中的 a_n 为 $a_n = (2 + \sqrt{3})^n + (2 - \sqrt{3})^n - 1$. 现在,$x_{1,2} = 2 \pm \sqrt{3}$ 是二次多项式 $x^2 - 4x + 1$ 的根,以 $s_n = x_1^n + x_2^n$ 定义的数列满足回归关系 $s_{n+2} - 4s_{n+1} + s_n = 0$. 最终,可以得到 $a_n = s_n - 1$. 因此,$a_{n+2} = 4a_{n+1} - a_n - 2$.

6. (RoMOP) 我们将要证明 $\alpha = k + \sqrt{k^2 - k}$ 具有本题所要求的性质. 令 $\beta = k - \sqrt{k^2 - k}$. 和上题一样,可以得到 $x_n = \alpha^n + \beta^n = [\alpha^n] + 1$,对于所有 n 都成立. 而且,对于所有 $n \geqslant 1$,x_n 具有如下特性:$x_n = \alpha^n + \beta^n = [\alpha^n] + 1$. 所以,$x_n$ 是 k 的倍数,这就证明 α 具备本题所要求的性质.

7. (RoMOP) 解决这类问题的最典型方法就是将数列 $(x_n)_{n \geqslant 0}$ 定义为 $x_0 = x$ 和 $x_{n+1} = f(x_n)$. 该数列具有如下特点:$x_{n+2} + ax_{n+1} = b(a + b)x_n$. 对应二次多项式 $x^2 + ax - b(a + b)$ 的根为 b 和 $-a - b$. 所以,存在 $\alpha, \beta \in \mathbb{R}$ 使得 $x_n = \alpha b^n + \beta(-a - b)^n = \alpha b^n + (-1)^n \beta(a + b)^n$,对于所有 n 都成立. 由于 $x_n \geqslant 0$,所以得到 $\alpha b^n \geqslant (-1)^{n+1} \beta(a + b)^n$ 对于所有 n 都成立. 从这里,我们不难推导出 $\beta = 0$,于是 $x_n = \alpha b^n$. 所以,具体而言 $x_1 = bx_0$,这实际上意味着 $f(x) = bx$. 这对于所有 x 都成立,所以 $f(x) = bx$ 是唯一解.

但是,另外还有一种更好的不需要用到数列的办法. 令 $\alpha = \inf\limits_{x>0} \dfrac{f(x)}{x}$ 和 $\beta = \sup\limits_{x>0} \dfrac{f(x)}{x}$,所以

$$\frac{f(x)}{x} \geqslant \frac{b(a+b)}{\alpha + \beta}, \ \forall x > 0 \Rightarrow \alpha \geqslant \frac{b(a+b)}{a+\beta} \tag{1}$$

而 $b(a + b)x = f(f(x)) + af(x) \geqslant \alpha f(x) + af(x)$,所以

$$\frac{f(x)}{x} \leqslant \frac{b(a+b)}{a+\alpha}, \forall x>0 \Rightarrow \beta \leqslant \frac{b(a+b)}{a+\alpha} \tag{2}$$

根据式(1)和式(2),我们可以很容易推出 $\alpha=\beta=b$,所以对于所有 $x\in\mathbb{R}$, $f(x)=bx$.

8. 已知

$$a_n = f_n^2 = (f_{n-1}+f_{n-2})^2 = f_{n-1}^2 + f_{n-2}^2 + 2f_{n-1}f_{n-2}$$

$$= a_{n+1} + a_{n+2} + \frac{(f_{n-1}+f_{n-2})^2 - (f_{n-1}-f_{n-2})^2}{2}$$

$$= a_{n-1} + a_{n-2} + \frac{f_n^2 - f_{n-3}^2}{2} = a_{n-1} + a_{n-2} + \frac{a_n - a_{n-3}}{2}$$

所以, $a_n = 2a_{n-1} + 2a_{n-2} - a_{n-3}$.

9. 该数列各项之和的一般表达式可以等价地表示为

$$\frac{1}{f_k f_{k+2}} = \frac{f_{k+1}}{f_k f_{k+1} f_{k+2}} = \frac{f_{k+2}-f_k}{f_k f_{k+1} f_{k+2}} = \frac{1}{f_k f_{k+1}} - \frac{1}{f_{k+1} f_{k+2}}$$

所以就得到

$$a_n = \sum_{k=1}^n \left(\frac{1}{f_k f_{k+1}} - \frac{1}{f_{k+1} f_{k+2}}\right) = \frac{1}{f_1 f_2} - \frac{1}{f_{n+1} f_{k+2}} = 1 - \frac{1}{f_{n+1} f_{k+2}}$$

因此得出答案.

10. 数列 $(a_n)_{n\geqslant 1}$ 满足递归公式 $3\lambda^3 - \lambda^2 - \lambda - 1 = 0$,该等式的根为 $\lambda_1 = 1$, $\lambda_{2,3} = \frac{-1 \pm i\sqrt{2}}{3}$. 应用三角函数转化公式,可以得到 $\lambda_{2,3} = \frac{1}{\sqrt{3}}(\cos\alpha \pm i\sin\alpha)$,其中 $\alpha \in \left(\frac{\pi}{2}, \pi\right)$ 满足 $\cos\alpha = -\frac{1}{\sqrt{3}}$. 数列 $(a_n)_{n\geqslant 1}$ 的通项公式为 $a_n = c_1 + \frac{1}{\sqrt{3}^n}(c_2\cos n\alpha + c_3\sin n\alpha)$,所以 $(a_n)_{n\geqslant 1}$ 收敛于 c_1. 系数 c_1, c_2, c_3 可以通过以下方程组求得

$$\begin{cases} c_1 - \frac{1}{3}c_2 + \frac{\sqrt{2}}{3}c_3 = a \\ c_1 - \frac{1}{9}c_2 - \frac{2\sqrt{2}}{9}c_3 = b \\ c_1 + \frac{5}{27}c_2 + \frac{\sqrt{2}}{27}c_3 = c \end{cases}$$

最终得到 $c_1 = \frac{a+2b+3c}{6}$.

11. (多瑙河国际竞赛 2005) 令 $S_n = \sum_{k\geqslant 0}\binom{n}{2k+1}2\,005^k$, $T_n = \sum_{k\geqslant 0}\binom{n}{2k}2\,005^k$,于是可以得到 $(1 \pm \sqrt{2\,005})^n = T_n \pm S_n\sqrt{2\,005} \Rightarrow S_n = \frac{(1+\sqrt{2\,005})^n - (1-\sqrt{2\,005})^n}{\sqrt{2\,005}}$. 由于 1 ±

$\sqrt{2\ 005}$ 是 $x^2-2x-2\ 004$ 的两个根,所以我们得到 $S_{n+2}=2S_{n+1}+2\ 004S_n$. 通过归纳,我们很容易就能得出结论.

12.(罗马尼亚 IMO TST 2006)我们需要证明的就是 $25\leqslant x_{625}<25+\dfrac{1}{25}$. 我们将题中已知等式平方就可以得到 $x_{n+1}^2=x_n^2+\dfrac{1}{4x_n^2}+1\Rightarrow x_{n+1}^2-x_n^2=1+\dfrac{1}{4x_n^2}$. 显然,$x_n^2\geqslant n$(通过归纳),所以我们就已经证明了上述不等式的左侧部分. 对于右侧的不等式,我们可以证明如下

$$x_{625}^2=1+\sum_{k=1}^{624}(x_{k+1}^2-x_k^2)=625+\frac{1}{4}\sum_{k=1}^{624}\frac{1}{x_k^2}\leqslant 625+\frac{1}{4}\sum_{k=1}^{624}\frac{1}{k}$$

$$\leqslant 625+\frac{\ln 625}{4}=625+\frac{4\ln 5}{4}<627$$

$$\Rightarrow x_{625}<25+\frac{1}{25}$$

13. 令 $m\in\mathbb{N}$,对于所有 $n\in\mathbb{N}$ 都有 $a_n=f^{n+1}(m)-f^n(m)-667$,其中指数表示 f 自乘的次数. 显然,对于所有 n 都有 $a_{n+1}+2a_n\in\{0,1\}$. 如果 $a_0>0$,则 a_{2n} 趋向于 $+\infty$,这意味着 $a_{2n}+a_{2n+1}$ 趋向于 $-\infty$,也就是说数列 $f^{2n+1}(m)$ 从某项开始严格单调递减,这就形成了矛盾. 类似地,我们可以得到对于 $a_0<0$ 也会出现矛盾. 因此,$a_0=0$,即 $f(m)=m+667$. 于是,$f(n)=n+667$ 就是本题的唯一解.

14. 已知递归等式为 $\lambda^3-\lambda-1=0$,如果我们分别用 $\lambda_1,\lambda_2,\lambda_3$ 表示该等式的根,那么根据韦达(Viète)定理可知 $\lambda_1+\lambda_2+\lambda_3=0$. 我们不难证明 $a_n=\lambda_1^n+\lambda_2^n+\lambda_3^n$ 对于所有非负整数 n 都成立,而对于质数 p 我们已知 $\lambda_1^p+\lambda_2^p+\lambda_3^p\equiv(\lambda_1+\lambda_2+\lambda_3)^p\equiv 0(\bmod\ p)$,因此就得到 p 能够整除 a_p.

15.(IMO Shortlist 2004)我们想要求出 a 和 b 的值,使得 $\gcd(b,m)=1$,并且 $x_n\equiv b^n(\bmod\ m)$ 对于所有 n 值都成立. 这里我们很自然就能想到取 $a=1$,现在如果能够求得某个 b 值使得 $1+b\equiv b^2(\bmod\ m)$ 成立,那么我们就完成了我们的证明,而这并不困难,比如我们取 $b=2k^2+k-2$,本题的证明就可以完成.

16. 定义数列 $(u_n)_{n\geqslant 1}$ 的等式表明 $u_0+u_1X+u_2X^2+\cdots=(c-bX+aX^2)(\lambda_0+\lambda_1X+\lambda_2X^2+\cdots)$ 在以实数为参数的形式序列环上都成立. 由于 $c\neq 0$,数列 $c-bX+aX^2$ 可逆,所以我们也可以将等式解读为以下形式:

$$\lambda_0+\lambda_1X+\lambda_2X^2+\cdots=(c-bX+aX^2)^{-1}(u_0+u_1X+u_2X^2+\cdots)$$

但我们可以用 $c-bX+aX^2$ 的分解因式 $c-bX+aX^2=a(r-X)(s-X)$(r 和 s 是方程 $ax^2-bx+c=0$ 的根)和公式 $(p-X)^{-1}=\dfrac{1}{p}+\dfrac{1}{p^2}X+\dfrac{1}{p^3}X^2+\cdots=\sum_{n\geqslant 0}\dfrac{1}{p^{n+1}}X^n$(该公式很容易验证)来求它的逆. 我们因此得到 $c-bX+aX^2$ 的逆为

$$(c - bX + aX^2)^{-1} = \frac{1}{a}(r - X)^{-1}(s - X)^{-1}$$

$$= \frac{1}{a}\left(\sum_{n \geqslant 0}\frac{1}{r^{n+1}}X^n\right)\left(\sum_{n \geqslant 0}\frac{1}{s^{n+1}}X^n\right)$$

从而得到 $\sum_{n \geqslant 0}\lambda_n X^n = \frac{1}{a}\left(\sum_{n \geqslant 0}\frac{1}{r^{n+1}}X^n\right)\left(\sum_{n \geqslant 0}\frac{1}{s^{n+1}}X^n\right)\left(\sum_{n \geqslant 0}u_n X^n\right)$. 根据形式指数序列的相

等关系可以得到 $\lambda_n = \sum_{i+j+k=n}\frac{u_k}{ar^{i+1}s^{j+1}}$（该加和的范围可以涵盖所有非负整数 i,j,k，使得三

者之和为 n）；也就是说，该公式提供了将数列 $(\lambda_n)_{n \geqslant 1}$ 中的每一项与数列 $(u_n)_{n \geqslant 1}$ 中的某

个项进行线性耦合的表达式.（总而言之，我们得到了关于数列 $(\lambda_n)_{n \geqslant 1}$ 的一个二阶线性

非同质递归关系，通过解答我们求得了用 $u_n s$ 来表示 λ_n 的方法）如果我们还能记得 r 和 s

是方程 $ax^2 - bx + c = 0$ 的根并且 a, b, c 以及 $b^2 - 4ac$ 都为正数的话，我们就会知道 r 和 s

都是正实数. 同时，这也表明上述提到的线性耦合参数也都为正. 现在，推论

$$u_n > 0, \forall n \geqslant 0 \Rightarrow \lambda_n > 0, \forall n \geqslant 0$$

也就很明显了.

本题是 H. A. ShahAli 提出并发表在《美国数学月刊》上的题 11445.

17. 通过对 n 的归纳，我们通过（1）部分证明了不等式关系. 由于当 $n = 1$ 时，这些不

等式显然为真，所以我们假定对于 n 存在 $\sqrt{n} \leqslant u_n < \sqrt{n} + 1$，然后来证明 $\sqrt{n+1} \leqslant u_{n+1} <$

$\sqrt{n+1} + 1$. 从该不等式，我们观察到

$$u_{n+1} = 1 + \frac{n}{u_n} \leqslant 1 + \frac{n}{\sqrt{n}} = 1 + \sqrt{n} < 1 + \sqrt{n+1}$$

和

$$u_{n+1} = 1 + \frac{n}{u_n} > 1 + \frac{n}{\sqrt{n}+1} > 1 + \frac{n}{\sqrt{n+1}+1} = \sqrt{n+1}$$

请注意，如果 $n \geqslant 2$，那么第一个不等式实际上是严格单调的. 同时，将上述两个不等式放

在一起就可以得到对于 $n \to \infty$ 存在 $u_n \sim \sqrt{n}$（即 $\lim\limits_{n \to \infty}\frac{u_n}{\sqrt{n}} = 1$).

（1）部分是由 John Scholes 提出并发表在《新数学档案》2007 年 1 月刊上的题 A；

（2）读者很容易从递归关系 $u_{n+1} - \sqrt{n+1} + \frac{\sqrt{n}}{u_n}(u_n - \sqrt{n}) = 1 - \frac{1}{\sqrt{n+1}+\sqrt{n}}$ 中发现，

如果 $(u_n - \sqrt{n})_{n \geqslant 1}$ 确实存在极限，那么其值必定为 $\frac{1}{2}$. 然而，要证明该极限的存在，比如展

示数列的单调性（如果存在这种单调性的话），似乎是非常困难的. 所以，我们将会尝试相

同的方法，即利用不等式关系，希望这些不等式会比题中的陈述（该陈述仅仅证明了以

$u_n - \sqrt{n}$ 为通项公式的数列的无界特性)更为清晰鲜明. 更加准确地说,我们要进一步证明

$\dfrac{1 + \sqrt{4n-3}}{2} \leqslant u_n \leqslant \dfrac{1 + \sqrt{4n+1}}{2}$ 对于每一个正整数 n 都成立. 我们再次利用对 n 的归纳

法,在证实了 $n = 1$ 的情况后(读者自己可以尝试证明一下),我们假定上述不等式为真,

这也就表明 $\dfrac{1 + \sqrt{4n+1}}{2} \leqslant u_{n+1} \leqslant \dfrac{1 + \sqrt{4n+5}}{2}$ 同样为真. 其实,我们已经知道 $u_{n+1} = 1 + \dfrac{n}{u_n} \geqslant$

$1 + \dfrac{2n}{1 + \sqrt{4n+1}} = \dfrac{1 + \sqrt{4n+1}}{2}$, 且 $u_{n+1} = 1 + \dfrac{n}{u_n} \leqslant 1 + \dfrac{2n}{1 + \sqrt{4n-3}} \leqslant 1 + \dfrac{1 - \sqrt{4n+5}}{2} =$

$\dfrac{1 + \sqrt{4n+5}}{2}$. 后者仍需进行解释:该不等式等价于

$$4n \leqslant (\sqrt{4n+5} - 1)(\sqrt{4n-3} + 1)$$

经过一番计算后可以得到

$$(\sqrt{4n+5} - \sqrt{4n-3})^2 \leqslant 2(\sqrt{4n+5} - \sqrt{4n-3})$$

最终,由于 $\sqrt{4n+5} - \sqrt{4n-3} > 0$,而 $\sqrt{4n+5} - \sqrt{4n-3} = \dfrac{8}{\sqrt{4n+5} + \sqrt{4n-3}} \leqslant \dfrac{8}{3+1} = 2$,

所以上述不等式为真,于是我们的这个更为鲜明的不等式就得到证明. 至于本题的第二

部分,我们只要将不等式转写为

$$\dfrac{1}{2} - \dfrac{3}{2(\sqrt{4n-3} + 2\sqrt{n})} \leqslant u_n - \sqrt{n} \leqslant \dfrac{1}{2} + \dfrac{1}{2(\sqrt{4n+1} + 2\sqrt{n})}$$

即可,然后令 n 趋向于无穷就可以得到 $\lim\limits_{n \to \infty} (u_n - \sqrt{n}) = \dfrac{1}{2}$,这正如我们在一开始所猜想的

那样.

第十二章　蕴含关系数列

本章我们将用反函数的可微分性理论来提供一种方法求出一个蕴含关系数列的收敛速度.

关于实数数列 $(a_n)_{n \in \mathbb{N}}$ 和函数 $f : \mathbb{R} \to \mathbb{R}$,我们将要学习给定如下蕴含关系的数列 $(a_n)_{n \in \mathbb{N}}$ 的特点:对于所有 $n \in \mathbb{N}$ 都有

$$f(x_n) = a_n \tag{1}$$

其中已知 $x_0 \in \mathbb{R}$. 接下来的理论性结论为我们提供了一个计算数列 $(x_n)_{n \in \mathbb{N}}$ 的极限以及 $(x_n)_{n \in \mathbb{N}}$ 向其极限收敛的速度的方法. 几乎在任何时候,数列 $(x_n)_{n \in \mathbb{N}}$ 显然都是不能得到的,即使函数 f 是一个对射函数.

令 $I, J \subseteq \mathbb{R}$ 是两个区间,我们来证明以下命题:

命题 1　假定关于对射函数 f 的以下条件成立:

(1)函数 $f : I \to J$ 是连续对射函数;

(2)数列 $(a_n)_{n \in \mathbb{N}}$ 向 $a \in \mathbb{R}$ 收敛.

那么,数列 $(x_n)_{n \in \mathbb{N}}$ 就向 $l = f^{-1}(a)$ 收敛.

证明　事实上,关系式(1)可以被等价地表示成 $x_n = f^{-1}(a_n)$. 根据反函数连续性定理,可以得到 $\lim\limits_{n \to \infty} x_n = \lim\limits_{n \to \infty} f^{-1}(a_n) = f^{-1}(a)$.

命题 2　假定下列条件成立:

(1)函数 $f : I \to J$ 可微分,其导数 f' 连续;

(2)数列 $(a_n)_{n \in \mathbb{N}}$ 向 $a \in \mathbb{R}$ 收敛.

用符号表示就是:已知 $a = \lim\limits_{n \to \infty} a_n$ 和 $l = f^{-1}(a) = \lim\limits_{n \to \infty} x_n$. 若 $f'(l) \neq 0$,则 $\lim\limits_{n \to \infty} \dfrac{x_n - l}{a_n - a} = \dfrac{1}{f'(l)}$.

证明　已知

$$\lim_{n \to \infty} \frac{x_n - l}{a_n - a} = \lim_{n \to \infty} \frac{f^{-1}(a_n) - f^{-1}(a)}{a_n - a} = \lim_{n \to \infty} \frac{f^{-1}(x) - f^{-1}(a)}{x - a} = (f^{-1})'(a)$$

根据反函数的可微分性定理,我们可以得到

$$(f^{-1})'(a) = \frac{1}{f'(f^{-1}(a))} = \frac{1}{f'(l)}$$

所以,结论为真.

现在我们来看一下对这些结论的应用.

例 1 令 $(x_n)_{n \in \mathbb{N}}$ 为实数数列,使得对于所有整数 $n \geqslant 1$ 都有 $x_n + \ln x_n = 1 + \frac{1}{n}$. 请证明:

(1) $\lim\limits_{n \to \infty} x_n = 1$;

(2) $\lim\limits_{n \to \infty} n(x_n - 1) = \frac{1}{n}$.

证明 我们来看一下函数 $f:(0, \infty) \to \mathbb{R}$,其形式为 $f(x) = x + \ln x$. 已知

$$f'(x) = 1 + \frac{1}{x} > 0$$

所以 f 是一个递增函数. 而同时 f 也是一个连续函数,且 $\lim\limits_{x \to 0} f(x) = -\infty$, $\lim\limits_{x \to \infty} f(x) = \infty$, 所以 f 是一个满射函数. 于是, f 就是一个对射函数,其关系式可以等价地表示为 $f(x_n) = 1 + \frac{1}{n} \Rightarrow x_n = f^{-1}\left(1 + \frac{1}{n}\right)$.

我们可以得到, $\lim\limits_{n \to \infty} x_n = \lim\limits_{n \to \infty} f^{-1}\left(1 + \frac{1}{n}\right) = f^{-1}(1) = 1$, 而且

$$\lim\limits_{n \to \infty} n(x_n - 1) = \lim\limits_{n \to \infty} \frac{x_n - 1}{\frac{1}{n}} = \lim\limits_{n \to \infty} \frac{f^{-1}\left(1 + \frac{1}{n}\right) - f^{-1}(1)}{\left(1 + \frac{1}{n}\right) - 1}$$

$$= (f^{-1})'(1) = \frac{1}{f'(1)} = \frac{1}{2}$$

例 2 令 $f:[a, b] \to \mathbb{R}$ 是一个连续可微函数,且对于所有 x 都有 $f'(x) \neq 0$. 请证明:

(1) 对于每一个 $x \in (a, b]$, 都存在一个唯一的 $c_x \in [a, x]$, 使得 $\int_a^x f(t)\mathrm{d}t = f(c_x)(x - a)$.

(2) $\lim\limits_{x \to a} = \frac{c_x - a}{x - a} = \frac{1}{2}$.

证法 1 根据莱布尼兹 - 牛顿定理可以推导出 c_x 的存在,根据 f 的单射性质可以推导出其单一性.(后者是根据罗尔定理以及非零导数假说所得出的结果). 若 $\int_a^x f(t)\mathrm{d}t = f(c_x)(x - a) = f(\gamma_x)(x - a)$, 则 $f(c_x) = f(\gamma_x)$, 所以, $c_x = \gamma_x$. 现在,应用反函数的可微分性定理,然后是洛必达法则,我们可以得到

$$\lim_{x\to a}\frac{c_x-a}{x-a}=\lim_{x\to a}\frac{f^{-1}\left(\dfrac{1}{x-a}\displaystyle\int_a^x f(t)\,\mathrm{d}t\right)-a}{x-a}$$

$$=\lim_{x\to a}\left(\frac{f^{-1}\left(\dfrac{1}{x-a}\displaystyle\int_a^x f(t)\,\mathrm{d}t\right)-f^{-1}(f(a))}{\dfrac{1}{x-a}\displaystyle\int_a^x f(t)\,\mathrm{d}t-f(a)}\cdot\frac{\dfrac{1}{x-a}\displaystyle\int_a^x f(t)\,\mathrm{d}t-f(a)}{x-a}\right)$$

$$=\lim_{x\to a}\frac{f^{-1}\left(\dfrac{1}{x-a}\displaystyle\int_a^x f(t)\,\mathrm{d}t\right)-f^{-1}(f(a))}{\dfrac{1}{x-a}\displaystyle\int_a^x f(t)\,\mathrm{d}t-f(a)}\cdot\lim_{x\to a}\frac{\dfrac{1}{x-a}\displaystyle\int_a^x f(t)\,\mathrm{d}t-f(a)}{x-a}$$

$$=(f^{-1})'(f(a))\cdot\lim_{x\to a}\frac{\displaystyle\int_a^x f(t)\,\mathrm{d}t-(x-a)f(a)}{(x-a)^2}$$

$$=\frac{1}{f'(a)}\cdot\lim_{x\to a}\frac{f(x)-f(a)}{2(x-a)}$$

$$=\frac{1}{f'(a)}\cdot\frac{f'(a)}{2}$$

$$=\frac{1}{2}$$

解法 2　根据洛必达法则、微积分基本定理和导数定义,我们已知

$\lim_{x\to a}\dfrac{\displaystyle\int_a^x f(t)\,\mathrm{d}t-f(a)f(x-a)}{(x-a)^2}=\lim_{x\to a}\dfrac{f(x)-f(a)}{2(x-a)}=\dfrac{1}{2}f'(a)$,一方面,用$(x-a)f(c_x)$取代

这里的$\displaystyle\int_a^x f(t)\,\mathrm{d}t$,我们可以得到$\lim_{x\to a}\dfrac{f(c_x)-f(a)}{x-a}=\dfrac{1}{2}f'(a)$. 另一方面,当$x\to a$时,根据

$c_x\in[a,x]$可知$c_x\to a$,于是我们就可以得到$\lim_{x\to a}\dfrac{f(c_x)-f(a)}{c_x-a}=f'(a)$. 最终,我们得到

$$\lim_{x\to a}\frac{c_x-a}{x-a}=\lim_{x\to a}\frac{\dfrac{f(c_x)-f(a)}{x-a}}{\dfrac{f(c_x)-f(a)}{c_x-a}}=\frac{1}{2}$$

我们现在来讨论一些其他更具挑战性的题目,因为这些题目并不能直接从前述命题推导出来. 在这样做之前,我们先来明确一些基本的标点符号. 若$(x_n)_{n\geq1}$和$(y_n)_{n\geq1}$是两个数列,当无论n多大都有$y_n\neq0$时,若$\lim_{n\to\infty}\dfrac{x_n}{y_n}=1$,我们就将其写成$x_n\sim y_n$. 当无论$n$多大都有$y_n>0$时,若$\lim_{n\to\infty}\dfrac{x_n}{y_n}=0$,我们就将其写成$x_n=o(y_n)$;若$\left(\dfrac{x_n}{y_n}\right)_{n\geq1}$有界,我们就将其写成

$x_n = O(y_n)$.

例3 令 $a > 0$，x_n 是方程 $x\sin x = a\cos x$ 的唯一解且位于 $\left(n\pi, n\pi + \dfrac{\pi}{2}\right)$ 区间内. 请证明：$x_n = n\pi + \dfrac{a}{n\pi} - \dfrac{a^2(a+3)}{3\pi^3 n^3} + O\left(\dfrac{1}{n^3}\right)$.

证明 我们首先来证明 x_n 确实存在，也就是说，函数 $f(x) = x\sin x - a\cos x$ 在任意区间 $\left(n\pi, n\pi + \dfrac{\pi}{2}\right)$ 内都有唯一零解. 已知在该区间内，$\sin x$ 和 $\cos x$ 同号，并且由于 $f'(x) = x\cos x + (1+a)\sin x$，$f'$ 在 $I_n = \left(n\pi, n\pi + \dfrac{\pi}{2}\right)$ 上是严格单调的. 已知 $f(n\pi)f\left(n\pi + \dfrac{\pi}{2}\right) = -a\left(\dfrac{\pi}{2} + n\pi\right) < 0$，这就表明 x_n 的存在且具有唯一性. 显而易见，$x_n \sim n\pi$. 令 $y_n = x_n - n\pi$，由于 y_n 有界，且当 $x \to 0$ 时 $\arctan x \sim x$（即 $\lim\limits_{x \to 0} \dfrac{\arctan x}{x} = 1$），于是通过简单的计算就可以得到 $\tan y_n = \dfrac{a}{n\pi + y_n} \Rightarrow y_n = \arctan \dfrac{a}{n\pi + y_n} \sim \dfrac{a}{n\pi}$.

最后，设 $z_n = y_n - \dfrac{a}{n\pi}$，从前述步骤 $z_n = O\left(\dfrac{1}{n}\right)$ 以及关系式 $y_n = \arctan \dfrac{a}{n\pi + y_n}$ 可以得到

$$z_n + \frac{a}{n\pi} = \arctan \frac{a}{n\pi + \dfrac{a}{n\pi} + O\left(\dfrac{1}{n}\right)}.$$

已知

$$\frac{a}{n\pi + \dfrac{a}{n\pi} + O\left(\dfrac{1}{n}\right)} = \frac{a}{n\pi} - \frac{a^2}{n^3\pi^3} + O\left(\frac{1}{n^3}\right)$$

并且当 $x \to 0$ 时，$\dfrac{\arctan x - x}{x^3}$ 逼近 $-\dfrac{1}{3}$，也就得到 $\arctan x = x - \dfrac{x^3}{3} + o(x^3) = x - \dfrac{x^3}{3} + O(x^3)$. 因此，$z_n + \dfrac{a}{n\pi} = \dfrac{a}{n\pi} - \dfrac{a^2}{n^3\pi^3} - \dfrac{a^3}{3n^3\pi^3} + O\left(\dfrac{1}{n^3}\right)$. 于是，得出结论.

由于较少用到技巧，接下来的这道算题也是不明显的. 前一题中对引入符号的使用在这里被证明是非常有效的.

例4 对于任意 $n > 1$，等式 $\sqrt[n]{x+1} - \sqrt[n]{x} = \dfrac{1}{n}$ 都有唯一解 $x_n \in (0, 1)$. 请证明：$\lim\limits_{n \to \infty} x_n = \dfrac{1}{e-1}$.

证明 我们来看一下 $f: (0, 1) \to \mathbb{R}$，$f(x) = \sqrt[n]{x+1} - \sqrt[n]{x}$. 因为 $f(x) = \dfrac{1}{\sqrt[n]{x^{n-1}} + \cdots + \sqrt[n]{(x+1)^{n-1}}}$，所以 f 是递减的. 并且，根据伯努利不等式（或者简单地说就

是 $\left(1+\dfrac{1}{n}\right)^n$ 的多项式公式) 可以得到 $f(0)=1$ 和 $f(1)=\sqrt[n]{2}-1<\dfrac{1}{n}$. 因此, x_n 存在且唯

一. 已知 $\sqrt[n]{x_n}=\sqrt[n]{1+x_n}-\dfrac{1}{n}>1-\dfrac{1}{n}\Rightarrow x_n>\left(1-\dfrac{1}{n}\right)^n$, 由于数列 $\left(1-\dfrac{1}{n}\right)^n$ 收敛于 $\dfrac{1}{e}$, 所以

存在常数 $c>0$ 使得对于所有 n 都有 $x_n>c$.

现在, 根据上述条件可以得到 $\dfrac{1}{\sqrt[n]{x_n}}=\sqrt[n]{1+\dfrac{1}{x_n}}-1=e^{\frac{1}{n}\ln\left(1+\frac{1}{x_n}\right)}-1 \sim \dfrac{1}{n}\ln\left(1+\dfrac{1}{x_n}\right)$.

由于 $\lim\limits_{n\to\infty}\sqrt[n]{x_n}=1$ (因为 $1\geqslant\sqrt[n]{x_n}\geqslant\sqrt[n]{c}$), 我们可以推导出

$$\dfrac{1}{n}\sim\dfrac{1}{n}\ln\left(1+\dfrac{1}{x_n}\right)\Rightarrow\ln\left(1+\dfrac{1}{x_n}\right)\sim 1\Rightarrow\lim\limits_{n\to\infty}x_n=\dfrac{1}{e-1}$$

最后, 我们来看一道非常具有技巧性的算题, 该题涉及对有关指数函数的泰勒多项式的零值研究.

例 5 令 a_n 是方程 $1+\dfrac{x}{1!}+\dfrac{x^2}{2!}+\cdots+\dfrac{x^{2n+1}}{(2n+1)!}=0$ 的唯一实数解. 请证明: 该定义的

合理性以及 $\lim\limits_{n\to\infty}\dfrac{a_n}{n}$ 的存在.

证明 我们定义 $f_n(x)=1+\dfrac{x}{1!}+\cdots+\dfrac{x^n}{n!}$. 首先, 通过归纳法, 我们可以证明 f_{2n} 只能为

正值, 且 f_{2n+1} 在 $\mathbb{R}$ 中是一个递增对射函数. 这在 $n=0$ 时显然是成立的, 于是我们现在假定它对于所有 n 值都成立. 由于 $f'_{2n+2}=f_{2n+1}$, 所以如果存在 a_n 使得 f_{2n+1} 能够得到唯一的零值 (由于根据上述归纳, f_{2n+1} 是一个对射函数), 那么 f_{2n+2} 在 a_n 处就有最小值. 然而, 因为 $f_{2n+2}(a_n)=f_{2n+1}(a_n)+\dfrac{a_n^{2n+2}}{(2n+2)!}=\dfrac{a_n^{2n+2}}{(2n+2)!}>0$, 所以 f_{2n+2} 在 $\mathbb{R}$ 内为正值. 另一方面, 由于 $f'_{2n+3}=f_{2n+2}$, 所以 f_{2n+3} 单调递增, 并且由于它是一个奇次幂函数, 所以它在 $\mathbb{R}$ 内是对射函数. 于是, 我们就完成了归纳以及本题的第一步: 对 a_n 的定义.

本题的第二步是证明 a_n 值单调递减并趋向于 $-\infty$.

已知 $f_{2n+3}(x)-f_{2n+2}(x)=\dfrac{x^{2n+2}}{(2n+3)!}(2n+3+x)$, 如果我们能够证明 $a_n+2n+3>0$, 也

就得到了 $f_{2n+3}(a_n)>0$, 由于 f_{2n+3}, 所以 $a_n\geqslant a_{n+1}$. 然而, 因为

$$f_{2n+3}(-2n-3)=f_{2n+1}(-2n-3)\leqslant f_{2n+1}(-2n-1)$$

所以可以归纳得到: 对于所有 n 都有 $f_{2n+1}(-2n-1)\leqslant f_1(-1)=0$. 因此, $a_n\geqslant -2n-1$, 并且显然 $a_n+2n+3>0$. 这表明 a_n 单调递减. 假定 $\lim\limits_{n\to\infty}a_n=l$ 是有限值, 那么根据单调性以及递增函数 f_{2n+1}, 我们就可以得到 $f_{2n+1}(l)\leqslant 0$, $\forall n$. 但是, 我们已知 $\lim\limits_{n\to\infty}f_n(l)=e^l$, 于是得到 $e^l\leqslant 0$, 这显然是荒谬的. 因此, 得到 $\lim\limits_{n\to\infty}a_n=-\infty$.

现在,我们来证明 $\dfrac{a_n}{n}$ 收敛. 根据泰勒 – 拉格朗日公式,我们得到存在 $ac_n \in (a_n, 0)$ 使得

$$e^{a_n} - f_{2n+2}(a_n) = \frac{e^{c_n}}{(2n+3)!} c_n^{2n+3} < 0$$

于是

$$e^{a_n} \leqslant \frac{a_n^{2n+2}}{(2n+2)!} \Rightarrow a_n \leqslant (2n+2)\ln(-a_n) - \ln(2n+2)!$$

由于我们已经从前述步骤中知道 $a_n \geqslant -2n-1$,所以通过相同的论证可以得到 $e^{a_n} \geqslant \dfrac{a_n^{2n+2}}{(2n+3)!}(2n+3+a_n) \geqslant \dfrac{2a_n^{2n+2}}{(2n+3)!}$. 所以,$\ln 2 + (2n+2)\ln(-a_n) - \ln(2n+3)! \leqslant a_n \leqslant (2n+2)\ln(-a_n) - \ln(2n+2)!$.

根据斯特林公式(Stirling's Formula)$\ln n! = n\ln n - n + o(n)$,我们可以推导出

$$(2n+2)\left(1 + \ln\frac{-a_n}{2n+2}\right) + o(n) \leqslant a_n \leqslant (2n+2)\left(1 + \ln\frac{-a_n}{2n+2}\right) + o(n)$$

因此,$\lim\limits_{n\to\infty} b_n + \ln b_n = -1$,其中 $b_n = -\dfrac{-a_n}{2n+2}$. 由于函数 $g(x) = x + \ln x$ 是对射函数,我们根据第一章的命题推得 b_n 收敛于方程 $x + \ln x = -1$ 的唯一解 ρ. 因此

$$\lim_{n\to\infty}\frac{a_n}{n} = -2\rho$$

推荐习题

1. 令 $(x_n)_{n\geqslant 1}$ 是一个实数数列,已知关系式 $y_n = x_n^3 + x_n$ (n 为正整数)的数列 $(y_n)_{n\geqslant 1}$ 收敛于 2. 请证明数列 $(x_n)_{n\geqslant 1}$ 收敛于 1.

2. 已知 $(x_n)_{n\in\mathbb{N}} \subset (0,1)$ 是一个数列,其通项公式为 $\tan x_n + \cos x_n = \sqrt[n]{n}$ (整数 $n \geqslant 2$). 请证明:

(1) $\lim\limits_{n\to\infty} x_n = 0$;

(2) $\lim\limits_{n\to\infty} \dfrac{n x_n}{\ln n} = 1$.

3. 令 $(x_n)_{n\in\mathbb{N}}$ 是一个实数数列,$\dfrac{1}{x_n} + \arctan x_n = n$ (n 为非负整数). 请证明:

(1) $\lim\limits_{n\to\infty} x_n = 0$;

(2) $\lim\limits_{n\to\infty} n x_n = 1$.

4. 令 $(x_n)_{n\geqslant 1}$ 是由大于等于 1 的数字组成的数列,已知 $2^{x_n} - x_n = n(\sqrt[n]{e} - 1)$ ($n \geqslant 2$),请

证明：

(1) $\lim\limits_{n\to\infty} x_n = 1$；

(2) $\lim\limits_{n\to\infty} n(x_n - 1) = \dfrac{1}{2(\ln 4 - 1)}$.

5. 令 $(a_n)_{n\in\mathbb{N}}$ 和 $(b_n)_{n\in\mathbb{N}}$ 是非零实数数列，它满足 $\sin(a_n + b_n) = 2a_n + 3b_n$（$n$ 为非负整数）. 请证明：若 $\lim\limits_{n\to\infty} a_n = 0$，则：

(1) $\lim\limits_{n\to\infty} b_n = 0$；

(2) $\lim\limits_{n\to\infty} \dfrac{a_n}{b_n} = -2$.

6. 请证明：

(1) 对于每个实数 x，都存在唯一实数 $y = y_x$ 使得 $\sin(x + y) = 2x + 3y$.

(2) 若关系式为 $f(x) = y_x$ 的函数 $f : \mathbb{R} \to \mathbb{R}$ 是一个连续函数，请计算 $I = \displaystyle\int_0^{3\pi} f(x)\,\mathrm{d}x$ 的值.

7. 令 $f : [0,1] \to (0,\infty)$ 连续. 请证明：

(1) 对于任意正整数 n 都存在唯一正实数 $a_n \in (0,1)$，使得 $\displaystyle\int_0^{a_n} f(t)\,\mathrm{d}t = \dfrac{1}{n}\int_0^1 f(t)\,\mathrm{d}t$.

(2) $\lim\limits_{n\to\infty} a_n = 0$ 和 $\lim\limits_{n\to\infty} na_n = \dfrac{1}{f(0)}\displaystyle\int_0^1 f(t)\,\mathrm{d}t$.

8. 请证明：对于每一个 $n \geq 2$ 的整数，方程 $x^n = x + n$ 都存在一个解（以 a_n 表示），使得数列 $(a_n)_{n\geq 2}$ 收敛于 1.

9. 请证明：对于每一个正整数 n，方程 $x^3 + nx - 1 = 0$ 都存在一个解 $a_n \in [0,1]$.

同时，已知关系式 $b_n = na_n$，请证明数列 $(a_n)_{n\geq 1}$ 收敛于 0，数列 $(b_n)_{n\geq 1}$ 收敛于 1.

10. 请证明：对于每个 $n \geq 3$ 的整数，方程 $x^n - nx + 1 = 0$ 都会有一个解落在 $(0,1)$ 区间内，而另一个解大于 1.

如果我们用 $a_n \in (0,1)$ 和 $b_n \in (1,\infty)$ 表示这些解，请证明数列 $(a_n)_{n\geq 1}$ 收敛于 0，数列 $(b_n)_{n\geq 1}$ 收敛于 1.

11. 令 $(a_n)_{n\geq 1}$ 是一个由不同实数构成的数列，它具有以下特性：对于每一个 $\varepsilon > 0$，都存在 $\eta > 0$ 使得 $|a_{m+1} - a_{n+1}| < \varepsilon$，其中 m 和 n 都是正整数，且 $\varepsilon \leq |a_m - a_n| < \varepsilon + \eta$. 请证明：数列 $(a_n)_{n\geq 1}$ 收敛.

答案

1. 先来看一下函数 $f : \mathbb{R} \to \mathbb{R}$，其表达式为 $f(x) = x^3 + x$. 由于 $f'(x) = 3x^2 + 1 > 0$，所以 f 严格单调递增，也就是一个单射函数. 我们又得到 f 是一个连续函数，且 $\lim\limits_{x\to -\infty} f(x) = -\infty$ 和 $\lim\limits_{x\to\infty} f(x) = \infty$，所以 f 也是一个满射函数. 因此，f 是一个对射函数. 于是，$y_n = x_n^3 +$

$x_n \Leftrightarrow y_n = f(x_n)$，通过应用 f^{-1} 理论我们可以得到 $x_n = f^{-1}(y_n)$，函数 f^{-1} 和 f 一样也是连续的. 所以，根据条件可知 $\lim\limits_{n \to \infty} x_n = \lim\limits_{n \to \infty} f^{-1}(y_n) = f^{-1}(2)$. 显然，$f(1) = 2$，所以 $f^{-1}(2) = 1$. 因此，数列 $(x_n)_{n \geqslant 1}$ 收敛于 1.

2. 我们来看一下函数 $f:[0,1] \to [1, \tan 1 + \cos 1]$，其表达式为 $f(x) = \tan x + \cos x$. 已知 $f'(x) = \dfrac{1}{\cos^2 x} - \sin x > 0$，所以 f 单调递增. 于是，可以得到 $\lim\limits_{n \to \infty} x_n = \lim\limits_{n \to \infty} f^{-1}(\sqrt[n]{n}) = f^{-1}(1) = 0$，进而得到

$$\lim_{n \to \infty} \frac{n x_n}{\ln x_n} = \lim_{n \to \infty} \left(\frac{f^{-1}(\sqrt[n]{n}) - f^{-1}(1)}{\sqrt[n]{n} - 1} \cdot \frac{n}{\ln n} \cdot (\sqrt[n]{n} - 1) \right)$$

$$= (f^{-1})'(1) \cdot \lim_{n \to \infty} \frac{\sqrt[n]{n} - 1}{\ln \sqrt[n]{n}} = (f^{-1})'(1)$$

$$= \frac{1}{f'(0)} = 1$$

3. 我们定义函数 $f:(0, \infty) \to \left(\dfrac{\pi}{2}, \infty \right)$ 的表达式为 $f(x) = \dfrac{1}{x} + \arctan x$. 已知 $f'(x) = -\dfrac{1}{x^2} + \dfrac{1}{1+x^2} = \dfrac{-1}{x^2(1+x^2)} < 0$，所以 f 单调递增. 同时，$\lim\limits_{n \to \infty} x_n = \lim\limits_{n \to \infty} f^{-1}(n) = 0$（因为 $\lim\limits_{n \to \infty} f(x) = \infty$）. 并且，已知关系式可以等价地表示为

$$\frac{1}{n x_n} + \frac{\arctan x_n}{n} = 1 \tag{1}$$

由于数列 $(x_n)_{n \geqslant 1}$ 趋向于零，所以我们可以得到 $\lim\limits_{n \to \infty} \dfrac{\arctan x_n}{n} = 0$. 现在，我们很容易就可以通过等式 (1) 推导出 $\lim\limits_{n \to \infty} n x_n = 1$.

4. 我们定义函数 $f:\mathbb{R} \to \mathbb{R}$ 的表达式为 $f(x) = 2^x - x$. 显然，$f(1) = 1$，并且当 x 趋向于 ∞ 时 f 也趋向于 ∞. 同时，当 $x \geqslant 1$ 时，$f'(x) > 0$. 所以，f 在 $[1, \infty)$ 和 $[1, \infty)$ 之间构建了一个递增映射函数. 不等式 $e^x \geqslant x + 1$ 还表明 $n(\sqrt[n]{e} - 1) \geqslant 1$. 已知 $x_n = f^{-1}(n(\sqrt[n]{e} - 1))$，其中 $\lim\limits_{n \to \infty} n(\sqrt[n]{e} - 1) = \lim\limits_{n \to \infty} \dfrac{e^{\frac{1}{n}} - 1}{\frac{1}{n}} = \lim\limits_{x \to 0} \dfrac{e^x - 1}{x} = 1$. 根据函数 f^{-1} 的连续性，我们可以得到

$$\lim_{n \to \infty} x_n = \lim_{n \to \infty} f^{-1}(n(\sqrt[n]{e} - 1)) = f^{-1}(1) = 1$$

进而得到

$$\lim_{n \to \infty} n(x_n - 1) = \lim_{n \to \infty} \frac{f^{-1}(n(\sqrt[n]{e} - 1)) - f^{-1}(1)}{n(\sqrt[n]{e} - 1) - 1} \cdot \frac{n(\sqrt[n]{e} - 1) - 1}{\frac{1}{n}}$$

$$= \lim_{n \to \infty} \frac{f^{-1}(n(\sqrt[n]{e} - 1)) - f^{-1}(1)}{n(\sqrt[n]{e} - 1) - 1} \cdot \lim_{n \to \infty} \frac{n(\sqrt[n]{e} - 1) - 1}{\frac{1}{n}}$$

$$= (f^{-1})'(1) \cdot \lim_{n \to \infty} n \left(\frac{e^{\frac{1}{n}} - 1}{\frac{1}{n}} - 1 \right)$$

$$= \frac{1}{f'(1)} \cdot \lim_{n \to \infty} \frac{1}{x} \left(\frac{e^x - 1}{x} - 1 \right)$$

$$= \frac{1}{\ln 4 - 1} \cdot \frac{1}{2}$$

$$= \frac{1}{2(\ln 4 - 1)}$$

其中最后的极限可以通过洛必达法则求得,即

$$\lim_{x \to 0} \frac{1}{x} \left(\frac{e^x - 1}{x} - 1 \right) = \lim_{x \to 0} \frac{e^x - 1 - x}{x^2} = \lim_{x \to 0} \frac{e^x - 1}{2x}$$

$$= \lim_{x \to 0} \frac{e^x}{2} = \frac{1}{2}$$

5. 数列 $(b_n)_{n \geqslant 0}$ 和 $(a_n)_{n \geqslant 0}$ 是相互牵制的. 要证明这一点,我们假设数列 $(a_n)_{n \in \mathbb{N}}$ 以点 M 为边界,那么根据已知关系式,我们可以得到

$$|b_n| = \left| \frac{\sin(a_n + b_n) - 2a_n}{3} \right| \leqslant \frac{|\sin(a_n + b_n)| + 2|a_n|}{3} \leqslant \frac{1 + 2M}{3}$$

如果 $(b_n)_{n \geqslant 0}$ 包含两个子数列 $(b_{k_n})_{n \geqslant 0}$ 和 $(b_{p_n})_{n \geqslant 0}$,分别收敛于 l_1 和 l_2,那么根据 $\sin(a_{k_n} + b_{k_n}) = 2a_{k_n} + 3b_{k_n}$ 和 $\sin(a_{p_n} + b_{p_n}) = 2a_{p_n} + 3b_{p_n}$,我们通过求 $n \to \infty$ 的极限就可以推导出 $\sin l_1 = 3l_1$ 和 $\sin l_2 = 3l_2$,所以 $l_1 = l_2 = 0$. 对于第二部分,我们已知 $\lim_{n \to \infty} \frac{\sin(a_n + b_n)}{a_n + b_n} = \lim_{x \to 0} \frac{\sin x}{x} = 1$,所以

$$1 = \lim_{n \to \infty} \frac{2a_n + 3b_n}{a_n + b_n} = \lim_{n \to \infty} \frac{2\frac{a_n}{b_n} + 3}{\frac{a_n}{b_n} + 1}$$

因此,很容易就能求得 $\lim_{n \to \infty} \frac{a_n}{b_n} = -2$.

6. 若 $x + y = t$,则已知条件就变成了 $2x + 3y = \sin t$. 现在根据方程组

$$\begin{cases} x + y = t \\ 2x + 3y = \sin t \end{cases}$$

我们可以得到 $x = \varphi(t), y = \psi(t)$,其中 $\varphi(t) = 3t - \sin t, \psi(t) = -2t + \sin t$. 函数 φ 连

续,且有 $\lim\limits_{t \to -\infty} \varphi(t) = -\infty$ 和 $\lim\limits_{t \to \infty} \varphi(t) = \infty$,所以 φ 是一个满射函数. 关于该函数的单射性,可以从 $\varphi'(t) = 3 - \cos t > 0$ 得知. 因此,函数 φ 可逆,所以 $y = \psi(\varphi^{-1}(x))$.

进而,通过代换变量 $x = \varphi(t)(t \in [0, \pi])$,我们可以得到

$$I = \int_0^{3\pi} f(x)\,dx = \int_0^{3\pi} \psi(\varphi^{-1}(x))\,dx = \int_0^{\pi} \psi(t)\varphi'(t)\,dt$$

$$= \int_0^{\pi} (-2t + \sin t)(3 - \cos t)\,dt = 6 - 3\pi^2$$

7. 我们定义连续函数 $F:[0,1] \to \mathbb{R}$ 的表达式为 $F(x) = \int_0^x f(t)\,dt$. 已知

$$F(0) < \frac{1}{n}\int_0^1 f(t)\,dt < F(1)$$

所以 $\dfrac{1}{n}\displaystyle\int_0^1 f(t)\,dt$ 就是 $F(0)$ 和 $F(1)$ 之间的中间值. 函数 F 连续,所以 $F(a_n) = \dfrac{1}{n}\displaystyle\int_0^1 f(t)\,dt$ 对于 $a_n \in (0,1)$ 成立. 因此

$$\lim_{n \to \infty} a_n = \lim_{n \to \infty} F^{-1}\left(\frac{1}{n}\int_0^1 f(t)\,dt\right) = F^{-1}(0) = 0$$

进而,可以得到

$$\lim_{n \to \infty} na_n = \lim_{n \to \infty} \left(\frac{F^{-1}\left(\dfrac{1}{n}\displaystyle\int_0^1 f(t)\,dt\right) - F^{-1}(0)}{\dfrac{1}{n}\displaystyle\int_0^1 f(t)\,dt - 0} \cdot \int_0^1 f(t)\,dt \right)$$

$$= \int_0^1 f(t)\,dt \cdot \lim_{n \to \infty} \frac{F^{-1}\left(\dfrac{1}{n}\displaystyle\int_0^1 f(t)\,dt\right) - F^{-1}(0)}{\dfrac{1}{n}\displaystyle\int_0^1 f(t)\,dt - 0}$$

$$= (F^{-1})'(0)\int_0^1 f(t)\,dt = \frac{1}{F'(0)}\int_0^1 f(t)\,dt$$

$$= \frac{1}{f(0)}\int_0^1 f(t)\,dt$$

我们也可以用平均数定理来解题:若 $0 < c_n < a_n$ 满足 $\displaystyle\int_0^{a_n} f(t)\,dt = a_n f(c_n)$,则 $a_n f(c_n) = \dfrac{1}{n}\displaystyle\int_0^1 f(t)\,dt = na_n = \dfrac{1}{f(c_n)}\displaystyle\int_0^1 f(t)\,dt \to \dfrac{1}{f(0)}\displaystyle\int_0^1 f(t)\,dt$,所以 $n \to \infty$.

8. 我们来看一下多项式 $P(x) = x^n - x - n$. 可以得到 $P(1) = -n < 0$ 和 $P(\sqrt[n]{2n}) = 2n - \sqrt[n]{2n} - n = n - \sqrt[n]{2n} \geqslant 0$. 根据 $P(x)$ 的连续性可知,存在一个实数 $a_n \in (1, \sqrt[n]{2n}]$ 使得 $P(a_n) = 0$. 因为 $1 < a_n < \sqrt[n]{2n}$,所以数列 $(a_n)_{n \geqslant 1}$ 收敛于 1.

9. 我们来看一下多项式函数 $P(x) = x^3 + nx - 1$. 已知 $P'(x) = 3x^2 + n > 0$,所以 $P(x)$

单调递增. 我们可以知道 $P(0) = -1 < 0$ 和 $P(1) = n \geq 1$, 所以存在一个唯一的实数 $a_n \in [0,1]$ 使得 $P(a_n) = 0$. 根据关系式 $a_n^3 + na_n - 1 = 0$, 我们可以推导出 $0 \leq a_n = \dfrac{1 - a_n^3}{n} \leq \dfrac{1}{n}$. 因此, 数列 $(a_n)_{n \geq 1}$ 收敛于零. 最终, 得到 $\lim\limits_{n \to \infty} na_n = \lim\limits_{n \to \infty}(1 - a_n^3) = 1$.

10. 我们来看一下多项式函数 $P(x) = x^n - nx + 1$. 根据 $P(x)$ 的连续性以及 $P(0) = 1 > 0$ 和 $P(1) = 2 - n < 0$, 我们推导出多项式 $P(x)$ 有一个根 $a_n \in (0,1)$. 由于 $P(1) < 0$ 且 $\lim\limits_{x \to \infty} P(x) = \infty$, 所以存在一个实数 $b_n \in (1, \infty)$ 使得 $P(b_n) = 0$. 根据关系式 $a_n^n - na_n + 1 = 0$ 可以得到 $0 \leq a_n = \dfrac{a_n^n + 1}{n} \leq \dfrac{2}{n} \to 0$, 因此数列 $(a_n)_{n \geq 1}$ 收敛于零.

接着, 由于 $b_n = 1 + c_n$, 我们就可以得到 $n(1 + c_n) = (1 + c_n)^n - 1 > \left(1 + nc_n + \dfrac{n(n-1)}{2} \cdot c_n^2\right) - 1$, 所以 $0 < c_n < \sqrt{\dfrac{2}{n-1}}$. 因此, 数列 $(c_n)_{n \geq 1}$ 收敛于 0, 进而得到数列 $(b_n)_{n \geq 1}$ 收敛于 1.

11. 准确地说, 该题不是关于以隐含关系式定义的数列, 而是以一种含蓄的方式来描述数列的收敛性. 这就是为什么该题出现在这里. 我们将用两种解法来证明已知数列是一个柯西数列(也可以被认为是证明数列收敛性的另一种方法).

证法 1　我们首先注意到, 关于 $(a_n)_{n \geq 1}$ 的条件可得, 取 $\varepsilon = |a_m - a_n|$ (η 的取值无关紧要)时, 对于所有正整数 m 和 n 都存在 $|a_{m+1} - a_{n+1}| < |a_m - a_n|$. 所以, 数列 $(|a_{m+k} - a_{n+k}|)_{k \geq 0}$ 严格递增且有下界(也就是收敛). 代换 ε 后将该数列推演到极限, 我们马上会发现其极限值对于每一对互异整数 (m,n) 都为零.

通过反证法, 假定 $(a_n)_{n \geq 1}$ 不是一个柯西数列. 此时, 我们发现存在 $\alpha > 0$ 使得对于每一个正整数 N 都存在 $|a_m - a_n| \geq \alpha$, 其中 $m > n > N$. 取 $\varepsilon > 0$ 和相应的 η 值(以满足假设的需要)使得 $\varepsilon + \eta \leq \alpha$(请注意, 如果某个 η 值满足要求, 那么任何小于它的值也更容易使该不等式成立)

因为 $\lim\limits_{n \to \infty}|a_{n+1} - a_n| = 0$, 我们就可以求出正整数 N 使得 $|a_{n+1} - a_n| < \dfrac{\eta}{4}$ 对于所有 $n \geq N$ 都成立. 正如前文所言, 我们可以求得 $m > n > N$ 使得 $|a_m - a_n| \geq \alpha$ 成立, 并且我们可以进一步关注这些 m 和 n 的值.

一方面, 我们上面已经注意到, 数列 $(a_{m+k} - a_{n+k})_{k \geq 0}$ 的极限为 0, 并且已知 $|a_m - a_n| \geq \alpha \geq \varepsilon + \eta$, 所以必定存在 $k \geq 1$ 使得

$$|a_{m+k-1} - a_{n+k-1}| \geq \varepsilon + \eta > |a_{m+k} - a_{n+k}|$$

另一方面, 我们已知, 对于任意 $s \geq 0$, 都存在

$$|a_{m+s} - a_{n+s}| \leq |a_{m+s} - a_{m+s+1}| + |a_{m+s+1} - a_{n+s+1}| + |a_{m+s+1} - a_{n+s}|$$

$$< |a_{m+s-1} - a_{n+s+1}| + \frac{\eta}{2}$$

具体而言,该不等式在 $s = k - 1$ 时成立: $|a_{m+k-1} - a_{n+k-1}| - \frac{\eta}{2} < |a_{m+k} - a_{n+k}|$. 将该不等式与前述不等式相结合,得到

$$\varepsilon < \varepsilon + \frac{\eta}{2} \leqslant |a_{m+k-1} - a_{n+k-1}| - \frac{\eta}{2} < |a_{m+k} - a_{n+k}| < \varepsilon + \eta$$

根据假设,该不等式将变为 $|a_{m+k-1} - a_{n+k-1}| < \varepsilon$. 但是,我们也知道必定存在 $|a_{m+k-1} - a_{n+k-1}| > |a_{m+k} - a_{n+k}| - \frac{\eta}{2} > \varepsilon + \frac{\eta}{2} - \frac{\eta}{2} = \varepsilon$. 因此,这一矛盾表明我们的假设是错误的,也就是说,$(a_n)_{n \geqslant 1}$ 是一个柯西数列(所以是收敛的).

证法 2 我们还是采用类似的思路,只是以不同的方式来表述. 像解法 1 一样,我们证明 $(|a_{n+k} - a_n|)_{n \geqslant 1}$ 对于每一个正整数 k 都严格单调递增且收敛于零值数列. 我们来看一下任意给定的 ε 和根据假设所对应的 η. 由于已知 $|a_{1+k} - a_1| > |a_{2+k} - a_2| > \cdots$ 和 $\lim_{n \to \infty} |a_{n+k} - a_n| = 0$,所以(对于任意自然数 $k \geqslant 1$)存在一个自然数 n_k 使得 $|a_{1+k} - a_1| > \cdots > |a_{n_k+k} - a_{n_k}| \geqslant \varepsilon > |a_{n_k+k+1} - a_{n_k+1}| > \cdots$(如果数列 $|a_{n+k} - a_n|)_{n \geqslant 1}$ 的各项都小于 ε,那么就认为 n_k 为 0).

我们假定 $n_1, n_2, \cdots$ 无界. 已知 $\lim_{n \to \infty} |a_{n+1} - a_n| = 0$,我们可以确定存在一个自然数 N 使得 $|a_{n+1} - a_n| < \frac{\eta}{4}$,$\forall n > N$($\eta$ 值的确定和前面一开始的一样)由于 $(n_k)_{k \geqslant 1}$ 无界,所以存在满足 $n_k > N + 1$ 的 k 值,于是根据三角形不等式(以及前面推得的不等式),得到

$$|a_{n_k+k-1} - a_{n_k-1}| \leqslant |a_{n_k+k} - a_{n_k+k-1}| + |a_{n_k+k+1} - a_{n_k+k}| + |a_{n_k+k+1} - a_{n_k+1}| +$$
$$|a_{n_k+1} - a_{n_k}| + |a_{n_k} - a_{n_k-1}|$$

$$< \frac{\eta}{4} + \frac{\eta}{4} + \varepsilon + \frac{\eta}{4} + \frac{\eta}{4} = \varepsilon + \eta$$

因此,我们的这一假定就会得出以下结论

$$\varepsilon \leqslant |a_{n_k+k} - a_{n_k}| < |a_{n_k+k-1} - a_{n_k-1}| < \varepsilon + \eta$$

这显然与一开始的假设相矛盾. 这表明我们的这一假定是错误的,也就是说数列 $(n_k)_{k \geqslant 1}$ 是有界的. 但是,如果 M 是一个大于所有 n_k 值的自然数,我们显然就可以得到 $|a_{n+k} - a_n| < \varepsilon$ 对于任意 $n > M$ 和 $k \geqslant 1$ 都成立. 由于 ε 为任意正整数,这就意味着 $(a_n)_{n \geqslant 1}$ 是一个柯西数列,所以是收敛的.

本题是由 Michael W. Botsko 发表在《美国数学月刊》2006 年 2 月刊上的题 11207,第一种解法则是 Robert B. Israel 在同一杂志的 2007 年 10 月刊上提出.

第十三章　二阶递归矩阵

我们在这里会提到两类二阶递归矩阵. 有时候,由以下三个式子可以得到二阶递归矩阵数列的一些有意思的性质. 但有时候,这些一般表达式是不能直接应用的. 本章最后,我们会列出数学竞赛中的三个案例.

令 p 和 q 是实数,关于实数数列 $(a_n)_{n \geq 1}$,以下矩阵等量关系对所有正整数 n 都成立

$$\begin{pmatrix} a_n & a_{n+1} \\ a_{n+2} & a_{n+3} \end{pmatrix} \begin{pmatrix} 0 & -q \\ 1 & -p \end{pmatrix} = \begin{pmatrix} a_{n+1} & -pa_{n+1} - qa_n \\ a_{n+3} & -pa_{n+3} - qa_{n+2} \end{pmatrix} \tag{1}$$

右侧矩阵第二列的元素向我们表明了关系式(1)和由二阶公式得到的数列之间的联系. 更加确切地说,我们可以得到以下定理.

定理 1　令 p 和 q 是实数,$(a_n)_{n \geq 1}$ 是由以下递归关系得到的一个数列: $a_{n+2} + pa_{n+1} + qa_n = 0$,$n \geq 1$($a_1, a_2 \in \mathbb{R}$). 于是,对于所有正整数都有

$$\begin{pmatrix} a_n & a_{n+1} \\ a_{n+2} & a_{n+3} \end{pmatrix} \begin{pmatrix} 0 & -q \\ 1 & -p \end{pmatrix} = \begin{pmatrix} a_{n+1} & a_{n+2} \\ a_{n+3} & a_{n+4} \end{pmatrix} \tag{2}$$

而且,对于所有正整数 n 都有

$$\begin{pmatrix} a_n & a_{n+1} \\ a_{n+2} & a_{n+3} \end{pmatrix} = \begin{pmatrix} a_1 & a_2 \\ a_3 & a_4 \end{pmatrix} \begin{pmatrix} 0 & -q \\ 1 & -p \end{pmatrix}^{n-1} \tag{3}$$

通过等式 $-pa_{n+2} - qa_{n+1} = a_{n+3}$ 和 $-pa_{n+3} - qa_{n+2} = a_{n+4}$,可知关系式(2)可以由关系式(1)得到. 通过归纳法,关系式(3)也很容易得到证明. 该式在 $n = 1$ 时显然为真,如果我们假设该式对于所有 n 都为真,那么通过关系式(2)就可以得到

$$\begin{pmatrix} a_{n+1} & a_{n+2} \\ a_{n+3} & a_{n+4} \end{pmatrix} = \begin{pmatrix} a_n & a_{n+1} \\ a_{n+2} & a_{n+3} \end{pmatrix} \begin{pmatrix} 0 & -q \\ 1 & -p \end{pmatrix}$$

$$= \begin{pmatrix} a_1 & a_2 \\ a_3 & a_4 \end{pmatrix} \begin{pmatrix} 0 & -q \\ 1 & -p \end{pmatrix}^{n-1} \begin{pmatrix} 0 & -q \\ 1 & -p \end{pmatrix}$$

$$= \begin{pmatrix} a_1 & a_2 \\ a_3 & a_4 \end{pmatrix} \begin{pmatrix} 0 & -q \\ 1 & -p \end{pmatrix}^{n}$$

类似地,我们也可以得到接下来的定理:

定理2 令 p 和 q 是实数, $(a_n)_{n\geq 1}$ 是由以下递归关系得到的一个数列: $a_{n+2}+pa_{n+1}+qa_n=0, n\geq 1(a_1,a_2\in\mathbb{R})$. 于是, 对于所有正整数都有

$$\begin{pmatrix} a_n & a_{n+1} \\ a_{n+1} & a_{n+2} \end{pmatrix}\begin{pmatrix} 0 & -q \\ 1 & -p \end{pmatrix}=\begin{pmatrix} a_{n+1} & a_{n+2} \\ a_{n+2} & a_{n+3} \end{pmatrix} \tag{4}$$

而且, 对于所有正整数 n 都有

$$\begin{pmatrix} a_n & a_{n+1} \\ a_{n+1} & a_{n+2} \end{pmatrix}=\begin{pmatrix} a_1 & a_2 \\ a_3 & a_4 \end{pmatrix}\begin{pmatrix} 0 & -q \\ 1 & -p \end{pmatrix}^{n-1} \tag{5}$$

现在, 我们就来展示一下这些理论结论如何能够在实际算题中得到应用. 我们先来看一下 1997 年保加利亚数学奥林匹克竞赛中的一道算题.

例1 令 $\alpha\neq\beta$ 是二次方程 $x^2+px+q=0$ 的根. 对于任意正整数 n, 我们设 $a_n=\dfrac{\alpha^n-\beta^n}{\alpha-\beta}$.

(1) 求出所有实数 p 和 q, 使得对于所有正整数 n 都有 $a_{n+1}a_{n+2}-a_na_{n+3}=(-1)^n$.

(2) 请证明: 对于上述 p 值和 q 值, 所有正整数 n 都有 $a_n+a_{n+1}=a_{n+2}$, 且当 n 可以被 3 整除时, a_n 为偶数.

解 (1) 数列 $(a_n)_{n\geq 1}$ 满足二次递归关系

$$a_{n+2}+pa_{n+1}+qa_n=0 \tag{6}$$

事实上

$$a_{n+2}+pa_{n+1}+qa_n=\frac{\alpha^{n+2}-\beta^{n+2}}{\alpha-\beta}+p\cdot\frac{\alpha^{n+1}-\beta^{n+1}}{\alpha-\beta}+q\cdot\frac{\alpha^n-\beta^n}{\alpha-\beta}$$

$$=\frac{1}{\alpha-\beta}[\alpha^n(\alpha^2+p\alpha+q)-\beta^n(\beta^2+p\beta+q)]=0$$

因为 α 和 β 是两个根, 且中括号内表达式的值为零. 现在, 关于数列 $(a_n)_{n\geq 1}$, 我们同样已知对于所有正整数 n 都有

$$\begin{pmatrix} a_n & a_{n+1} \\ a_{n+2} & a_{n+3} \end{pmatrix}=\begin{pmatrix} a_1 & a_2 \\ a_3 & a_4 \end{pmatrix}\begin{pmatrix} 0 & -q \\ 1 & -p \end{pmatrix}^{n-1}$$

通过取绝对值可以得到

$$\begin{vmatrix} a_n & a_{n+1} \\ a_{n+2} & a_{n+3} \end{vmatrix}=\begin{vmatrix} a_1 & a_2 \\ a_3 & a_4 \end{vmatrix}\cdot\begin{vmatrix} 0 & -q \\ 1 & -p \end{vmatrix}^{-1}$$

或者表示为

$$a_na_{n+3}-a_{n+1}a_{n+2}=(a_1a_4-a_2a_3)\cdot q^{n-1}$$

但是, 因为 $a_{n+1}a_{n+2}-a_na_{n+3}=(-1)^n$, 所以对于所有正整数 n 都有

$$(a_1a_4-a_2a_3)\cdot q^{n-1}=(-1)^{n-1}$$

因此,我们利用已知条件可知 $q = -1$ 和 $a_1a_4 - a_2a_3 = 1$. 为了对 p 取绝对值,我们可以得到

$$a_1a_4 - a_2a_3 = 1$$

$$\Rightarrow \frac{\alpha - \beta}{\alpha - \beta} \cdot \frac{\alpha^4 - \beta^4}{\alpha - \beta} - \frac{\alpha^2 - \beta^2}{\alpha - \beta} \cdot \frac{\alpha^3 - \beta^3}{\alpha - \beta} = 1$$

$$\Rightarrow (\alpha - \beta)(\alpha^4 - \beta^4) - (\alpha^2 - \beta^2)(\alpha^3 - \beta^3) = (\alpha - \beta)^2$$

除以 $(\alpha - \beta)^2$,我们就可以得到 $(\alpha^3 + \alpha^2\beta + \alpha\beta^2 + \beta^3) - (\alpha + \beta)(\alpha^2 + \alpha\beta + \beta^2) = 1$,或者可以简化为 $\alpha\beta(\alpha + \beta) = 1$. 根据韦达定理可以得到 $\alpha\beta = q = -1$,于是 $p = -(\alpha + \beta) = -1$,所以 $p = q = -1$.

(2)由 $p = q = -1$,我们可知 $a_n + a_{n+1} = a_{n+2}$. 而且,我们可以利用等式 $X_{n+1} = X_n A$(其中,$X_n = \begin{pmatrix} a_n & a_{n+1} \\ a_{n+2} & a_{n+3} \end{pmatrix}$,$A = \begin{pmatrix} 0 & 1 \\ 1 & 1 \end{pmatrix}$). 现在,我们就可以从 $X_{n+3} = X_n A^3$ 推导出

$$\begin{pmatrix} a_{n+3} & a_{n+4} \\ a_{n+5} & a_{n+6} \end{pmatrix} = \begin{pmatrix} a_n & a_{n+1} \\ a_{n+2} & a_{n+3} \end{pmatrix} \begin{pmatrix} 1 & 2 \\ 2 & 3 \end{pmatrix}$$

即

$$\begin{pmatrix} a_{n+3} & a_{n+4} \\ a_{n+5} & a_{n+6} \end{pmatrix} = \begin{pmatrix} a_n + 2a_{n+1} & a_n + 3a_{n+1} \\ a_{n+2} + 2a_{n+3} & a_{n+2} + 3a_{n+3} \end{pmatrix}$$

通过将第一行和第一列的元素同一化,我们可以得到 $a_{n+3} = a_n + 2a_{n+1}$,并且通过归纳,也可以得到当 n 可以被 3 整除时,a_n 为偶数.

推荐习题

1. (1) 令 $(a_n)_{n \geq 1}$ 是一个实数数列,已知递归关系式 $a_{n+2} + pa_{n+1} + qa_n = 0$(其中,$n \geq 1, p, q, a_1, a_2 \in \mathbb{R}$). 请证明:若表达式 $\dfrac{a_na_{n+3} - a_{n+1}a_{n+2}}{a_na_{n+2} - a_{n+1}^2}$ 对于所有正整数 n 都成立(即分母不为零),则该表达式的值是一个不依赖于 n 的常数.

(2) 反过来,令 $(a_n)_{n \geq 1}$ 是一个实数数列,已知递归关系式 $\dfrac{a_na_{n+3} - a_{n+1}a_{n+2}}{a_na_{n+2} - a_{n+1}^2}$ 对于所有正整数 n 都成立,假设其值为不依赖于 n 的常数. 请证明:数列 $(a_n)_{n \geq 1}$ 满足二阶递归关系.

2. 令 $(a_n)_{n \geq 1}$ 是一个数列,它具有如下特性:对于每一个 $n \geq 2$ 的整数,都有 $a_{n+1} = pa_n + a_{n-1}$(p, a_1, a_2 为已知数). 请证明:

(1) 存在一个实数 λ,使得对于所有 $n \geq 1$ 都有 $a_na_{n+3} - a_{n+1}a_{n+2} = (-1)^n\lambda$;

(2) 存在一个实数 μ,使得对于所有 $n \geq 1$ 都有 $a_na_{n+2} - a_{n+1}^2 = (-1)^n\mu$.

3. 令$(a_n)_{n\in\mathbb{N}}$是一个非零实数数列,使得$a_n^2 - a_{n-1}a_{n+1} = 1$对于所有正实数$n$都成立. 请证明:存在一个实数$\lambda$,使得对于所有$n \geq 1$都有$a_{n+1} = \lambda a_n - a_{n-1}$.

4. 对于实数数列$(a_n)_{n \geq 1}$,存在矩阵$\boldsymbol{A}, \boldsymbol{B} \in \mathcal{M}_2(\mathbb{R})$,使得$\begin{pmatrix} a_n & a_{n+1} \\ a_{n+2} & a_{n+3} \end{pmatrix} = \boldsymbol{A} \cdot \boldsymbol{B}^{n-1}$(整数$n \geq 1$). 请证明:数列$(a_n)_{n \geq 1}$满足二阶递归关系.

5. 令$(a_n)_{n \geq 1}$是一个非零实数数列,使得$a_{n+1} = 2a_n + a_{n-1}$(已知a_1和a_2的值)对于每一个整数$n \geq 2$都成立. 请证明:数列$x_n = a_n a_{n+1}(n \geq 1)$连续两项的和都是数列$(a_n)_{n \geq 1}$的项.

6. 令$(L_n)_{n \geq 0}$是一个卢卡斯数列(Lucas's sequence),已知对于所有$n \geq 2$都有$L_n = L_{n-1} + L_{n-2}$(其中,$L_0 = 2, L_1 = 1$). 请证明:对于所有整数$n \geq 2$都有

(1)$5L_{2n} = 2L_n^2 + L_{n+1}^2 + L_{n-1}^2$;

(2)$5L_{2n+1} = L_{n+2}^2 + 2L_n L_{n-1}$.

7. 令$(F_n)_{n \geq 0}$和$(L_n)_{n \geq 0}$分别是斐波那契数列和卢卡斯数列. 已知递归关系式
$$F_{n+2} = F_{n+1} + F_n, F_0 = 1, F_1 = 1$$
$$L_{n+2} = L_{n+1} + L_n, L_0 = 2, L_1 = 1$$

请证明:矩阵等式

$$\begin{pmatrix} F_{2n} & F_{2n+1} \\ L_{2n} & L_{2n+1} \end{pmatrix} = \begin{pmatrix} F_{n-1} + F_{n+1} & -F_{n-1} \\ L_n + L_{n+1} & -L_{n+1} \end{pmatrix} \begin{pmatrix} F_n & F_{n+1} \\ L_n & L_{n+1} \end{pmatrix}$$

8. 已知幂级数$\dfrac{1}{1 - 2x - x^2} = \sum\limits_{n=0}^{\infty} a_n x^n$. 请证明:对于每一个正整数都存在一个正整数$m$,使得$a_n^2 + a_{n+1}^2 = a_m$.

9. 令$(f_n)_{n \geq 1}$为斐波那契数列,已知递归关系式$f_{n+2} = f_{n+1} + f_n (n \in \mathbb{N})$,且$f_1 = f_2 = 1$. 请证明:对于每一个整数$n \geq 1$,我们都可以得到$f_{3n} = f_{n+1}^3 + f_n^3 - f_{n-1}^3$.

10. 令$\boldsymbol{A} = \begin{pmatrix} 1 & 2 \\ 2 & 1 \end{pmatrix} \in M_2(\mathbb{R})$. 请证明:存在两个数列$(a_n)_{n \geq 1}$和$(b_n)_{n \geq 1}$,使得$\boldsymbol{A}^n = \begin{pmatrix} a_n & b_n \\ b_n & a_n \end{pmatrix}$,对于所有$n$都成立. 同时请求出这些数列的一般通项公式.

11. 令$\boldsymbol{X} = \begin{pmatrix} t & u \\ v & w \end{pmatrix}$是一个二阶复数矩阵. 我们设$\boldsymbol{X}^n = \begin{pmatrix} t_n & u_n \\ v_n & w_n \end{pmatrix}$($n$为自然数),$a = t + w$和$b = tw - uv$分别是该矩阵的迹和$\boldsymbol{X}$的绝对值. 请证明:以下两个命题等价

(1)数列$(t_n)_{n \geq 1}$,$(u_n)_{n \geq 1}$,$(v_n)_{n \geq 1}$和$(w_n)_{n \geq 1}$都是收敛的;

(2)下列命题中有一个成立:

①$\boldsymbol{X} = \boldsymbol{I}_2$(单位矩阵);

②$a = b + 1$ 且 b 的绝对值小于 1；

③$|a|^2 + |a^2 - 4b| < 2(|b|^2 + 1) < 4$.

答案

1. (1) 我们已知对于所有整数 $n \geq 1$, 都有

$$\begin{pmatrix} a_n & a_{n+1} \\ a_{n+2} & a_{n+3} \end{pmatrix} = \begin{pmatrix} a_1 & a_2 \\ a_3 & a_4 \end{pmatrix} \begin{pmatrix} 0 & -q \\ 1 & -p \end{pmatrix}^{n-1}$$

和

$$\begin{pmatrix} a_n & a_{n+1} \\ a_{n+1} & a_{n+2} \end{pmatrix} = \begin{pmatrix} a_1 & a_2 \\ a_2 & a_3 \end{pmatrix} \begin{pmatrix} 0 & -q \\ 1 & -p \end{pmatrix}^{n-1}$$

取其绝对值, 我们分别得到

$$a_n a_{n+3} - a_{n+1} a_{n+2} = (a_1 a_4 - a_2 a_3) q^{n-1}$$

和

$$a_n a_{n+2} - a_{n+1}^2 = (a_1 a_3 - a_2^2) q^{n-1}$$

两式相除后, 我们推得

$$\frac{a_n a_{n+3} - a_{n+1} a_{n+2}}{a_n a_{n+2} - a_{n+1}^2} = \frac{a_1 a_4 - a_2 a_3}{a_1 a_3 - a_2^2}$$

(2) 我们记

$$p = \frac{a_n a_{n+3} - a_{n+1} a_{n+2}}{a_n a_{n+2} - a_{n+1}^2}$$

从而得到

$$a_n a_{n+3} - a_{n+1} a_{n+2} = p(a_n a_{n+2} - a_{n+1}^2)$$

因此

$$a_n(a_{n+3} - p a_{n+2}) = a_{n+1}(a_{n+2} - p a_{n+1})$$

即

$$\frac{a_{n+2} - p a_{n+1}}{a_n} = \frac{a_{n+3} - p a_{n+2}}{a_{n+1}}$$

该关系式表明数列 $\left(\dfrac{a_{n+2} - p a_{n+1}}{a_n} \right)_{n \geq 1}$ 是常数列, 并且如果我们以 q 表示该数列各项的值, 就可以得到 $\dfrac{a_{n+2} - p a_{n+1}}{a_n} = q$. 因此

$$a_{n+2} = p a_{n+1} + q a_n$$

2. (1) 通过用矩阵 X_n 来表示已知递归关系式, 我们可以得到对于所有正整数 n 都有

$$\begin{pmatrix} a_n & a_{n+1} \\ a_{n+2} & a_{n+3} \end{pmatrix} = \begin{pmatrix} a_1 & a_2 \\ a_2 & a_3 \end{pmatrix} \begin{pmatrix} 0 & 1 \\ 1 & p \end{pmatrix}^{n-1}$$

对其取绝对值后就得到

$$a_n a_{n+3} - a_{n+1} a_{n+2} = (a_1 a_4 - a_2 a_3)(-1)^{n-1}$$

所以 $\lambda = -(a_1 a_4 - a_2 a_3)$.

（2）通过用矩阵 Y_n 来表示已知递归关系式，我们可以得到对于所有正整数 $n \geq 1$ 都有

$$\begin{pmatrix} a_n & a_{n+1} \\ a_{n+1} & a_{n+2} \end{pmatrix} = \begin{pmatrix} a_1 & a_2 \\ a_2 & a_3 \end{pmatrix} \begin{pmatrix} 0 & 1 \\ 1 & p \end{pmatrix}^{n-1}$$

对其取绝对值后就得到 $a_n a_{n+2} - a_{n+1}^2 = (a_1 a_3 - a_2^2)(-1)^{n-1}$，所以 $\mu = -(a_1 a_3 - a_2^2)$.

3. 对于所有正整数 n，我们都可以得到

$$\begin{vmatrix} a_{n-1} + a_{n+1} & a_n + a_{n+2} \\ a_n & a_{n+1} \end{vmatrix} = \begin{vmatrix} a_{n-1} & a_n \\ a_n & a_{n+1} \end{vmatrix} + \begin{vmatrix} a_{n+1} & a_{n+2} \\ a_n & a_{n+1} \end{vmatrix}$$

$$= -1 + 1 = 0$$

所以，对于所有正整数都有 $a_{n+1}(a_{n-1} + a_{n+1}) = a_n(a_n + a_{n+2})$，即

$$\frac{a_{n-1} + a_{n+1}}{a_n} = \frac{a_n + a_{n+2}}{a_{n+1}}$$

因此，$\left(\dfrac{a_{n-1} + a_{n+1}}{a_n} \right)_{n \in \mathbb{N}}$ 是一个常数列. 如果我们用 λ 来表示各项的值，那么就可以得到

$$\frac{a_{n-1} + a_{n+1}}{a_n} = \lambda \Leftrightarrow a_{n+1} = \lambda a_n - a_{n-1}$$

4. 我们已知，对于所有整数 $n \geq 2$ 都有 $\boldsymbol{A} \cdot \boldsymbol{B}^{n-1} = \begin{pmatrix} a_n & a_{n+1} \\ a_{n+2} & a_{n+3} \end{pmatrix} = \begin{pmatrix} a_{n-1} & a_n \\ a_{n+1} & a_{n+2} \end{pmatrix} \cdot \boldsymbol{B}$.

如果记 $\boldsymbol{B} = \begin{pmatrix} p & q \\ r & s \end{pmatrix}$，我们就可以得到

$$\begin{pmatrix} a_n & a_{n+1} \\ a_{n+2} & a_{n+3} \end{pmatrix} = \begin{pmatrix} a_{n-1} & a_n \\ a_{n+1} & a_{n+2} \end{pmatrix} \begin{pmatrix} p & r \\ q & s \end{pmatrix}$$

即

$$\begin{pmatrix} a_n & a_{n+1} \\ a_{n+2} & a_{n+3} \end{pmatrix} = \begin{pmatrix} pa_{n-1} + qa_n & ra_{n-1} + sa_n \\ pa_{n+1} + qa_{n+2} & ra_{n+1} + sa_{n+2} \end{pmatrix}$$

通过将矩阵各项单元化，我们就可以得到 $a_{n+1} = sa_n + ra_{n-1}$，这就是一个二阶递归.

5. 如果我们意识到并且证明了关系式 $a_{2n+3} = a_n a_{n+1} + a_{n+1} a_{n+2}$，那么本题就解决了. 已知题中数列是以二阶递归关系式来定义的，且 $p = -2$，$q = -1$，所以我们可以记 $\boldsymbol{A} = \begin{pmatrix} 0 & 1 \\ 1 & 2 \end{pmatrix}$. 对于每一个正整数 n，我们都可以得到 $\boldsymbol{A}^{n+2} = \begin{pmatrix} a_n & a_{n+1} \\ a_{n+1} & a_{n+2} \end{pmatrix}$，这也可以用归纳法

来证实. 进而可以得到, 矩阵等式 $A^{n+2} \cdot A^{n+2} = A^{2n+4}$ 的展开式可以表示为

$$\begin{pmatrix} a_n^2 + a_{n+1}^2 & a_n a_{n+1} + a_{n+1} a_{n+2} \\ a_n a_{n+1} + a_{n+1} a_{n+2} & a_{n+1}^2 + a_{n+2}^2 \end{pmatrix} = \begin{pmatrix} a_{2n+2} & a_{2n+3} \\ a_{2n+3} & a_{2n+4} \end{pmatrix}$$

因此, 结论就可以通过将第一行第二列的项进行单元化来求得.

6. 已知数列满足二阶递归关系, $p = -1$, $q = -1$, 所以我们自然就会想到矩阵 $\boldsymbol{\Omega} = \begin{pmatrix} 0 & 1 \\ 1 & 1 \end{pmatrix}$. 类似地, 我们也可以得到

$$\begin{pmatrix} L_n & L_{n+1} \\ L_{n+1} & L_{n+2} \end{pmatrix} = \begin{pmatrix} 2 & 1 \\ 1 & 3 \end{pmatrix} \cdot \begin{pmatrix} 0 & 1 \\ 1 & 1 \end{pmatrix}^n$$

通过乘以

$$\begin{pmatrix} 2 & 1 \\ 1 & 3 \end{pmatrix}^{-1} = \frac{1}{5} \begin{pmatrix} 3 & -1 \\ -1 & 2 \end{pmatrix}$$

将等式左侧进行转化, 我们推导出

$$\begin{pmatrix} 0 & 1 \\ 1 & 1 \end{pmatrix}^n = \frac{1}{5} \begin{pmatrix} 3 & -1 \\ -1 & 2 \end{pmatrix} \begin{pmatrix} L_n & L_{n+1} \\ L_{n+1} & L_{n+2} \end{pmatrix}$$

代入等式 $\begin{pmatrix} 0 & 1 \\ 1 & 1 \end{pmatrix}^{2n} = \begin{pmatrix} 0 & 1 \\ 1 & 1 \end{pmatrix}^n \begin{pmatrix} 0 & 1 \\ 1 & 1 \end{pmatrix}^n$

就可以得到

$$\frac{1}{5} \begin{pmatrix} 3 & -1 \\ -1 & 2 \end{pmatrix} \begin{pmatrix} L_{2n} & L_{2n+1} \\ L_{2n+1} & L_{2n+2} \end{pmatrix} = \frac{1}{5} \begin{pmatrix} 3 & -1 \\ -1 & 2 \end{pmatrix} \begin{pmatrix} L_n & L_{n+1} \\ L_{n+1} & L_{n+2} \end{pmatrix} \cdot \frac{1}{5} \begin{pmatrix} 3 & -1 \\ -1 & 2 \end{pmatrix} \begin{pmatrix} L_n & L_{n+1} \\ L_{n+1} & L_{n+2} \end{pmatrix}$$

将等式左侧进行化简, 得到

$$5 \begin{pmatrix} L_{2n} & L_{2n+1} \\ L_{2n+1} & L_{2n+2} \end{pmatrix} = \begin{pmatrix} L_n & L_{n+1} \\ L_{n+1} & L_{n+2} \end{pmatrix} \begin{pmatrix} 3 & -1 \\ -1 & 2 \end{pmatrix} \begin{pmatrix} L_n & L_{n+1} \\ L_{n+1} & L_{n+2} \end{pmatrix}$$

经过一些简单的计算, 我们就得到

$$5 \begin{pmatrix} L_{2n} & L_{2n+1} \\ L_{2n+1} & L_{2n+2} \end{pmatrix} = \begin{pmatrix} 3L_n - L_{n+1} & -L_n + 2L_{n+1} \\ 3L_{n+1} - L_{n+2} & -L_{n+1} + 2L_{n+2} \end{pmatrix} \begin{pmatrix} L_n & L_{n+1} \\ L_{n+1} & L_{n+2} \end{pmatrix}$$

将第一行第一列各项进行单元化, 同时应用递归关系式, 我们就得到

$$\begin{aligned} 5L_{2n} &= (3L_n - L_{n+1})L_n + (-L_n + 2L_{n+1})L_{n+1} \\ &= 3L_n^2 - 2L_n L_{n+1} + 2L_{n+1}^2 \\ &= 2L_n^2 + (L_n^2 - 2L_n L_{n+1} + L_{n+1}^2) + L_{n+1}^2 \\ &= 2L_n^2 + (L_{n+1} - L_n)^2 + L_{n+1}^2 \\ &= 2L_n^2 + L_{n-1}^2 + L_{n+1}^2 \end{aligned}$$

将第一行第二列各项进行单元化,同时应用递归关系式,我们得到

$$5L_{2n+1} = (3L_n - L_{n+1})L_{n+1} + (-L_n + 2L_{n+1})L_{n+2}$$
$$= 3L_nL_{n+1} - L_{n+1}^2 - L_nL_{n+2} + 2L_{n+1}L_{n+2}$$
$$= 3L_nL_{n+1} - L_{n+1}^2 - L_n(L_n + L_{n+1}) + 2L_{n+1}(L_n + L_{n+1})$$
$$= L_{n+1}^2 + 4L_nL_{n+1} - L_n^2$$
$$= (L_{n+1}^2 + 2L_nL_{n+1} + L_n^2) + 2L_nL_{n+1} - 2L_n^2$$
$$= (L_n + L_{n+1})^2 + 2L_n(L_{n+1} - L_n)$$
$$= L_{n+2}^2 + 2L_nL_{n-1}$$

7. 对于所有整数 $n \geqslant 0$,都有

$$\begin{pmatrix} F_n & F_{n+1} \\ L_n & L_{n+1} \end{pmatrix} = \begin{pmatrix} 1 & 1 \\ 2 & 1 \end{pmatrix} \begin{pmatrix} 0 & 1 \\ 1 & 1 \end{pmatrix}^n$$

所以

$$\begin{pmatrix} 0 & 1 \\ 1 & 1 \end{pmatrix}^n = \begin{pmatrix} -1 & 1 \\ 2 & -1 \end{pmatrix} \begin{pmatrix} F_n & F_{n+1} \\ L_n & L_{n+1} \end{pmatrix}$$

代入等式

$$\begin{pmatrix} 0 & 1 \\ 1 & 1 \end{pmatrix}^{2n} = \begin{pmatrix} 0 & 1 \\ 1 & 1 \end{pmatrix}^n \cdot \begin{pmatrix} 0 & 1 \\ 1 & 1 \end{pmatrix}^n$$

我们可以得到

$$\begin{pmatrix} -1 & 1 \\ 2 & -1 \end{pmatrix} \begin{pmatrix} F_{2n} & F_{2n+1} \\ L_{2n} & L_{2n+1} \end{pmatrix}$$
$$= \begin{pmatrix} -1 & 1 \\ 2 & -1 \end{pmatrix} \begin{pmatrix} F_n & F_{n+1} \\ L_n & L_{n+1} \end{pmatrix} \begin{pmatrix} -1 & 1 \\ 2 & -1 \end{pmatrix} \begin{pmatrix} F_n & F_{n+1} \\ L_n & L_{n+1} \end{pmatrix}$$

因此

$$\begin{pmatrix} F_{2n} & F_{2n+1} \\ L_{2n} & L_{2n+1} \end{pmatrix} = \begin{pmatrix} F_n & F_{n+1} \\ L_n & L_{n+1} \end{pmatrix} \begin{pmatrix} -1 & 1 \\ 2 & -1 \end{pmatrix} \begin{pmatrix} F_n & F_{n+1} \\ L_n & L_{n+1} \end{pmatrix}$$
$$= \begin{pmatrix} -F_n + 2F_{n+1} & F_n - F_{n-1} \\ -L_n + 2L_{n+1} & L_n - L_{n-1} \end{pmatrix} \begin{pmatrix} F_n & F_{n+1} \\ L_n & L_{n+1} \end{pmatrix}$$
$$= \begin{pmatrix} F_{n-1} + F_{n+1} & -F_{n-1} \\ L_{n-1} + L_{n+1} & -L_{n-1} \end{pmatrix} \begin{pmatrix} F_n & F_{n+1} \\ L_n & L_{n+1} \end{pmatrix}$$

即

$$\begin{pmatrix} F_{2n} & F_{2n+1} \\ L_{2n} & L_{2n+1} \end{pmatrix} = \begin{pmatrix} F_{n-1} + F_{n+1} & -F_{n-1} \\ L_n + L_{n+1} & -L_{n-1} \end{pmatrix} \begin{pmatrix} F_n & F_{n+1} \\ L_n & L_{n+1} \end{pmatrix}$$

8. 利用等式 $\dfrac{1}{1-x} = \sum\limits_{n=0}^{\infty} x^n$，我们可知

$$\frac{1}{1-2x-x^2} = \frac{1}{2\sqrt{2}}\left(\frac{1+\sqrt{2}}{1-(1+\sqrt{2})x} - \frac{1-\sqrt{2}}{1-(1-\sqrt{2})x}\right)$$

$$= \frac{1+\sqrt{2}}{2\sqrt{2}}\cdot\frac{1}{1-(1+\sqrt{2})x} - \frac{1-\sqrt{2}}{2\sqrt{2}}\cdot\frac{1}{1-(1-\sqrt{2})x}$$

$$= \frac{1+\sqrt{2}}{2\sqrt{2}}\sum_{n=0}^{\infty}\left[(1+\sqrt{2})x\right]^n - \frac{1-\sqrt{2}}{2\sqrt{2}}\sum_{n=0}^{\infty}\left[(1-\sqrt{2})x\right]^n$$

$$= \frac{1}{2\sqrt{2}}\sum_{n=0}^{\infty}(1+\sqrt{2})^{n+1}x^n - \frac{1}{2\sqrt{2}}\sum_{n=0}^{\infty}(1-\sqrt{2})^{n+1}x^n$$

于是，得到 $a_n = \dfrac{1}{2\sqrt{2}}\left((1+\sqrt{2})^{n+1} - (1-\sqrt{2})^{n+1}\right)$，所以 $a_{n+1} - 2a_n - a_{n-1} = 0$. 正如我

们已经看到，我们很自然地就会想到矩阵 $A = \begin{pmatrix} 0 & 1 \\ 1 & 2 \end{pmatrix}$. 通过归纳，可以得到 $A^{n+2} =$

$\begin{pmatrix} a_n & a_{n+1} \\ a_{n+1} & a_{n+2} \end{pmatrix}$，$\forall n \in \mathbb{N}$.

现在，结论就可以通过矩阵等式 $A^{n+2}\cdot A^{n+2} = A^{2n+4}$ 来求得. 我们其实已经知道

$$\begin{pmatrix} a_n^2+a_{n+1}^2 & a_na_{n+1}+a_{n+1}a_{n+2} \\ a_na_{n+1}+a_{n+1}a_{n+2} & a_{n+2}^2+a_{n+2}^2 \end{pmatrix} = \begin{pmatrix} a_{2n+2} & a_{2n+3} \\ a_{2n+3} & a_{2n+4} \end{pmatrix}$$

因此就可以得到 $a_n^2 + a_{n+1}^2 = a_{2n+2}$.

9. 我们定义矩阵为 $A = \begin{pmatrix} 1 & 1 \\ 1 & 0 \end{pmatrix}$. 通过归纳，可以得到 $A^n = \begin{pmatrix} f_{n+1} & f_n \\ f_n & f_{n-1} \end{pmatrix}$. 事实上

$$A^{n+1} = A\cdot A^n$$

$$= \begin{pmatrix} 1 & 1 \\ 1 & 0 \end{pmatrix}\begin{pmatrix} f_{n+1} & f_n \\ f_n & f_{n-1} \end{pmatrix}$$

$$= \begin{pmatrix} f_{n+1}+f_n & f_n+f_{n-1} \\ f_{n+1} & f_n \end{pmatrix}$$

$$= \begin{pmatrix} f_{n+2} & f_{n+1} \\ f_{n+1} & f_n \end{pmatrix}$$

现在，我们用两种方式来表示矩阵 A^{3n}

$$A^{3n} = \begin{pmatrix} f_{3n+1} & f_{3n} \\ f_{3n} & f_{3n-1} \end{pmatrix} \tag{7}$$

和

$$A^{3n} = (A^n)^3$$

$$= \begin{pmatrix} f_{n+1} & f_n \\ f_n & f_{n-1} \end{pmatrix}^3 \begin{pmatrix} f_{n+1}^3 + 2f_{n+1}f_n^2 + f_n^2 f_{n-1} & f_{n+1}^2 f_n + f_{n+1}f_n f_{n-1} + f_n^3 + f_n f_{n-1}^2 \\ f_{n+1}^2 f_n + f_{n+1}f_n f_{n-1} + f_n^3 + f_n f_{n-1}^2 & f_{n+1}f_n^2 + 2f_n^2 f_{n-1} + f_{n-1}^3 \end{pmatrix}$$

$$(8)$$

现在,通过将式(7)和式(8)中矩阵对角线上的元素进行单元化,我们推得 $f_{3n} = f_{n+1}^2 + f_n + f_{n+1}f_n f_{n-1} + f_n^3 + f_n f_{n-1}^2$. 进而,利用递归关系式,我们可以得到

$$\begin{aligned} f_{3n} &= f_{n+1}f_n(f_{n+1} + f_{n-1}) + f_n^3 + f_n f_{n-1}^2 \\ &= f_{n+1}(f_{n+1} - f_{n-1})(f_{n+1} + f_{n-1}) + f_n^3 + f_n f_{n-1}^2 \\ &= f_{n+1}(f_{n+1}^2 - f_{n-1}^2) + f_n^3 + f_n f_{n-1}^2 \\ &= f_{n+1}^3 - f_{n+1}f_{n-1}^2 + f_n^3 + f_n f_{n-1}^2 \\ &= f_{n+1}^3 + f_n^3 - f_{n-1}^2(f_{n+1} - f_n) \\ &= f_{n+1}^3 + f_n^3 - f_{n-1}^3 \end{aligned}$$

10. 我们来看一下关系式 $A^{n+1} = A^n \cdot A$,即

$$\begin{pmatrix} a_{n+1} & b_{n+1} \\ b_{n+1} & a_{n+1} \end{pmatrix} = \begin{pmatrix} a_n & b_n \\ b_n & a_n \end{pmatrix}\begin{pmatrix} 1 & 2 \\ 2 & 1 \end{pmatrix} = \begin{pmatrix} a_n + 2b_n & 2a_n + b_n \\ 2a_n + b_n & a_n + 2b_n \end{pmatrix}$$

所以得到

$$\begin{cases} a_{n+1} = a_n + 2b_n \\ b_{n+1} = 2a_n + b_n \end{cases}$$

通过这些递归关系式,以及首项 $a_1 = 1$ 和 $b_1 = 2$,构建数列 $(a_n)_{n \geq 1}$ 和 $(b_n)_{n \geq 1}$. 通过归纳法,这两个数列就可以证实本题的论断. 通过递归关系式之间的相加(或者相减),我们得到

$$a_{n+1} + b_{n+1} = 3(a_n + b_n)$$

$$a_{n+1} - b_{n+1} = (-1)(a_n - b_n)$$

所以,数列 $(a_n + b_n)_{n \geq 1}$ 和 $(a_n - b_n)_{n \geq 1}$ 是等比数列. 我们已知

$$a_n + b_n = 3^n, a_n - b_n = (-1)^n$$

因此就得到了 $a_n = \dfrac{3^n + (-1)^n}{2}$ 和 $b_n = \dfrac{3^n - (-1)^n}{2}$.

11. 本题中我们需要应用两个引理.

引理 1 令 z 为复数,当且仅当 $|z| < 1$ 或者 $z = 1$ 时,数列 $(z^n)_{n \geq 1}$ 收敛.

证明 "当"的部分是不证自明的,所以我们直接跳过去证明,如果数列 $(z^n)_{n \geq 1}$ 收敛,那么 $|z| < 1$ 或者 $z = 1$.

一方面,从所求数列的收敛性可以推得由该数列各项绝对值构成的新数列$(|z|^n)_{n\geq1}$的收敛性,进而得到$|z|\leq1$. 所以,接下来要证明的是,若$(z^n)_{n\geq1}$收敛,且$|z|=1$,则$z=1$. 我们来看一下$z=\cos\varphi+i\sin\varphi(\varphi\in[0,2\pi))$,得到$z^n=\cos n\varphi+i\sin n\varphi$,$\forall n\geq1$. 一个复数列的收敛性表明了分别由各项实数部分和虚数部分构成之数列的收敛性;所以,分别由$x_n=\cos n\varphi$和$y_n=\sin n\varphi$,$\forall n\geq1$定义的$(x_n)_{n\geq1}$和$(y_n)_{n\geq1}$必定收敛.

我们分别用x和y表示$(x_n)_{n\geq1}$和$(y_n)_{n\geq1}$的极限,其中x和y当然是实数,我们得到

$$x_{n+1}=x_n\cos\varphi-y_n\sin\varphi\quad(\forall n\geq1)$$

和

$$y_{n+1}=y_n\cos\varphi+x_n\sin\varphi\quad(\forall n\geq1)$$

将其推演到$n\to\infty$的极限,我们得到

$$\begin{cases}x(1-\cos\varphi)+y\sin\varphi=0\\-x\sin\varphi+y(1-\cos\varphi)=0\end{cases}$$

另一方面,$x_n^2+y_n^2=\cos^2 n\varphi+\sin^2 n\varphi=1$,$\forall n\geq1$,(再次将其推演到极限)可以得到$x^2+y^2=1$,所以$x$和$y$不能同时为零. 也就是说,上述同质线性系统($x$和$y$未知)有非零解,所以其判别式必定等于零. 这意味着$(1-\cos\varphi)^2+\sin^2\varphi=0$,推得$\cos\varphi=1$和$\sin\varphi=0$,于是得到$z=1$.

引理2 令a和b为复数,z_1和z_2为方程$z^2-az+b=0$的根,则下列不等式等价:

(1)$|z_1|<1$且$|z_2|<1$;

(2)$|a|^2+|a^2-4b|<2(|b|^2+1)<4$.

证明 对于小于1的非负实数$|z_1|$和$|z_2|$,$(|z_1|^2-1)(|z_2|^2-1)>0$(也就是说$|z_1|$和$|z_2|$位于1的同侧)和$|z_1 z_2|=|z_1||z_2|<1$是其充分必要条件. 已知$z_1 z_2=b$,所以,第二个已知条件实际上就是说$|b|<1$,这等价于$2(|b|^2+1)<4$.

我们还知道$z_1+z_2=a$和$(z_1-z_2)^2=(z_1+z_2)^2-4z_1 z_2=a^2-4b$,于是根据众所周知的特性$2(|z_1|^2+|z_2|^2)=|z_1+z_2|^2+|z_1-z_2|^2$和$|z_1 z_2|=|z_1||z_2|$,第一个条件(可以表示为$2(|z_1|^2+|z_2|^2)<2(|z_1|^2|z_2|^2+1))$就等同于$|a|^2+|a^2-4b|<2(|b|^2+1)$.

现在,我们回到本题的解答. 请注意,根据凯莱－汉密尔顿定理(Cayley-Hamilton theorem)可知$\boldsymbol{X}^2-a\boldsymbol{X}+b\boldsymbol{I}_2=\boldsymbol{O}_2$(其中$\boldsymbol{O}_2$是二阶零矩阵),所以$\boldsymbol{X}^{n+2}-a\boldsymbol{X}^{n+1}+b\boldsymbol{X}^n=\boldsymbol{O}_2$,$\forall n\geq1$. 这表明,数列$(t_n)_{n\geq1}$,$(u_n)_{n\geq1}$,$(v_n)_{n\geq1}$,$(w_n)_{n\geq1}$中的任意一个都可以证明一个相同的二阶线性递归关系式$x_{n+2}-ax_{n+1}+bx_n=0$,$\forall n\geq1$. 所以,如果我们将其推演到极限,并用T,U,V,W表示这些数列的极限值(如果这些值存在且有限的话),我们就得到

$$T-aT+bT=U-aU+bU=V-aV+bV=W-aW+bW=0$$

现在,我们来证明(1)$\Rightarrow$(2)的关联. 假定对于某个已知矩阵X成立,则对应的数列$(t_n)_{n\geq1}$,$(u_n)_{n\geq1}$,$(v_n)_{n\geq1}$,$(w_n)_{n\geq1}$收敛(其极限值分别为T,U,V,W). 数列$(a_n)_{n\geq1}$和

$(b_n)_{n\geq1}$ 的收敛性就可以定义为,对于所有 $n\in\mathbb{N}^*$,都存在 $a_n=t_n+w_n=\mathrm{tr}(\boldsymbol{X}^n)$ 和 $b_n=t_nw_n-u_nv_n=\det(\boldsymbol{X}^n)$(分别可以得到,极限 $A=T+W$ 和极限 $B=TW-UV$). 我们已知 $\det(\boldsymbol{X}^n)=(\det(\boldsymbol{X}))^n\Rightarrow b_n=b^n,\forall n\geq1$,而引理 1 则表明 b 要么等于 1 要么其绝对值小于 1.

我们首先来看一下 $b=1$ 的情况. 现在可以由四个数列之一证明的递归关系式就变成了

$$x_{n+2}-ax_{n+1}+x_n=0\quad(\forall n\geq1)$$

至于其极限值则得到

$$T-aT+T=U-aU+U=V-aV+V=W-aW+W=0$$
$$\Rightarrow(2-a)T=(2-a)U=(2-a)V=(2-a)W=0$$

我们还可以得到 $t_nw_n-u_nv_n=b^n=1,\forall n\geq1$,进而推出 $TW-UV=1$,所以 T,U,V,W 不可能全部为零,并且必然得到 $a=2$. 经过简单的归纳,表明 $\boldsymbol{X}^n=\boldsymbol{I}_2+n(\boldsymbol{X}-\boldsymbol{I}_2),\forall n\geq1$,进而立马可以推得,对于所有 $n\in\mathbb{N}^*$ 都存在 $t_n=1+n(t-1),u_n=nu,v_n=nv,w_n=1+n(w-1)$. 现在,显然关于数列 $(t_n)_{n\geq1}$,$(u_n)_{n\geq1}$,$(v_n)_{n\geq1}$,$(w_n)_{n\geq1}$ 收敛性的假设表明 $t=1,u=0,v=0,w=1$,也就是说 $\boldsymbol{X}=\boldsymbol{I}_2$.

进一步假定 b 是绝对值小于 1 的复数. 我们看一下方程 $z^2-az+b=0$(矩阵 $\boldsymbol{X}$ 的特征值)的两个根 z_1 和 z_2. 众所周知,$a_n=\mathrm{tr}(\boldsymbol{X}^n)=z_1^n+z_2^n,\forall n\geq1$,并且还存在 $z_1z_2=b_1$,于是,$|z_1||z_2|=|b|<1$. 这意味着 z_1 和 z_2 中至少有一个的绝对值小于 1. 如果比如说 $|z_1|<1$,那么 $(z_1^n)_{n\geq1}$ 是收敛的(极限为 0);另一方面,矩阵 $\boldsymbol{X}^n$ 的迹的数列必定收敛,这意味着数列 $(z_1^n+z_2^n)_{n\geq1}$ 也收敛. 因此,以 $z_2^n=(z_1^n+z_2^n)-z_1^n$ 为通项公式的数列收敛,(再次根据引理 1)得到 $z_2=1$ 或 $|z_2|<1$. 综上,若 $|b|<1$,则要么矩阵 X 特征方程两个根的绝对值都小于 1,要么其中一个根的绝对值小于 1 而另一个根的绝对值等于 1. 在第二种情况中(假定 $|z_1|<1$ 和 $z_2=1$),我们显然得到 $b=z_1$,且 $a=z_1+z_2=b+1$($|b|<1$),这也就是(2)中的第二种情况. 在另一种情况中,若 $|z_1|<1$ 且 $|z_2|<1$,则根据引理 2 可以推断 $|a|^2+|a^2-4b|<2(|b|^2+1)<4$,我们也就处于(2)的第三种情况.

剩下来就证明(2)$\Rightarrow$(1). 对于 $X=I_2$,我们已知 $\boldsymbol{X}^n=I_2\Rightarrow t_n=w_n=1,u_n=v_n=0,\forall n\geq1$,于是,这四个数列的收敛性也就很明显了. 如果对于矩阵 $\boldsymbol{X}$ 存在 $a=\mathrm{tr}(\boldsymbol{X})=\det(\boldsymbol{X})+1=b+1$ 和 $|b|<1$,那么该矩阵的一个特征值就是 1,而另一个则是 b(其绝对值小于 1). 在这种情况下,很容易证得 $\boldsymbol{X}^n=\dfrac{1}{b-1}[b^n(\boldsymbol{X}-\boldsymbol{I}_2)+b\boldsymbol{I}_2-\boldsymbol{X}],\forall n\geq1$,由此可以推出形如 $x_n=cb^n+d,\forall n\geq1$ 的一系列公式对于四个数列 $(t_n)_{n\geq1}$,$(u_n)_{n\geq1}$,$(v_n)_{n\geq1}$,$(w_n)_{n\geq1}$(常数 c 和 d 依赖于 $\boldsymbol{X}$,当然不是所有的数列都必须取相同的 c,d 值)中的任何一个 $(x_n)_{n\geq1}$ 都成立. 由于 $\lim\limits_{n\to\infty}b^n=0$,所以四个数列中的任意一个都是收敛的.

最后,基于引理 2,第三种情况表明矩阵 $\boldsymbol{X}$ 特征方程的根 z_1 和 z_2 是绝对值小于 1 的

复数. 这也是经数列 $(t_n)_{n\geq1}$, $(u_n)_{n\geq1}$, $(v_n)_{n\geq1}$, $(w_n)_{n\geq1}$ 之一证实的特征方程, 所以, 四个方程中任意一个 (还是用 x_n 表示) 的通项公式都可以表示为 $x_n = cz_1^n + dz_2^n$, $\forall n \geq 1$ ($z_1 \neq z_2$) 或 $x_n = (c + nd)z_1^n$, $\forall n \geq 1$ ($z_1 = z_2$). 由于 $|z_1| < 1$ 且 $|z_2| < 1$, 我们得到

$$\lim_{n\to\infty} z_1^n = \lim_{n\to\infty} z_2^n = 0, \lim_{n\to\infty} nz_1^n = 0$$

于是也就很容易证明这四个方程的收敛性 (其极限皆为 0). 证毕.

第十四章　最后的题集

我们将用剩下的这些习题结束本书,相关话题我们在前面各章中都讨论过了. 其中一些题目很简单,也有一些会很难. 对于这些题目的选择更多的是根据我们的喜好. 但是不管怎样,我们都希望感兴趣的读者会享受这最后的挑战,或多或少(希望是更多)基于对本书前述内容的学习来尝试独立解答这些题目. 当然,值得永远记住的是:学习数学是一件永无止境的事情. 所以,不管是在解答本章习题的过程中,还是在今后解答有可能遇到的任何问题时,乃至在整条漫长而曲折、持久而精彩的学习道路上,我们都祝您好运!

推荐习题

1. 我们用 n 种颜色中的一种将平面内的每一个点着色,请证明:其中存在一个顶点同色的矩形.

2. 令 a 和 b 为正整数. 请证明:存在正整数 s 和 t 使得 $an+s$ 和 $bn+t$(n 为整数)互素.

3. 令 a 和 b 为互素整数,$(x_n)_{n \geqslant 1}$ 为整数数列,且 $x_0 = 0, x_1 = 1, x_n = ax_{n-1} + bx_{n-2}$($n \geqslant 2$). 请证明:对于任意自然数 m 和 n 都有 $(x_m, x_n) = x_{(m,n)}$.

4. (1)请证明:存在四个连续自然数,它们都可以表示成两个平方数之和的形式.

(2)请证明:存在无限多个连续自然数三联数组,每个三联数组都可以表示成两个平方数之和的形式.

5. 如果一个正整数不能被大于 1 的整数的平方所整除,那么就可以称该正整数为无平方数因数. 或者也可以类似地表述为,该正整数是由 1 或者不同质因数相乘得到(也可能仅仅只有一个单独的质因数). 若 $(l_n)_{n \geqslant 1}$ 是一个由无平方数因数的正整数以从小到大的顺序(例如,$l_1 = 1, l_2 = 2, l_3 = 3, l_4 = 5, l_5 = 6, \cdots$)组成的数列,就可以得到一个众所周知的等式(读者不需要证明该等式):$\lim\limits_{n \to \infty} \dfrac{l_n}{n} = \dfrac{\pi^2}{6}$.

请证明:存在无限多个连续自然数的三联数组,它们都是无平方数因数的数.

6. 令 a, b, c, d 为正整数,$(a, c) = 1$,且 ac 不是一个平方数. 请证明:存在无限多个整数 n 使得 $an + b^2$ 和 $cn + d^2$ 两者都是平方数.

7. 令 n 为不能被 3 整除的正整数,$s \geqslant n-1$ 为整数. 请证明:存在可以被 n 整除的正

整数 N 且位数码和 $S(N)=s$.

8. 已知一个正整数等差数列,请证明:我们可以求出该等差数列的一个子数列同时也是一个等比数列.

9. 令 α 为正无理数,n_0 为正整数,请证明:数列 $([n\alpha])_{n\geqslant n_0}$ 包含任意长度的等差数列.

10. 令 α,β,γ 是三个正实数,且 $A=\{[n\alpha]\mid n\in\mathbb{N}^*\}$,$B=\{[n\beta]\mid n\in\mathbb{N}^*\}$,$C=\{[n\gamma]\mid n\in\mathbb{N}^*\}$,请证明:集合 A,B,C 不能正好瓜分正整数集合 $\mathbb{N}^*$.(也就是说,我们不能同时得到 $A\cup B\cup C=\mathbb{N}^*$ 和 $A\cap B=A\cap C=B\cap C=\varnothing$)

11. 令 $f(x)=x^2+ax+b$ 是一个系数为整数的二次函数,它的一个特性是从两个连续整数可以得到对应 f 值为两个连续平方数.请证明:$f(n)$ 对于任意整数 n 都是一个完全平方数.

12. 令 f,g,h 是三个二次函数,并且 $f-g,g-h,h-f$ 也仍然都是二次函数(即 x^2 有非零系数),且有相同数量的零值.请证明:函数 $f-g,g-h,h-f$ 有一个公共零值.

13. 令 $f(x)=x^2+ax+b$ 和 $g(x)=x^2+cx+d$ 是两个系数为实数的二次函数.如果其对应的方程 $f(x)=0$ 和 $g(x)=0$ 分别有各自不同的实数根,那么就可以称其为友好方程(见"二次函数和二次方程"一章中的例2).请证明:当且仅当

$$R=(b-d)^2+(a-c)(ad-bc)<0$$

时,方程 $f(x)=0$ 和 $g(x)=0$ 是友好方程.

14. (1)(刺猬困境)令 P 是三维空间中的一个凸多面体.已知一个向量垂直于 P 的一个平面,其长度等于该平面面积.并且,所有这些向量都朝向多面体的外侧.请证明这些向量的和等于 $\mathbf{0}$.

(2)令 a,b,c,d 为正实数,其中任何一个数都小于其他三个数之和.请证明:存在一个多面体,其各表面面积正好是 a,b,c,d.

15. 令 $A_1A_2A_3A_4$ 为四面体,K_j 表示顶点 $A_j(1\leqslant j\leqslant 4)$ 正对面的面积,于是就会有 K_1 等于 $A_2A_3A_4$ 的面积之类的等式.请证明:若 $K_1=K_2$,$K_3=K_4$,则 $A_1A_3=A_2A_4$,$A_1A_4=A_2A_3$.

16. 令 $\triangle A_1B_1C_1$ 和 $\triangle A_2B_2C_2$ 是两个不同的等边三角形,其中心重合,且都在平面同侧.请证明:直线 A_1A_2,直线 B_1C_2 和直线 B_2C_1 三者并行.

17. 令 p,q,r 为正实数,且 $p+q+r=1$.设 $(x_n)_{n\geqslant 0}$,$(y_n)_{n\geqslant 0}$,$(z_n)_{n\geqslant 0}$ 为实数数列,其中,$x_0=1,y_0=0,z_0=0$,递归关系式分别为

$$x_n=px_{n-1}+ry_{n-1}+qz_{n-1}$$
$$y_n=qx_{n-1}+py_{n-1}+rz_{n-1}$$
$$z_n=rx_{n-1}+qy_{n-1}+pz_{n-1}$$

其中 $n\geqslant 1$.请证明:$(x_n)_{n\geqslant 0}$、$(y_n)_{n\geqslant 0}$、$(z_n)_{n\geqslant 0}$ 收敛,并求出它们的极限.

答案

1. 我们来看一下整数坐标系中的点(也被称为格点,即直线方程组 $x=a$ 和 $x=b$ 的交点,其中 a 和 b 为整数,我们称这些直线形成格点). 我们在一条垂线 L_1 上假定方程 $x=x_1$(任意)确定一个整数 x_1. 由于在 L_1 上有无限多个格点,用 n 种颜色分别给格点着色,那么必定会有无限多个点拥有相同的颜色. 我们只需要其中的 n^n+1 个,其坐标为 $(x_1,y_k^{(1)})(1\leqslant k\leqslant n^n+1)$.

再取整数 $x_2\neq x_1$,坐标为 $(x_2,y_k^{(1)})(1\leqslant k\leqslant n^n+1)$ 的点是垂线 L_2(方程 $x=x_2$)与水平线(方程 $y=y_k^{(1)}$)的交点. 这些点的数量为 n^n+1 个,用 n 种颜色着色即可(根据鸽巢原理)得到其中(至少)有 $n^{n-1}+1$ 个点同色. 令 $(x_2,y_k^{(2)})(1\leqslant k\leqslant n^{n-1}+1)$ 为这些点的坐标(请注意,$y_k^{(2)}$ 是最初的 $y_k^{(1)}(1\leqslant k\leqslant n^n+1)$ 上的 $n^{n-1}+1$ 个不同数字).

然后,我们来看一条新的垂线 L_3(方程 $x=x_3$,其中 x_3 不等于 x_1 和 x_2),其上对应的点的坐标为 $(x_3,y_k^{(2)})(1\leqslant k\leqslant n^{n-1}+1)$. 存在由 n 种颜色着色的 $n^{n-1}+1$ 个点,于是可以得到其中有 $n^{n-2}+1$ 个点同色,其坐标即为 $(x_3,y_k^{(3)})(1\leqslant k\leqslant n^{n-2}+1)$. 可以看到,方程为 $y=y_k^{(3)}(1\leqslant k\leqslant n^{n-2}+1)$ 的水平线与垂线 L_1,L_2 和 L_3 的交点同色. 但是,L_1 和 L_2(或者 L_1 和 L_3,L_2 和 L_3)上的点并不是必须全部同色的(如果是这样的话,我们早已经可以找到顶点同色的矩形了).

显然,我们可以依此建构 $n+1$ 条方程为 $x=x_j(x_1,\cdots,x_{n+1}$ 互不相同)的垂线 L_j,并且我们(根据一般的鸽巢原理)可以发现在每一条垂线上坐标为 $(x_j,y_k^{(j)})(1\leqslant k\leqslant n^{n-j+1}+1)$ 的 L_j 个点同色. 所以,其坐标对于任意 $1\leqslant j\leqslant n$ 具有如下特性

$$\{y_1^{(j+1)},\cdots,y_{n^{n-j+1}}^{(j+1)}\}\subseteq\{y_1^{(j)},\cdots,y_{n^{n-j+1}+1}^{(j)}\}$$

因此,我们在 L_{n+1} 上可以获得两个同色的点,其坐标分别为 $(x_{n+1},y_1^{(n+1)})$ 和 $(x_{n+1},y_2^{(n+1)})$. 水平线 $\Lambda_1:y=y_1^{(n+1)}$ 和 $\Lambda_2:y=y_2^{(n+1)}$ 分别与任意垂线 $L_j(1\leqslant j\leqslant n+1)$ 的两个交点都同色. 然而,我们有 $n+1$ 条垂线却只有 n 种颜色. 所以,根据前述鸽巢原理可知,其中必定有两条线与 Λ_1 和 Λ_2 的(全部四个)交点同色,这四个点为矩形的顶点且同色. 证毕.

2. 令 $d=(a,b)$ 为 a 和 b 的最大公约数,a_1 和 b_1 为互素正整数,使得 $a=da_1,b=db_1$. 已知存在正整数 s 和 t 使得 $ta_1-sb_1=1$,由此所确定的 s 和 t 就是我们所要求的. 事实上,我们已知 $a_1b=b_1a(=da_1b_1)$,于是对于每一个整数 n 都有

$$a_1(bn+t)-b_1(an+s)=ta_1-sb_1=1$$

从该等式我们可以看到,$an+s$ 和 $bn+t$ 的公约数必须能整除 1,这就是我们想要证明的. 例如,若 $a=48=6\times8,b=114=6\times19$,取 $s=3$ 和 $t=7$,我们可以得到

$$19(48n+3)-8(114n+7)=1$$

于是对于任意整数 n 都有 $(48n+3,114n+7)=1$.

3. 首先需要注意的是 $(x_n, b) = 1$ 对于任意 $n \geq 1$ 都成立. 事实上, 我们已知 $(x_1, b) = 1$. 如果 d 是 $x_n (n \geq 2)$ 和 b 的一个公约数, 那么等式 $x_n = ax_{n-1} + bx_{n-2}$ 表明 d 可以整除 ax_{n-1}, 于是 d 也可以整除 x_{n-1}. (因为 a 和 b 互素, d 能够整除 b, 所以 d 和 a 也互素.) 再向前归纳, 我们可以得到 d 整除 x_1, 于是 $d = 1$.

同样通过归纳法可知对于任意 $n \geq 1$ 都有 $(x_n, x_{n-1}) = 1$. 事实上, 通过该回归关系式, 我们可知 x_n 和 x_{n-1} 的公因数也能整除 bx_{n-2}. 而根据我们已经证明的结论可知, 由于该公因数能整除 x_n, 且 $(x_n, b) = 1$, 所以此公因数和 b 互素, 于是也就能整除 x_{n-2}, 为 x_{n-1} 和 x_{n-2} 的公因数. 因此, 若 $(x_{n-1}, x_{n-2}) = 1$, 我们也可以得到 $(x_n, x_{n-1}) = 1$, 其中 $(x_1, x_0) = 1$ 是不证自明的, 于是, $(x_n, x_{n-1}) = 1$ 对于所有 $n \geq 1$ 都为真.

接下来, 根据二阶线性同质递归的一般理论 (或者再用一次简单归纳法) 可知 $x_n = \dfrac{\alpha^n - \beta^n}{\alpha - \beta}$, 其中 α 和 β 是特征方程 $x^2 = ax + b$ 的根 (默认 $\alpha \neq \beta$). 由此可知, $\dfrac{x_{kn}}{x_n} = \dfrac{\alpha^{kn} - \beta^{kn}}{\alpha^n - \beta^n} = \alpha^{(k-1)n} + \alpha^{(k-2)n}\beta^n + \cdots + \beta^{(k-1)n}$ 是一个整数, 同时也是一个有理数 (因为 x_{kn} 和 x_n 是整数) 和代数整数 (因为 α 和 β 作为 $x^2 - ax - b = 0$ 的根是代数整数, 其中 a 和 b 为整数). 实际上, 上述结论在 $\alpha = \beta$ 时也成立, 因为通过将上述等式推演到 $\beta \to \alpha$ (但是如果 a 和 b 互素的话, 就很少会出现这种情况, 读者可以尝试求出这些情况具体是什么) 的极限时, 我们就得到了 $x_n = n\alpha^{n-1}$. 于是 $\dfrac{x_{kn}}{x_n} = k\alpha^{(k-1)n}$. 再次应用同样的推理, 从而得到 $\dfrac{x_{kn}}{x_n}$ 是一个整数. 因此, 无论如何, 如果 n 能整除 m, 那么 x_n 就能整除 x_m (当然, 这是在 $n \geq 1$ 的情况下).

最终, 通过对 k 的归纳法, 很容易证明等式 $x_m = x_k x_{m+1-k} + bx_{k-1}x_{m-k}$ 对于任意 $m \geq 1$ 和 $1 \leq k \leq m$ 都成立. (这一关系式也有助于证明: 无论 n 是否整除 m, x_n 都能整除 x_m). 现在, 令 m 和 n 为任意自然数, $m \geq n$, 并且我们用 n 来除 m. 于是, $m = cn + r$, 其中 c 和 n 为自然数, $0 \leq r < n$. 我们已知

$$x_m = x_{cn}x_{m+1-cn} + bx_{cn-1}x_{m-cn} \Leftrightarrow x_m = x_{cn}x_{r+1} + bx_{cn-1}x_r$$

我们从这里会发现 x_n (x_{cn} 也可以) 和 x_r 的每一个公约数也都能整除 x_m. 反过来, 如果 d 是 x_m 和 x_n 公约数, 那么 d 也能整除 x_{cn}, 它也就能整除 $bx_{cn-1}x_r$. 但是, d 和 b (因为 b 是 x_n 的约数) 以及 d 和 x_{cn-1} (它是 x_{cn} 的约数, 并且我们知道 x_{cn-1} 和 x_{cn} 互素) 都是互素的. 那么, 就只剩下 d 整除 x_r 了. 所以, x_m 和 x_n 的公约数也是 x_n 和 x_r 的公约数 (反之亦然), 即 $(x_m, x_n) = (x_n, x_r)$. 我们现在利用关于 m 和 n 的欧几里得算法并结合上述性质来推导我们所需要的结论 $(x_m, x_n) = x_{(m,n)}$.

或者, 正如我们已经在 "最大公约数之特性" 一章中看到的那样, 我们可以不用欧几里得算法, 而利用下列事实: 存在自然数 s 和 t 使得 $sm - tn = \delta$, 其中 δ 是 m 和 n 最大公约数. 等式 $x_{sm} = x_{tn}x_{\delta+1} + x_{tn-1}x_\delta$ 表明 x_m 和 x_n 的任一公约数也都能整除 x_δ. 反过来, 显然 x_δ 是 x_m 和 x_n 的公约数, 也就得到 $x_\delta = (x_m, x_n)$, 此即为所求结论.

本题归纳了一个众所周知的事实:斐波那契数列(定义为 $F_0 = 0, F_1 = 1, F_n = F_{n-1} + F_{n-2}$ 对于任意 $n \geq 2$ 都成立)对于所有自然数 m 和 n 都存在 $(F_m, F_n) = F_{(m,n)}$. 并且,取 $a = 2$ 和 $b = 1$ 时,我们就得到 Bakir Farhi 发表在《美国数学月刊》2015 年 8 月刊上的题 11864. 还有一种特殊情况是,$(u^m - 1, u^n - 1) = u^{(m,n)} - 1$ 对于任意正整数 u, m, n 都成立(取 $a = u + 1$ 和 $b = u$ 时). 或者,更为综合的结论是,如果 α 和 β 作为任意的两个不同复数使得 $\alpha + \beta$ 和 $\alpha\beta$ 为互素整数,那么以 $x_n = \dfrac{\alpha^n - \beta^n}{\alpha - \beta}$ 定义的数列 $(x_n)_{n \geq 1}$ 对于所有 m 和 n 都存在 $(x_m, x_n) = x_{(m,n)}$. 例如,当 α 和 β 为互素质数整数时,就会得到该结论.

4. (1)每一个整数平方数恒等于 0 或 1 对 4 的模. 所以,两个平方数之和永远都不会是 3 对 4 的模. 然而,在给定四个连续自然数中必定会有一个恒等于 3 对 4 的模,而这个数就不可能是两个平方数之和.

(2)符合要求的三联数组中最小的当然是 $(0, 1, 2)$,接着是 $(8, 9, 10)$.

若 $(n-1, n, n+1)$ 是满足要求的一个三联数组,我们则可以认为 $(n^2 - 1, n^2, n^2 + 1)$ 也是符合要求的连续自然数组. 其实,$n^2 = n^2 + 0^2$ 和 $n^2 + 1 = n^2 + 1^2$ 显然就是两个平方数之和,而由于 $n^2 - 1 = (n-1)(n+1)$,$n^2 - 1$ 也是两个平方数之和. 再加上,已知 $n - 1 = a^2 + b^2, n + 1 = c^2 + d^2$,于是得到

$$n^2 - 1 = (a^2 + b^2)(c^2 + d^2) = (ac + bd)^2 + (ad - bc)^2 \quad \text{(即两个平方和的乘积也是平方和)}$$

所以,如果从 $(8, 9, 10)$ 开始,我们可以得到 $(80, 81, 82)$,据此还可以得到 $(6\,560, 6\,561, 6\,562)$,其余依此类推. 一般而言,通过以下操作 $(n-1, n, n+1) \mapsto (n^2 - 1, n^2, n^2 + 1)$,我们总是可以从一个满足已知要求的三联数组推得一个满足要求的新三联数组. 并且,若 $n > 1$,我们显然可以得到一个比原三联数组大的满足要求的最小成员,也就可以得到无限多个这样的由连续数字组成的三联数组,每一个都是两个平方数之和.

另一方面,我们可以利用佩尔方程 $x^2 - 2y^2 = 1$ 的根 (x_n, y_n),假定 $x_n + y_n \sqrt{2} = (3 + 2\sqrt{2})^n$ $((x_0, y_0) = (1, 0), (x_1, y_1) = (3, 2), (x_3, y_3) = (17, 12)$,依此类推.)于是,每一个三联数组 $(x_n^2 - 1, x_n^2, x_n^2 + 1)$ 都符合要求. 我们只要证明为什么第一个三联数组是两个平方数之和即可,而这是很容易证明的:即 $x_n^2 - 1 = 2y_n^2 = y_n^2 + y_n^2$.

最后,可能最简单的论证是注意到每一个形如 $(4n^4 + 4n^2, 4n^4 + 4n^2 + 1, 4n^4 + 4n^2 + 2)$ 的三联数组都是满足要求的,因为

$$4n^4 + 4n^2 = (2n^2)^2 + (2n)^2, 4n^4 + 4n^2 + 1 = (2n^2 + 1)^2 + 0^2$$
$$4n^4 + 4n^2 + 2 = (2n^2 + 1)^2 + 1^2$$

5. 三联数组的例子是很容易找的,比如 $(5, 6, 7)$ 或 $(13, 14, 15)$. 但是不幸的是,这样的方法不能解决问题. 我们通过反证法假设仅存在有限多个由连续无平方自然数组成的三联数组,这意味着,如果设 $n \geq n_0$,我们可以得到 $l_{n+2} \geq l_n + 3$ 对于所有有限数量的 n 都

成立. 据此, 马上可以推导出 $l_{n+6} \geqslant l_n + 9$ 对于所有 $n \geqslant n_0$ 都成立, 相等的情况出现在当且仅当用于相加得到 $l_{n+6} \geqslant l_n + 9$ 的所有不等式都取等的时候, 也就是当且仅当 $l_{n+2} = l_n + 3, l_{n+4} = l_{n+2} + 3, l_{n+6} = l_{n+4} + 3$. 但是, 这些等式不可能同时成立. 事实上, 如果假设上述等式都为真, 由于是无平方数, l_n 不能被 4 整除, 于是就只存在以下情形.

若 $l_n = 4k + 2$, 则 $l_{n+4} = l_n + 6 = 4(k+2)$ 不会是无平方数; 若 $l_n = 4k + 3$, 则 $l_{n+6} = l_n + 6 = 4(k+2)$ 不会是无平方数; 若 $l_n = 4k + 3$, 则 $l_{n+6} = l_n + 9 = 4(k+3)$ 不会是无平方数. 所以, 无论怎样, 我们都会得到一个矛盾的结论: 由于不等式 $l_{n+2} \geqslant l_n + 3, l_{n+4} \geqslant l_{n+2} + 3, l_{n+6} \geqslant l_{n+4} + 3$ 至少有一个是严格单调的, 我们其实可以得到 $l_{n+6} \geqslant l_n + 10$ 对于所有 $n \geqslant n_0$ 都成立. 两边加上 $l_{j+6} \geqslant l_j + 10(j = n_0, n_0 + 6, \cdots, n_0 + 6p - 6)$, 我们可以得到, 对于所有 $p \geqslant 0$, 都有 $l_{n_0 + 6p} \geqslant l_{n_0} + 10p$, 即

$$\frac{l_{n_0 + 6p}}{n_0 + 6p} \geqslant \frac{l_{n_0}}{n_0 + 6p} + \frac{10p}{n_0 + 6p}$$

现在, 两边同时取极限 $p \to \infty$. 根据题意可知 $\lim_{n \to \infty} \frac{l_n}{n} = \frac{\pi^2}{6}$, 于是可以得到 $\frac{\pi^2}{6} \geqslant \frac{10}{6}$, 这显然是矛盾的, 所以表明存在无限多个由连续无平方自然数构成的三联数组. 该证明是由 Laurenţsiu Panaitopol 提出的.

6. 首先请注意, 对于整数 p, 如果等式 $ax^2 - cy^2 = p$ 有一个解 , 那么该等式就有无限多个解. 令 (x_0, y_0) 是其中一个解, 我们可知

$$ax_0^2 - cy_0^2 = p$$

令 $(u_n, v_n), n \in \mathbb{N}$ 为佩尔方程 $x^2 - acy^2 = 1$ 的解, 于是对于所有 $n \geqslant 0$ 都有 $u_n^2 - acv_n^2 = 1$ (由于 ac 不是一个完全平方数, 所以该佩尔方程存在无限多个解). 将上述等式左右两边相乘并移项得到

$$a(x_0 u_n + cy_0 v_n)^2 - c(ax_0 v_n + y_0 u_n)^2 = p$$

因此, $(x_n, y_n) = (x_0 u_n + cy_0 v_n, ax_0 v_n + y_0 u_n)$ 即表示 $ax^2 - cy^2 = p$ 的无线多个解.

现在, 方程 $ax^2 - cy^2 = ad^2 - cb^2$ 显然有一个解为正整数, 所以也就有无限多个解. 令 $(s_k, t_k), k \in \mathbb{N}$ 表示这些解, 于是, 对于所有 $k \geqslant 0$ 都有

$$as_k^2 - ct_k^2 = ad^2 - cb^2 \Leftrightarrow a(s_k^2 - d^2) = c(t_k^2 - b^2)$$

由于 a 和 c 互素, 可以推得 a 能够整除 $t_k^2 - b^2$, 即 $t_k^2 - b^2 = an_k$ 对于整数 n_k 成立. 根据等式可知 $s_k^2 - d^2 = cn_k$, 因此 $an_k + b^2 = t_k^2$ 和 $cn_k + d^2 = s_k^2$ 对于所有 k 都成立, 证毕.

7. 我们首先假设 n 不能被 $2, 3, 5$ 整除 (也就是说, 我们假设 $(n, 30) = 1$). 除了 $n = 1$ 这种不证自明的情况以外, 由于 n 与 10 互素, 可以得到 $10^{\varphi(n)} \equiv 1 \pmod n$, 于是对于任意非负整数 k 都有 $10^{k\varphi(n)} \equiv 1 \pmod n$.

因为 n 和 3 互素, 所以 n 和 9 也互素, 也就存在 $b \in \{0, 1, \cdots, n-1\}$ 使得 $9b \equiv$

$-s(\mathrm{mod}\ n)$. 同样地,令 $a=s-b\geqslant s-(n-1)\geqslant 0$,并取

$$N=\sum_{i=1}^{a}10^{i\varphi(n)}+\sum_{j=1}^{a}10^{j\varphi(n)+1}$$

其零和数值为 0(如果 $a=0$,那么第一个和就为 0). 我们显然可以得到 $S(N)=a+b=s$,同样也可以得到

$$N\equiv a+10b=s+9b\equiv 0(\mathrm{mod}\ n)$$

即 N 是 n 的倍数,且数位和为 s,这正是所要求的数.

我们不失一般性地假设 $n=2^{p}5^{q}m$,其中 $(m,30)=1$. 根据我们刚刚证得的结论,存在 n 的倍数 $M,S(M)=s$(已知 $s\geqslant n-1\geqslant m-1$). 于是,$N=10^{\max\{p,q\}}M$ 是 n 的倍数,$S(N)=S(M)=s$,该题得到解答.

该题为 1999 年举办的第 40 届国际奥林匹克数学竞赛的候选试题.

8. 令 $(a+nd)_{n\geqslant 0}$ 为给定的数列,其中 a 和 d 为正整数. 我们可以取 $d=0$,但是那样的话该题就不证自明了. 令 $\delta=(a,d),a=\delta a_1,d=\delta d_1,a_1$ 和 d_1 为互素正整数. 若 $d_1=1$,该题将又是不证自明的,所以我们进一步假定 $d_1\geqslant 2$. 根据欧拉定理,$a_1^{\varphi(d_1)}\equiv 1(\mathrm{mod}\ d_1)$($\varphi$ 表示欧拉函数),所以对于任意非负整数 s 都有 $a_1^{s\varphi(d_1)+1}\equiv a_1(\mathrm{mod}\ d_1)$. 换言之,对于非负整数 n_s 和所有 $s\geqslant 0$,都有

$$a_1^{s\varphi(d_1)+1}=a_1+n_s d_1$$

这意味着原始等差数列 $(a+nd)_{n\geqslant 0}$ 的子集 $(a+n_s d)_{s\geqslant 0}$ 包含下列各项

$$a+n_s d=\delta(a_1+n_s d_1)=\delta a_1^{s\varphi(d_1)+1}$$

这些项同时又构成一个公比为 $a_1^{\varphi(d_1)}$ 的等比数列,此即为所求.

9. 通常,我们分别以 $[x]$ 和 $\{x\}$ 来表示实数 x 的整数和分数部分. 根据克罗内克定理 (Kronecker's theorem),集合 $\{\{n\alpha\}\mid n\in\mathbb{N}^{*}\}$ 在 $[0,1]$ 内是一个稠密集. 特别地,若给定正整数 n_0 和 N,则存在(实际上是无限多个)正整数 k 使得 $k\geqslant n_0$,且

$$0<\{k\alpha\}<\frac{1}{N+1}$$

于是,我们得到

$$0<j\{k\alpha\}<\frac{j}{N+1}<1$$

对于 $j=1,2,\cdots$ 都成立. 由于 $\{k\alpha\}=k\alpha-[k\alpha]$,我们得到

$$j[k\alpha]<jk\alpha<j[k\alpha]+1$$

这意味着,对于任意符合要求的 j,都有 $[jk\alpha]=j[k\alpha]$. 这样的话,对于 $n_j=jk,1\leqslant j\leqslant N$,我们可以得到 $n_0\leqslant n_1<\cdots<n_N$,且 $[n_j\alpha]=j[k\alpha]$ 是一个等差数列(公差为 $[k\alpha]$)的连续项. 由于 N 可以任意选定,故本题已经得到解答.

请注意,该结论对于有理数 α 也为真,而且证明过程更为简单. (请尝试去证明)其实

在这种情况下,无限等差数列可以从数列$([n\alpha])_{n\geqslant n_0}$中进行抽取.

10. 用反证法来假设关于α,β,γ的集合$A=\{[n\alpha]\mid n\in\mathbb{N}^*\}$,$B=\{[n\beta]\mid n\in\mathbb{N}^*\}$和$C=\{[n\gamma]\mid n\in\mathbb{N}^*\}$互为并查集(不相交集),且其并集为正整数集合.通过观察可知,在这种情况下,α,β,γ中任意二者的比将是无理数.如果我们设$\dfrac{\alpha}{\beta}=\dfrac{m}{n}$,$m$和$n$为正整数,那么就会有$n\alpha=m\beta$,于是$[n\alpha]=[m\beta]$,最终将推得$A\cap B\neq\varnothing$,与假设相矛盾.具体来看,$\alpha,\beta,\gamma$是互异的,且我们可以根据对称性假设$0<\alpha<\beta<\gamma$.由于$x\leqslant y$表明$[x]\leqslant[y]$,我们则可以得到对于任意正整数$n$都有$[n\alpha]\leqslant[n\beta]\leqslant[n\gamma]$(这是严格单调的不等式,因为$A,B,C$的任意两个集合都没有共同的元素).所以,1必然属于A,并且表明$\alpha<2$(否则对于$n\geqslant1$则会有$[n\alpha]\geqslant[\alpha]\geqslant2$,且1将不属于集合$A,B,C$中的任意一个).同样,我们也必须令$\alpha\geqslant1$,因为$[\alpha]=[1\cdot]\geqslant1$.因此,$1\leqslant\alpha<2$.现在,我们得到
$$0\leqslant[(n+1)\alpha]-[n\alpha]=\alpha+\{n\alpha\}-\{(n+1)\alpha\}\leqslant\alpha+\{n\alpha\}<2+1=3$$
并且由于$[(n+1)\alpha]-[n\alpha]$为整数,所以其实对于所有$n\geqslant1$都存在$0\leqslant[(n+1)\alpha]-[n\alpha]\leqslant2$.事实上,$[(n+1)\alpha]=[n\alpha]$是不存在的,因为如果存在,那也就可能存在正整数$m$使得$m\leqslant n\alpha<(n+1)\alpha<m+1$,而这将导致$\alpha<1$.因此,我们最终得到$1\leqslant[(n+1)\alpha]-[n\alpha]\leqslant2$.于是,$B\cup C$中最多有一个元素能与$A$的任意两个连续元素相干涉.

我们可以进一步根据一个众所周知的事实,即对于任意无理数x,集合$\{mx-n\mid m,n\in\mathbb{N}^*\}$在$R$内是一个稠密集合.具体而言,由于我们已知$\dfrac{\beta}{\gamma}$为无理数,所以存在正整数$p$和$q$使得
$$-\frac{1}{\gamma}<p\frac{\beta}{\gamma}-q<\frac{1}{\gamma}\Rightarrow-1<p\beta-q\gamma<1$$
我们可以将其改写为$\{p\beta\}-\{q\gamma\}-1<[p\beta]-[q\gamma]<\{p\beta\}-\{q\gamma\}+1$.由于$|\{p\beta\}-\{q\gamma\}|<1$,可以推导出$-2<[p\beta]-[q\gamma]<2$.但是,$[p\beta]-[q\gamma]$是一个非零整数,所以其值只能是$-1$或者1.在这两种情况下,$[p\beta]$和$[q\gamma]$都是来自$B\cup C$的连续整数,而这在之前的假设中是不可能的.这一矛盾的结论表明我们最初的假设是错误的,因此A,B,C并不能如题中陈述的那般完全分割正整数集合.

该题为1995年第56届威廉·罗威尔·普特南数学竞赛(William Lowell Putnam Mathematical Competition)中的试题B-6.

11. 我们已知存在整数p和q使得$f(p)=q^2$和$f(p+1)=(q+1)^2$,或者存在整数p和r使得$f(p)=(r+1)^2$和$f(p+1)=r^2$.但是,第二种情况基本上和第一种情况是相同的,因为在第二种情况下我们也可以通过取$q=-r-1$得到$f(p)=q^2$和$f(p+1)=(q+1)^2$.因此,我们可以专注于第一种情况,即可以得到$p^2+ap+b=q^2$和$(p+1)^2+a(p+1)+b=(q+1)^2$.用第二个等式减去第一个等式,得到$2p+a=2q$.将$a=2(q-p)$代入第

一个方程可以得到 $b=(q-p)^2$. 因此, 对于任意整数 n, 都有

$$f(n)=n^2+2(q-p)n+(q-p)^2=(n+q-p)^2$$

$f(n)$ 是一个平方数.

另一方面, 令 $d=q-p$, 我们可以得到

$$f(p)=(p+d)^2, f(p+1)=(p+1+d)^2$$

将 g 定义为 $g(x)=f(x)-(x+d)^2$, 可以得到 $g(p)=g(p+1)=0$. g(最多)只是一个一阶多项式函数, 所以必定恒等于零, 随之也就可以推导出 $f(x)=(x+d)^2$.

12. 必定存在非零实数 a,b,c 和实数 u,v,w, 使得

$$f(x)-g(x)=a(x-u)^2, g(x)-h(x)=b(x-v)^2, h(x)-f(x)=c(x-w)^2$$

于是, 对于每一个实数 x 都有

$$a(x-u)^2+b(x-v)^2+c(x-w)^2=0$$

现在根据鸽巢原理, 可知 a,b,c 中必定有两个数同号, 所以我们可以不失一般性地假设这两个数就是 a 和 b. 当 $x=w$ 时, 上述等式就变成了

$$a(w-u)^2+b(w-v)^2=0$$

这表明 $w-u=w-v=0$, 因此, $u=v=w$, 即为所求.

这些函数的一个具体例子就是 $f(x)=2x^2+2x+4, g(x)=x^2+4x+3$ 和 $h(x)=4x^2-2x+6$(我们还可以找出其他更多的例子).

13. 令 x_1 和 x_2 分别是 f 为零值时的根, x_3 和 x_4 分别是 g 为零值时的根, 得到 $f(x)=(x-x_1)(x-x_2), g(x)=(x-x_3)(x-x_4), x_1+x_2=-a, x_1x_2=b, x_3+x_4=-c, x_3x_4=d$. (一般而言, x_1,x_2,x_3,x_4 为复数, 而可能不是实数)我们计算得到

$$\begin{aligned}g(x_1)g(x_2)&=(x_1^2+cx_1+d)(x_2^2+cx_2+d)\\&=(x_1x_2)^2+c^2x_1x_2+d^2+cx_1x_2(x_1+x_2)+cd(x_1+x_2)+d(x_1^2+x_2^2)\\&=b^2+bc^2+d^2-abc-acd+d(a^2-2b)\\&=(b-d)^2+(a-c)(ad-bc)\\&=R\end{aligned}$$

同时

$$\begin{aligned}g(x_1)g(x_2)&=(x_1-x_3)(x_1-x_4)(x_2-x_3)(x_2-x_4)\\&=(x_3-x_1)(x_3-x_2)(x_4-x_1)(x_4-x_2)\\&=f(x_3)f(x_4)\end{aligned}$$

于是, 就得到

$$R=f(x_3)f(x_4)=g(x_1)g(x_2)=(x_1-x_3)(x_1-x_4)(x_2-x_3)(x_2-x_4)$$

现在, 我们来解题. 首先假设 $R<0$, 根据上述 R 的表达式, 这意味着

$$f(x_3)f(x_4)<0, g(x_1)g(x_2)<0$$

由于 f 是一个实二次函数,且对于两个实数(x_3 和 x_4)的值异号,所以在 x_3 和 x_4 之间必定存在一个实数使得该函数得到零值,并且另一个使得该函数得到零值的数也必须是实数. 类似地,g 也具有实数根. 如果我们假定 $x_1 < x_2$ 和 $x_3 < x_4$,马上就可以看出

$$(x_1 - x_3)(x_1 - x_4)(x_2 - x_3)(x_2 - x_4) = R < 0$$

只有在 $x_1 < x_3 < x_2 < x_4$ 或者 $x_3 < x_1 < x_4 < x_2$ 时才成立,也就是说 f 和 g 有各自独立的根. 反过来,如果能从 R 的表达式中推出 f 和 g 有各自独立的实数根,那么也就得到 $R < 0$.

请用二次方程的友好性特点给"二次函数和二次方程"一章的第二题提供另一种解题方法.

请注意,因为

$$R = (x_1 - x_3)(x_1 - x_4)(x_2 - x_3)(x_2 - x_4)$$

所以 R 被称为 f 和 g 的结式(resultant). 只有当方程 $f(x) = 0$ 和 $g(x) = 0$ 有公共解时,我们才得到 $R = 0$.

14.(1)众所周知,我们可以在某空间中选定向量 $\boldsymbol{i}$,$\boldsymbol{j}$ 和 $\boldsymbol{k}$ 的标准正交(或者基本)系统使得任意向量都能够以 $\boldsymbol{i}$,$\boldsymbol{j}$ 和 $\boldsymbol{k}$ 线性组合来表示. 向量 $\boldsymbol{i}$,$\boldsymbol{j}$ 和 $\boldsymbol{k}$ 是单位向量(即每一个的长度都为1),并且相互垂直. 于是,空间中的任意向量 $\boldsymbol{s}$ 都可以被唯一地表示为 $\boldsymbol{s} = x\boldsymbol{i} + y\boldsymbol{j} + z\boldsymbol{k}$($x,y,z$ 为实数). 通过应用 $\boldsymbol{i} \cdot \boldsymbol{j} = \boldsymbol{i} \cdot \boldsymbol{k} = \boldsymbol{j} \cdot \boldsymbol{k} = 0$ 和 $\boldsymbol{i}^2 = \boldsymbol{j}^2 = \boldsymbol{k}^2 = 1$,我们马上会发现,对于 $\boldsymbol{s}_1 = x_1\boldsymbol{i} + y_1\boldsymbol{j} + z_1\boldsymbol{k}$ 和 $\boldsymbol{s}_2 = x_2\boldsymbol{i} + y_2\boldsymbol{j} + z_2\boldsymbol{k}$,可以得到 $\boldsymbol{s}_1 \cdot \boldsymbol{s}_2 = x_1 x_2 + y_1 y_2 + z_1 z_2$.

具体而言,对于 $\boldsymbol{s} = x\boldsymbol{i} + y\boldsymbol{j} + z\boldsymbol{k}$,我们可以得到 $|\boldsymbol{s}|^2 = \boldsymbol{s}^2 = \boldsymbol{s} \cdot \boldsymbol{s} = x^2 + y^2 + z^2$ 和 $\boldsymbol{s} \cdot \boldsymbol{i} = x$,$\boldsymbol{s} \cdot \boldsymbol{j} = y$,$\boldsymbol{s} \cdot \boldsymbol{k} = z$. 所以,当且仅当 $\boldsymbol{s}$ 与任意基本向量的数量积为零时,可以得到 $\boldsymbol{s} = \boldsymbol{0}$.

所以,对于本题,我们将证明任意单位向量 $\boldsymbol{v}$ 与所有已知(垂直于 P 面的)的向量之和 $\boldsymbol{w}$ 的数量积为0,进而通过上述考察,可以得到我们所需要的 $\boldsymbol{w} = \boldsymbol{0}$. 我们会考察任意单位向量 $\boldsymbol{v}$,并令 π 为垂直于 $\boldsymbol{v}$ 的平面.

令 F 为 P 的任意平面,$\boldsymbol{u}$ 为垂直于 F 且长度等于 F 面积 A 的向量,α 是 $\boldsymbol{u}$ 和 $\boldsymbol{v}$ 的锐角夹角. 请注意,F 平面和 π 的锐角夹角也是 α. 这里的"锐角"指的是最大为90°的角,所以实际上指的是锐角或直角. 这就表明 F 在 π 上的投影面积等于 $\boldsymbol{u} \cdot \boldsymbol{v}$ 数量积的绝对值,即 $A\cos\alpha$.

然而,数量积是带符号的. 假定 $\boldsymbol{v}$ 竖直向上,则 π 平面就为水平. 我们将 P 的平面分割为两部分,分别称之为上平面和下平面:上平面的特点是相应向量 $\boldsymbol{u}$(垂直于 F)和 $\boldsymbol{v}$ 的数量积为非负值(换一种说法就是,$\boldsymbol{u}$ 在 $\boldsymbol{v}$ 上的投影要么像 $\boldsymbol{v}$ 一样竖直向上,要么等于零);而下平面的特点是相应的数量积为负数. 不难发现,在上平面中 π 上的投影面积之和等于在下平面中 π 上的投影面积之和,两者都等于多面体在 π 上的投影面积. 现在,(对于所有可能的 $\boldsymbol{u}$ 而言)形如 $\boldsymbol{u} \cdot \boldsymbol{v}$ 的数量积之和为 $\boldsymbol{0}$,因为它等于上平面投影面积之和减去下平面投影面积之和. 该和正好就是 $\boldsymbol{w} \cdot \boldsymbol{v}$,并且由于它对于每一个单位向量 $\boldsymbol{v}$ 都是 0,所以得到 $\boldsymbol{w} = \boldsymbol{0}$,这就是我们想要证明的结论.

（2）我们知道，如果已知 a,b,c,d 为正实数，那么就会有 $a<b+c+d, b<a+c+d,$ $c<a+b+d, d<a+b+c$. 于是，存在一个（二维平面）四边形，其边长分别为 $a=AB, b=BC, c=CD, d=DA$.（请证明）我们将该四边形沿着对角线 AC 弯折得到一个斜四边形，其边长仍旧是 $a=AB, b=BC, c=CD, d=DA$. 所以，向量 $\boldsymbol{a},\boldsymbol{b},\boldsymbol{c},\boldsymbol{d}$ 的长度分别为 a,b,c,d，而其加和则为 $\boldsymbol{a}+\boldsymbol{b}+\boldsymbol{c}+\boldsymbol{d}=\boldsymbol{0}$. 而且，其中的任意三个向量不共面.

现在，我们来看一下分别与 $\boldsymbol{a},\boldsymbol{b},\boldsymbol{c},\boldsymbol{d}$ 之一正交的任意四个平面. 它们相交后构成一个四面体，我们分别用 K_a,K_b,K_c,K_d 表示该四面体的各面面积（K_a 表示与 $\boldsymbol{a}$ 垂直的表面面积，其余以此类推）. 接着，我们分别构建一个与各表面垂直且指向四面体外侧的向量，其长度分别等于相应表面的面积. 令 $\overrightarrow{K_a}$ 垂直于面积为 K_a 的平面，类似地也可以定义 $\overrightarrow{K_b}$，$\overrightarrow{K_c},\overrightarrow{K_d}$. 因此，$\overrightarrow{K_a}$ 的长度就是 K_a，其余依此类推.

根据刺猬辅助定理，可知 $\overrightarrow{K_a}+\overrightarrow{K_b}+\overrightarrow{K_c}+\overrightarrow{K_d}=\boldsymbol{0}$. 向量 $\boldsymbol{d}$ 和 $\overrightarrow{K_d}$ 都垂直于四面体中面积为 K_d 的表面，于是存在实数 p 使得 $\overrightarrow{K_d}=p\boldsymbol{d}$. 将等式 $\boldsymbol{a}+\boldsymbol{b}+\boldsymbol{c}+\boldsymbol{d}=\boldsymbol{0}$ 乘以 p 然后减去上述等式，得到 $\overrightarrow{K_a}-p\boldsymbol{a}+\overrightarrow{K_b}-p\boldsymbol{b}+\overrightarrow{K_c}-p\boldsymbol{c}=\boldsymbol{0}$. 而向量 $\overrightarrow{K_a}$ 和 $\boldsymbol{a}$ 也与同一平面正交，所以必定存在实数 α 使得 $\overrightarrow{K_a}=\alpha\boldsymbol{a}$. 类似地，也存在 β 和 γ 使得 $\overrightarrow{K_b}=\beta\boldsymbol{b}, \overrightarrow{K_c}=\gamma\boldsymbol{c}$. 因此，前述等式就变成了 $(\alpha-p)\boldsymbol{a}+(\beta-p)\boldsymbol{b}+(\gamma-p)\boldsymbol{c}=\boldsymbol{0}$. 但是，因为向量 $\boldsymbol{a},\boldsymbol{b},\boldsymbol{c}$ 是线性独立的（它们不在同一平面内），所以上述等式中所有的参数都等于零，也就是说 $\alpha=\beta=\gamma=p$. 根据 p 的定义，可知其绝对值 $|p|$ 是 $\overrightarrow{K_d}$ 和 $\boldsymbol{d}$ 的长度比值，即 $|p|=\dfrac{K_d}{d}$. 类似地

$$|\alpha|=\frac{K_a}{a}, |\beta|=\frac{K_b}{b}, |\gamma|=\frac{K_c}{c}$$

因此，$|\alpha|=|\beta|=|\gamma|=|p|$，这意味着

$$\frac{K_a}{a}=\frac{K_b}{b}=\frac{K_c}{c}=\frac{K_d}{d}$$

也就是说，我们建构的四面体各面面积是和已知数 a,b,c,d 成比例的. 显然，将该四面体转换为另一个各面面积恰好为 a,b,c,d 的新四面体也是极为相似的，我们的证明就到这里.

15. 该题与"数量积"一章的题 16 相同，但是我们在这里提出另一种解法（仍基于数量积的特性）. 在证明中，我们将用到三垂线定理；由于该定理可能很少有人知晓，所以我们首先要来解释一下. 三垂线定理的表述如下：已知平面 π、一条垂直于 π 的直线 XY（$Y\in\pi$）、一条直线 $l\subset\pi$ 和 Y 在 l 上的投影 Z，那么，XZ 也垂直于 l. 反向推演也是成立的，因为只要我们将 Z 看作是 X 在 l 上的投影（剩下的假设部分也都成立），那么也就可以得到 $YZ\perp l$.

我们还需要再次用到（上题中的）刺猬辅助定理，所以可以从向量 $\boldsymbol{v}_1,\boldsymbol{v}_2,\boldsymbol{v}_3,\boldsymbol{v}_4$ 开始

着手,这些向量分别垂直于 A_1,A_2,A_3,A_4 的正对面,朝向四面体外侧,并且其长度分别为 K_1,K_2,K_3,K_4. 根据上述提到的结论,我们得到 $v_1+v_2+v_3+v_4=\mathbf{0}$. 我们将坐标系中的 v_s 表述为 $v_s=x_s\boldsymbol{i}+y_s\boldsymbol{j}+z_s\boldsymbol{k}$(其中在 $s=1,2,3,4$ 时,x_s,y_s,z_s 为实数)像上题一样,$\boldsymbol{i},\boldsymbol{j}$ 和 $\boldsymbol{k}$ 构成了空间中所有向量的正交基本单位,也就是说,$\boldsymbol{i},\boldsymbol{j}$ 和 $\boldsymbol{k}$ 是相互正交的单位向量. 当 $s=1,2,3,4$ 时,v_s 的特性在坐标系中可以表示为

$$x_1^2+y_1^2+z_1^2=(K_1^2=K_2^2=)x_2^2+y_2^2+z_2^2$$
$$x_3^2+y_3^2+z_3^2=(K_3^2=K_4^2=)x_4^2+y_4^2+z_4^2$$

和

$$x_1+x_2+x_3+x_4=y_1+y_2+y_3+y_4=z_1+z_2+z_3+z_4=0$$

将 $x_1+x_3=-x_2-x_4,y_1+y_3=-y_2-y_4,z_1+z_3=-z_2-z_4$ 平方后,我们得到

$$x_1^2+x_3^2+2x_1x_3=x_2^2+x_4^2+2x_2x_4$$
$$y_1^2+y_3^2+2y_1y_3=y_2^2+y_4^2+2y_2y_4$$

将这些等式相加,并利用等式 $x_1^2+y_1^2+z_1^2=x_2^2+y_2^2+z_2^2$ 和 $x_3^2+y_3^2+z_3^2=x_4^2+y_4^2+z_4^2$,我们得到

$$x_1x_3+y_1y_3+z_1z_3=x_2x_4+y_2y_4+z_2z_4$$

即 $v_1\cdot v_3=v_2\cdot v_4$. 根据数量积的定义,这反过来意味着 $K_1K_3\cos\angle(v_1,v_3)=K_2K_4\cos\angle(v_2,v_4)$. 由于 $K_1=K_2,K_3=K_4$,所以由 v_1 和 v_3,v_2 和 v_4 形成的夹角是相等的.

但是,我们也可以通过下列方法来建构这些夹角. 令 $A_1H_1\perp(A_2A_3A_4)$,其中 $H_1\in(A_2A_3A_4)$(这里和后面提及 (XYZ) 指的是由非共线点 X,Y,Z 确定的平面). 接着,令 $H_1M_1\perp A_2A_4$,其中 $M_1\in A_2A_4$. 根据三垂线定理,我们同样得到 $A_1M_1\perp A_2A_4$,于是 $\angle A_1M_1H_1$ 就是平面 $(A_1A_2A_4)$ 和 $(A_2A_3A_4)$ 的夹角,其大小等于 v_1 和 v_3 的夹角. 类似地,如果我们构建 $A_2H_2\perp(A_1A_3A_4)(H_2\in(A_1A_3A_4))$ 和 $H_2M_2\perp A_1A_3(M_2\in A_1A_3)$,那么 $\angle A_2M_2H_2$ 等于向量 v_2 和 v_4 的夹角. 因此,$\angle A_1M_1H_1$ 和 $\angle A_2M_2H_2$ 大小相等.

另一方面,A_1H_1 和 A_2H_2 分别是四面体中面积相等的面 $A_2A_3A_4$ 和面 $A_1A_3A_4$ 上的高,所以,(通过用两种方法来表示四面体体积)可以得到 $A_1H_1=A_2H_2$. 因此,直角 $\triangle A_1H_1M_1$ 和 $\triangle A_2H_2M_2$ 全等,于是我们也就得到 $A_1M_1=A_2M_2$. 因为 $\triangle A_1A_2A_3$ 和 $\triangle A_1A_2A_4$ 的面积相等,所以

$$\frac{A_1M_1\cdot A_2A_4}{2}=\frac{A_2M_2\cdot A_1A_3}{2}$$

进而求得 $A_2A_4=A_1A_3$.

读者现在肯定能够证明另一个类似的等式 $A_1A_4=A_2A_3$ 了. 首先需要得到 $v_1\cdot v_4=v_2\cdot v_3$,然后就是沿着上述方法一模一样地证明就可以了. 证明就到这里.

16. 令 $w=\cos\dfrac{2\pi}{3}+\mathrm{i}\sin\dfrac{2\pi}{3}$. 我们可以认为三角形的顶点分别包含如下坐标 $A_1(a)$,

$B_1(aw)$, $C_1(aw^2)$ 和 $A_2(b)$, $B_2(bw)$, $C_2(bw^2)$ (a 和 b 为复数, 取三角形的公共中心为复数平面的原点). 因为三角形不重合, 所以 b 不同于 a, aw 和 aw^2. 令 $M(z)$ 为直线 B_1C_2 和直线 B_2C_1 的交点, 于是得到

$$z = (1-\alpha)aw + \alpha bw^2 \Leftrightarrow \alpha = \frac{z-aw}{bw^2-aw}$$

和

$$z = (1-\beta)aw^2 + \beta bw \Leftrightarrow \beta = \frac{z-aw^2}{bw-aw^2} \quad (\alpha \text{ 和 } \beta \text{ 为实数})$$

现在, 取 $\gamma = \frac{z-a}{b-a}$. 请注意, 因为 w 满足 $w^3 = 1$ 和 $w^2 + w + 1 = 0$, 所以等式

$$\alpha + \beta + \gamma = \alpha\beta + \alpha\gamma + \beta\gamma = \frac{3abz - 3a^3}{b^3 - a^3}$$

成立, 于是得到

$$\gamma(1-\alpha-\beta) = \alpha\beta - \alpha - \beta$$

如果 $1-\alpha-\beta = 0$, 也就可以得到 $\alpha\beta - \alpha - \beta = 0$, 于是 $\alpha + \beta = \alpha\beta = 1$, 这将导致 α 和 β 具有非实数值. 因此, $1-\alpha-\beta \neq 0$, 也就可以得到 $\gamma = \frac{\alpha\beta - \alpha - \beta}{1-\alpha-\beta}$, 这表明 γ 也是一个实数. 最终, 可以得到

$$z = (1-\gamma)a + \gamma b$$

其中实数 γ 意味着 $M(z)$ 是经过 $A_1(a)$ 和 $A_2(b)$ 的直线上的点, 所以直线 A_1A_2, B_1C_1 和 B_2C_1 并交(相交)于 M.

17. 三个数列的极限都等于 $\frac{1}{3}$. 令 $\boldsymbol{M}$ 为矩阵

$$\boldsymbol{M} = \begin{pmatrix} p & r & q \\ q & p & r \\ r & q & p \end{pmatrix}$$

根据回归关系式, 我们推得, 对于任意 $n \geq 1$, 存在

$$\begin{pmatrix} x_n \\ y_n \\ z_n \end{pmatrix} = \begin{pmatrix} p & r & q \\ q & p & r \\ r & q & p \end{pmatrix} \begin{pmatrix} x_{n-1} \\ y_{n-1} \\ z_{n-1} \end{pmatrix} = \boldsymbol{M} \begin{pmatrix} x_{n-1} \\ y_{n-1} \\ z_{n-1} \end{pmatrix}$$

接着, 通过简单的归纳可以得到, 对于任意 $n \geq 0$, 都有

$$\begin{pmatrix} x_n \\ y_n \\ z_n \end{pmatrix} = \begin{pmatrix} p & r & q \\ q & p & r \\ r & q & p \end{pmatrix}^n \begin{pmatrix} x_0 \\ y_0 \\ z_0 \end{pmatrix} = \boldsymbol{M}^n \begin{pmatrix} x_n \\ y_n \\ z_n \end{pmatrix} \text{ 和 } \boldsymbol{M}^n = \begin{pmatrix} x_n & z_n & y_n \\ y_n & x_n & z_n \\ z_n & y_n & x_n \end{pmatrix}$$

　　二阶矩阵和(我们在前一章学习的)二阶线性回归方程并没有太大差异,三阶矩阵和三阶线性回归方程的情况也是一样. 也就是说,因为 M 满足其特征方程

$$M^3 - 3pM^2 + 3(p^2 - rq)M - (p^2 + q^2 + r^2 - pq - pr - qr)I_3 = O_3$$

所以得到

$$M^n - 3pM^{n-1} + 3(p^2 - rq)M^{n-2} - (p^2 + q^2 + r^2 - pq - pr - qr)M^{n-3} = O_3$$

因此

$$x_n - 3px_{n-1} + 3(p^2 - rq)x_{n-2} - (p^2 + q^2 + r^2 - pq - pr - qr)x_{n-3} = 0$$

对于所有 $n \geq 3$ 都成立. 同时,数列 $(y_n)_{n \geq 0}$ 和 $(z_n)_{n \geq 0}$ 也有相同的递归关系.

　　(正如矩阵 M 的特征方程一样)本题中递归关系的特征方程为 $t^3 - 3pt^2 + 3(p^2 - qr)t - (p^2 + q^2 + r^2 - pq - pr - qr) = 0$. (这里有必要插一句:三阶矩阵 A 的特征方程为 $t^3 - \text{tr}(A)t^2 + S(A)t - \det(A)I_3 = O_3$,其中 $\text{tr}(A)$ 是矩阵的迹,即矩阵主对角线上各元素之和;$S(A)$ 是二阶对角余子式之和;$\det(A)$ 是矩阵的行列式. 在本题中

$$\begin{aligned} \det(A) &= p^3 + q^3 + r^3 - 3pqr \\ &= (p + q + r)(p^2 + q^2 + r^2 - pq - pr - qr) \\ &= p^2 + q^2 + r^2 - pq - pr - qr \end{aligned}$$

　　因为已知 $p + q + r = 1$.

　　特征方程也可以写成 $(t-1)(t^2 + (1-3p)t + p^2 + q^2 + r^2 - pq - pr - qr) = 0$(可以再用一次 $p + q + r = 1$ 来验证上述等式). 所以,其零值解为 $t_1, t_2, 1$,其中 t_1 和 t_2 是二次方程 $t^2 + (1-3p)t + p^2 + q^2 + r^2 - pq - pr - qr = 0$ 的零值解,其判别式为

$$\begin{aligned} \Delta &= (1-3p)^2 - 4(p^2 + q^2 + r^2 - pq - pr - qr) \\ &= (q + r - 2p)^2 - 4(p^2 + q^2 + r^2 - pq - pr - qr) \\ &= -3(q-r)^2 \leq 0 \end{aligned}$$

若 $\Delta < 0$(此时,$q \neq r$),t_1 和 t_2 是共轭复数(而非实数),其乘积为

$$p^2 + q^2 + r^2 - pq - pr - qr < (p + q + r)^2 = 1$$

若 $q = r$,则 $t_1 = t_2 \in \mathbb{R}$,而且其乘积还是小于 1. 在这两种情况下,我们都可得到 $|t_1| = |t_2| < 1$. 数列 $(x_n)_{n \geq 0}$ 的通项公式要么是 $x_n = A + Bt_1^n + Ct_2^n$(此时,$t_1$ 和 t_2 为共轭复数),要么是 $x_n = A + (B + nC)t_1^n$(此时,$t_1 = t_2$). 同样的结论也适用于 y_n 和 z_n. 不管怎样,由于 t_1 和 t_2 的绝对值小于 1,所以得到 $(x_n)_{n \geq 0}$ 是收敛的. (类似地,我们可以得到 $(y_n)_{n \geq 0}$ 和 $(z_n)_{n \geq 0}$ 也都是收敛的.)

　　如果我们用 x, y, z 分别表示 $(x_n)_{n \geq 0}$,$(y_n)_{n \geq 0}$ 和 $(z_n)_{n \geq 0}$ 的极限,推演到递归关系式的极限上可以得到

$$\begin{aligned} x &= px + ry + qz \\ y &= qx + py + rz \end{aligned}$$

$$z = rx + qy + pz$$

该线性方程组的一般解为 $x = y = z$.

另一方面,将上述回归关系式左右两边分别相加,我们得到

$$x_n + y_n + z_n = (p + q + r)(x_{n-1} + y_{n-1} + z_{n-1}) = x_{n-1} + y_{n-1} + z_{n-1}$$

对于所有 $n \geq 1$ 都成立. 我们据此推得,对于所有 $n \geq 0$,都存在

$$x_n + y_n + z_n = x_0 + y_0 + z_0 = 1$$

推演到极限 $n \to \infty$,我们得到 $x + y + z = 1$,因此最终得到 $x = y = z = \dfrac{1}{3}$.

参 考 文 献

[1] Martin Aigner, Günter M. Ziegler, *Proofs from THE BOOK*, Springer, 2003.

[2] Horea Banea, *Probleme de matematică traduse din revista sovietică "Kvant"*, Editura Didactică și Pedagogică, București, 1983.

[3] Béla Bollobás, *The Art of Mathematics – Coffee Time in Memphis*, Cambridge University Press, 2006.

[4] Constantin Cocea, 200 *de probleme din geometria triunghiului echilateral*, Editura Gh. Asachi, Iași, 1992.

[5] Arthur Engel, *Problem-Solving Strategies*, Problem Books in Mathematics, Springer, 1998.

[6] G. H. Hardy, E. M. Wright, *An Introduction to the Theory of Numbers*, 4th edition, Oxford University Press, 1960.

[7] G. H. J. E. Littlewood, G. Pòlya, *Inequalities*, Cambridge University Press, 1934.

[8] I. N. Herstein, *Topics in Algebra*, Xerox College Publishing, 2nd edition, 1975.

[9] A. I. Kostrikin, *Introduction à l'algèbre*, Mir, 1981.

[10] Serge Lang, *Algebra*, 3rd edition, Undergraduate Texts in Mathematics, Springer, 2002.

[11] Laurențiu Panaitopol, Alexandru Gica, *Probleme de aritmetică și teoria numerlor. Idei și metode de rezolvare*, Editura Gil, 2006.

[12] V. V. Prasolov, *Essays on Numbers and Figures*, Mathematical World, American Mathematical Society, 2000.

[13] Walter Rudin, *Principles of Mathematical Analysis*, McGraw-Hill, Inc. , 1976.

[14] W. Sierpinski, *Elementary Theory of Numbers*, North-Holland Mathematical Library, PWN-Polish Scientific Publishers, 1988.

刘培杰数学工作室
已出版(即将出版)图书目录——初等数学

书 名	出版时间	定 价	编号
新编中学数学解题方法全书(高中版)上卷(第2版)	2018—08	58.00	951
新编中学数学解题方法全书(高中版)中卷(第2版)	2018—08	68.00	952
新编中学数学解题方法全书(高中版)下卷(一)(第2版)	2018—08	58.00	953
新编中学数学解题方法全书(高中版)下卷(二)(第2版)	2018—08	58.00	954
新编中学数学解题方法全书(高中版)下卷(三)(第2版)	2018—08	68.00	955
新编中学数学解题方法全书(初中版)上卷	2008—01	28.00	29
新编中学数学解题方法全书(初中版)中卷	2010—07	38.00	75
新编中学数学解题方法全书(高考复习卷)	2010—01	48.00	67
新编中学数学解题方法全书(高考真题卷)	2010—01	38.00	62
新编中学数学解题方法全书(高考精华卷)	2011—03	68.00	118
新编平面解析几何解题方法全书(专题讲座卷)	2010—01	18.00	61
新编中学数学解题方法全书(自主招生卷)	2013—08	88.00	261
数学奥林匹克与数学文化(第一辑)	2006—05	48.00	4
数学奥林匹克与数学文化(第二辑)(竞赛卷)	2008—01	48.00	19
数学奥林匹克与数学文化(第二辑)(文化卷)	2008—07	58.00	36'
数学奥林匹克与数学文化(第三辑)(竞赛卷)	2010—01	48.00	59
数学奥林匹克与数学文化(第四辑)(竞赛卷)	2011—08	58.00	87
数学奥林匹克与数学文化(第五辑)	2015—06	98.00	370
世界著名平面几何经典著作钩沉——几何作图专题卷(共3卷)	2022—01	198.00	1460
世界著名平面几何经典著作钩沉(民国平面几何老课本)	2011—03	38.00	113
世界著名平面几何经典著作钩沉(建国初期平面三角老课本)	2015—08	38.00	507
世界著名解析几何经典著作钩沉——平面解析几何卷	2014—01	38.00	264
世界著名数论经典著作钩沉(算术卷)	2012—01	28.00	125
世界著名数学经典著作钩沉——立体几何卷	2011—02	28.00	88
世界著名三角学经典著作钩沉(平面三角卷Ⅰ)	2010—06	28.00	69
世界著名三角学经典著作钩沉(平面三角卷Ⅱ)	2011—01	38.00	78
世界著名初等数论经典著作钩沉(理论和实用算术卷)	2011—07	38.00	126
世界著名几何经典著作钩沉(解析几何卷)	2022—10	68.00	1564
发展你的空间想象力(第3版)	2021—01	98.00	1464
空间想象力进阶	2019—05	68.00	1062
走向国际数学奥林匹克的平面几何试题诠释.第1卷	2019—07	88.00	1043
走向国际数学奥林匹克的平面几何试题诠释.第2卷	2019—09	78.00	1044
走向国际数学奥林匹克的平面几何试题诠释.第3卷	2019—03	78.00	1045
走向国际数学奥林匹克的平面几何试题诠释.第4卷	2019—09	98.00	1046
平面几何证明方法全书	2007—08	35.00	1
平面几何证明方法全书习题解答(第2版)	2006—12	18.00	10
平面几何天天练上卷·基础篇(直线型)	2013—01	58.00	208
平面几何天天练中卷·基础篇(涉及圆)	2013—01	28.00	234
平面几何天天练下卷·提高篇	2013—01	58.00	237
平面几何专题研究	2013—07	98.00	258
平面几何解题之道.第1卷	2022—05	38.00	1494
几何学习题集	2020—10	48.00	1217
通过解题学习代数几何	2021—04	88.00	1301
圆锥曲线的奥秘	2022—06	88.00	1541

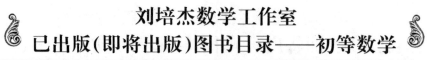
书　　名	出版时间	定　价	编号
最新世界各国数学奥林匹克中的平面几何试题	2007—09	38.00	14
数学竞赛平面几何典型题及新颖解	2010—07	48.00	74
初等数学复习及研究(平面几何)	2008—09	68.00	38
初等数学复习及研究(立体几何)	2010—06	38.00	71
初等数学复习及研究(平面几何)习题解答	2009—01	58.00	42
几何学教程(平面几何卷)	2011—03	68.00	90
几何学教程(立体几何卷)	2011—07	68.00	130
几何变换与几何证题	2010—06	88.00	70
计算方法与几何证题	2011—06	28.00	129
立体几何技巧与方法(第2版)	2022—10	168.00	1572
几何瑰宝——平面几何500名题暨1500条定理(上、下)	2021—07	168.00	1358
三角形的解法与应用	2012—07	18.00	183
近代的三角形几何学	2012—07	48.00	184
一般折线几何学	2015—08	48.00	503
三角形的五心	2009—06	28.00	51
三角形的六心及其应用	2015—10	68.00	542
三角形趣谈	2012—08	28.00	212
解三角形	2014—01	28.00	265
探秘三角形:一次数学旅行	2021—10	68.00	1387
三角学专门教程	2014—09	28.00	387
图天下几何新题试卷.初中(第2版)	2017—11	58.00	855
圆锥曲线习题集(上册)	2013—06	68.00	255
圆锥曲线习题集(中册)	2015—01	78.00	434
圆锥曲线习题集(下册·第1卷)	2016—10	78.00	683
圆锥曲线习题集(下册·第2卷)	2018—01	98.00	853
圆锥曲线习题集(下册·第3卷)	2019—10	128.00	1113
圆锥曲线的思想方法	2021—08	48.00	1379
圆锥曲线的八个主要问题	2021—10	48.00	1415
论九点圆	2015—05	88.00	645
近代欧氏几何学	2012—03	48.00	162
罗巴切夫斯基几何学及几何基础概要	2012—07	28.00	188
罗巴切夫斯基几何学初步	2015—06	28.00	474
用三角、解析几何、复数、向量计算解数学竞赛几何题	2015—03	48.00	455
用解析法研究圆锥曲线的几何理论	2022—05	48.00	1495
美国中学几何教程	2015—04	88.00	458
三线坐标与三角形特征点	2015—04	98.00	460
坐标几何学基础.第1卷,笛卡儿坐标	2021—08	48.00	1398
坐标几何学基础.第2卷,三线坐标	2021—09	28.00	1399
平面解析几何方法与研究(第1卷)	2015—05	18.00	471
平面解析几何方法与研究(第2卷)	2015—06	18.00	472
平面解析几何方法与研究(第3卷)	2015—07	18.00	473
解析几何研究	2015—01	38.00	425
解析几何学教程.上	2016—01	38.00	574
解析几何学教程.下	2016—01	38.00	575
几何学基础	2016—01	58.00	581
初等几何研究	2015—02	58.00	444
十九和二十世纪欧氏几何学中的片段	2017—01	58.00	696
平面几何中考.高考.奥数一本通	2017—07	28.00	820
几何学简史	2017—08	28.00	833
四面体	2018—01	48.00	880
平面几何证明方法思路	2018—12	68.00	913
折纸中的几何练习	2022—09	48.00	1559
中学新几何学(英文)	2022—10	98.00	1562

刘培杰数学工作室
已出版(即将出版)图书目录——初等数学

书　　名	出版时间	定　价	编号
平面几何图形特性新析.上篇	2019—01	68.00	911
平面几何图形特性新析.下篇	2018—06	88.00	912
平面几何范例多解探究.上篇	2018—04	48.00	910
平面几何范例多解探究.下篇	2018—12	68.00	914
从分析解题过程学解题:竞赛中的几何问题研究	2018—07	68.00	946
从分析解题过程学解题:竞赛中的向量几何与不等式研究(全2册)	2019—06	138.00	1090
从分析解题过程学解题:竞赛中的不等式问题	2021—01	48.00	1249
二维、三维欧氏几何的对偶原理	2018—12	38.00	990
星形大观及闭折线论	2019—03	68.00	1020
立体几何的问题和方法	2019—11	58.00	1127
三角代换论	2021—05	58.00	1313
俄罗斯平面几何问题集	2009—08	88.00	55
俄罗斯立体几何问题集	2014—03	58.00	283
俄罗斯几何大师——沙雷金论数学及其他	2014—01	48.00	271
来自俄罗斯的5000道几何习题及解答	2011—03	58.00	89
俄罗斯初等数学问题集	2012—05	38.00	177
俄罗斯函数问题集	2011—03	38.00	103
俄罗斯组合分析问题集	2011—01	48.00	79
俄罗斯初等数学万题选——三角卷	2012—11	38.00	222
俄罗斯初等数学万题选——代数卷	2013—08	68.00	225
俄罗斯初等数学万题选——几何卷	2014—01	68.00	226
俄罗斯《量子》杂志数学征解问题100题选	2018—08	48.00	969
俄罗斯《量子》杂志数学征解问题又100题选	2018—08	48.00	970
俄罗斯《量子》杂志数学征解问题	2020—05	48.00	1138
463个俄罗斯几何老问题	2012—01	28.00	152
《量子》数学短文精粹	2018—09	38.00	972
用三角、解析几何等计算解来自俄罗斯的几何题	2019—11	88.00	1119
基谢廖夫平面几何	2022—01	48.00	1461
数学:代数、数学分析和几何(10—11年级)	2021—01	48.00	1250
立体几何.10—11年级	2022—01	58.00	1472
直观几何学:5—6年级	2022—04	58.00	1508
平面几何:9—11年级	2022—10	48.00	1571
谈谈素数	2011—03	18.00	91
平方和	2011—03	18.00	92
整数论	2011—05	38.00	120
从整数谈起	2015—10	28.00	538
数与多项式	2016—01	38.00	558
谈谈不定方程	2011—05	28.00	119
质数漫谈	2022—07	68.00	1529
解析不等式新论	2009—06	68.00	48
建立不等式的方法	2011—03	98.00	104
数学奥林匹克不等式研究(第2版)	2020—07	68.00	1181
不等式研究(第二辑)	2012—02	68.00	153
不等式的秘密(第一卷)(第2版)	2014—02	38.00	286
不等式的秘密(第二卷)	2014—01	38.00	268
初等不等式的证明方法	2010—06	38.00	123
初等不等式的证明方法(第二版)	2014—11	38.00	407
不等式·理论·方法(基础卷)	2015—07	38.00	496
不等式·理论·方法(经典不等式卷)	2015—07	38.00	497
不等式·理论·方法(特殊类型不等式卷)	2015—07	48.00	498
不等式探究	2016—03	38.00	582
不等式探秘	2017—01	88.00	689
四面体不等式	2017—01	68.00	715
数学奥林匹克中常见重要不等式	2017—09	38.00	845

刘培杰数学工作室
已出版(即将出版)图书目录——初等数学

书　　名	出版时间	定价	编号
三正弦不等式	2018—09	98.00	974
函数方程与不等式:解法与稳定性结果	2019—04	68.00	1058
数学不等式.第1卷,对称多项式不等式	2022—05	78.00	1455
数学不等式.第2卷,对称有理式与对称无理不等式	2022—05	88.00	1456
数学不等式.第3卷,循环不等式与非循环不等式	2022—05	88.00	1457
数学不等式.第4卷,Jensen不等式的扩展与加细	2022—05	88.00	1458
数学不等式.第5卷,创建不等式与解不等式的其他方法	2022—05	88.00	1459
同余理论	2012—05	38.00	163
[x]与{x}	2015—04	48.00	476
极值与最值.上卷	2015—06	28.00	486
极值与最值.中卷	2015—06	38.00	487
极值与最值.下卷	2015—06	28.00	488
整数的性质	2012—11	38.00	192
完全平方数及其应用	2015—08	78.00	506
多项式理论	2015—10	88.00	541
奇数、偶数、奇偶分析法	2018—01	98.00	876
不定方程及其应用.上	2018—12	58.00	992
不定方程及其应用.中	2019—01	78.00	993
不定方程及其应用.下	2019—02	98.00	994
Nesbitt不等式加强式的研究	2022—06	128.00	1527
历届美国中学生数学竞赛试题及解答(第一卷)1950—1954	2014—07	18.00	277
历届美国中学生数学竞赛试题及解答(第二卷)1955—1959	2014—04	18.00	278
历届美国中学生数学竞赛试题及解答(第三卷)1960—1964	2014—06	18.00	279
历届美国中学生数学竞赛试题及解答(第四卷)1965—1969	2014—04	28.00	280
历届美国中学生数学竞赛试题及解答(第五卷)1970—1972	2014—06	18.00	281
历届美国中学生数学竞赛试题及解答(第六卷)1973—1980	2017—07	18.00	768
历届美国中学生数学竞赛试题及解答(第七卷)1981—1986	2015—01	18.00	424
历届美国中学生数学竞赛试题及解答(第八卷)1987—1990	2017—05	18.00	769
历届中国数学奥林匹克试题集(第3版)	2021—10	58.00	1440
历届加拿大数学奥林匹克试题集	2012—08	38.00	215
历届美国数学奥林匹克试题集:1972~2019	2020—04	88.00	1135
历届波兰数学竞赛试题集.第1卷,1949~1963	2015—03	18.00	453
历届波兰数学竞赛试题集.第2卷,1964~1976	2015—03	18.00	454
历届巴尔干数学奥林匹克试题集	2015—05	38.00	466
保加利亚数学奥林匹克	2014—10	38.00	393
圣彼得堡数学奥林匹克试题集	2015—01	38.00	429
匈牙利奥林匹克数学竞赛题解.第1卷	2016—05	28.00	593
匈牙利奥林匹克数学竞赛题解.第2卷	2016—05	28.00	594
历届美国数学邀请赛试题集(第2版)	2017—10	78.00	851
普林斯顿大学数学竞赛	2016—06	38.00	669
亚太地区数学奥林匹克竞赛题	2015—07	18.00	492
日本历届(初级)广中杯数学竞赛试题及解答.第1卷(2000~2007)	2016—05	28.00	641
日本历届(初级)广中杯数学竞赛试题及解答.第2卷(2008~2015)	2016—05	38.00	642
越南数学奥林匹克题选:1962—2009	2021—07	48.00	1370
360个数学竞赛问题	2016—08	58.00	677
奥数最佳实战题.上卷	2017—06	38.00	760
奥数最佳实战题.下卷	2017—05	58.00	761
哈尔滨市早期中学数学竞赛试题汇编	2016—07	28.00	672
全国高中数学联赛试题及解答:1981—2019(第4版)	2020—07	138.00	1176
2022年全国高中数学联合竞赛模拟题集	2022—06	30.00	1521
20世纪50年代全国部分城市数学竞赛试题汇编	2017—07	28.00	797

刘培杰数学工作室
已出版(即将出版)图书目录——初等数学

书　名	出版时间	定　价	编号
国内外数学竞赛题及精解:2018~2019	2020—08	45.00	1192
国内外数学竞赛题及精解:2019~2020	2021—11	58.00	1439
许康华竞赛优学精选集.第一辑	2018—08	68.00	949
天问叶班数学问题征解100题.Ⅰ,2016—2018	2019—05	88.00	1075
天问叶班数学问题征解100题.Ⅱ,2017—2019	2020—07	98.00	1177
美国初中数学竞赛:AMC8准备(共6卷)	2019—07	138.00	1089
美国高中数学竞赛:AMC10准备(共6卷)	2019—08	158.00	1105
王连笑教你怎样学数学:高考选择题解题策略与客观题实用训练	2014—01	48.00	262
王连笑教你怎样学数学:高考数学高层次讲座	2015—02	48.00	432
高考数学的理论与实践	2009—08	38.00	53
高考数学核心题型解题方法与技巧	2010—01	28.00	86
高考思维新平台	2014—03	38.00	259
高考数学压轴题解题诀窍(上)(第2版)	2018—01	58.00	874
高考数学压轴题解题诀窍(下)(第2版)	2018—01	48.00	875
北京市五区文科数学三年高考模拟题详解:2013~2015	2015—08	48.00	500
北京市五区理科数学三年高考模拟题详解:2013~2015	2015—09	68.00	505
向量法巧解数学高考题	2009—08	28.00	54
高中数学课堂教学的实践与反思	2021—11	48.00	791
数学高考参考	2016—01	78.00	589
新课程标准高考数学解答题各种题型解法指导	2020—08	78.00	1196
全国及各省市高考数学试题审题要津与解法研究	2015—02	48.00	450
高中数学章节起始课的教学研究与案例设计	2019—05	28.00	1064
新课标高考数学——五年试题分章详解(2007~2011)(上、下)	2011—10	78.00	140,141
全国中考数学压轴题审题要津与解法研究	2013—04	78.00	248
新编全国及各省市中考数学压轴题审题要津与解法研究	2014—05	58.00	342
全国及各省市5年中考数学压轴题审题要津与解法研究(2015版)	2015—04	58.00	462
中考数学专题总复习	2007—04	28.00	6
中考数学较难题常考题型解题方法与技巧	2016—09	48.00	681
中考数学难题常考题型解题方法与技巧	2016—09	48.00	682
中考数学中档题常考题型解题方法与技巧	2017—08	68.00	835
中考数学选择填空压轴好题妙解365	2017—05	38.00	759
中考数学:三类重点考题的解法例析与习题	2020—04	48.00	1140
中小学数学的历史文化	2019—11	48.00	1124
初中平面几何百题多思创新解	2020—01	58.00	1125
初中数学中考备考	2020—01	58.00	1126
高考数学之九章演义	2019—08	68.00	1044
高考数学之难题谈笑间	2022—06	68.00	1519
化学可以这样学:高中化学知识方法智慧感悟疑难辨析	2019—07	58.00	1103
如何成为学习高手	2019—09	58.00	1107
高考数学:经典真题分类解析	2020—04	78.00	1134
高考数学解答题破解策略	2020—11	58.00	1221
从分析解题过程学解题:高考压轴题与竞赛题之关系探究	2020—08	88.00	1179
教学新思考:单元整体视角下的初中数学教学设计	2021—03	58.00	1278
思维再拓展:2020年经典几何题的多解探究与思考	即将出版		1279
中考数学小压轴汇编初讲	2017—07	48.00	788
中考数学大压轴专题微言	2017—09	48.00	846
怎么解中考平面几何探索题	2019—06	48.00	1093
北京中考数学压轴题解题方法突破(第7版)	2021—11	68.00	1442
助你高考成功的数学解题智慧:知识是智慧的基础	2016—01	58.00	596
助你高考成功的数学解题智慧:错误是智慧的试金石	2016—04	58.00	643
助你高考成功的数学解题智慧:方法是智慧的推手	2016—04	68.00	657
高考数学奇思妙解	2016—04	38.00	610
高考数学解题策略	2016—05	48.00	670
数学解题泄天机(第2版)	2017—10	48.00	850

刘培杰数学工作室
已出版(即将出版)图书目录——初等数学

书　名	出版时间	定　价	编号
高考物理压轴题全解	2017—04	58.00	746
高中物理经典问题25讲	2017—05	28.00	764
高中物理教学讲义	2018—01	48.00	871
高中物理教学讲义:全模块	2022—03	98.00	1492
高中物理答疑解惑65篇	2021—11	48.00	1462
中学物理基础问题解析	2020—08	48.00	1183
2016年高考文科数学真题研究	2017—04	58.00	754
2016年高考理科数学真题研究	2017—04	78.00	755
2017年高考理科数学真题研究	2018—01	58.00	867
2017年高考文科数学真题研究	2018—01	48.00	868
初中数学、高中数学脱节知识补缺教材	2017—06	48.00	766
高考数学小题抢分必练	2017—10	48.00	834
高考数学核心素养解读	2017—09	38.00	839
高考数学客观题解题方法和技巧	2017—10	38.00	847
十年高考数学精品试题审题要津与解法研究	2021—10	98.00	1427
中国历届高考数学试题及解答.1949—1979	2018—01	38.00	877
历届中国高考数学试题及解答.第二卷,1980—1989	2018—10	28.00	975
历届中国高考数学试题及解答.第三卷,1990—1999	2018—10	48.00	976
数学文化与高考研究	2018—03	48.00	882
跟我学解高中数学题	2018—07	58.00	926
中学数学研究的方法及案例	2018—05	58.00	869
高考数学抢分技能	2018—07	68.00	934
高一新生常用数学方法和重要数学思想提升教材	2018—06	38.00	921
2018年高考数学真题研究	2019—01	68.00	1000
2019年高考数学真题研究	2020—05	88.00	1137
高考数学全国卷六道解答题常考题型解题诀窍:理科(全2册)	2019—07	78.00	1101
高考数学全国卷16道选择、填空题常考题型解题诀窍.理科	2018—09	88.00	971
高考数学全国卷16道选择、填空题常考题型解题诀窍.文科	2020—01	88.00	1123
高中数学一题多解	2019—06	58.00	1087
历届中国高考数学试题及解答:1917—1999	2021—08	98.00	1371
2000～2003年全国及各省市高考数学试题及解答	2022—05	88.00	1499
2004年全国及各省市高考数学试题及解答	2022—07	78.00	1500
突破高原:高中数学解题思维探究	2021—08	48.00	1375
高考数学中的"取值范围"	2021—10	48.00	1429
新课程标准高中数学各种题型解法大全.必修一分册	2021—06	58.00	1315
新课程标准高中数学各种题型解法大全.必修二分册	2022—01	68.00	1471
高中数学各种题型解法大全.选择性必修一分册	2022—06	68.00	1525
新编640个世界著名数学智力趣题	2014—01	88.00	242
500个最新世界著名数学智力趣题	2008—06	48.00	3
400个最新世界著名数学最值问题	2008—09	48.00	36
500个世界著名数学征解问题	2009—06	48.00	52
400个中国最佳初等数学征解老问题	2010—01	48.00	60
500个俄罗斯数学经典老题	2011—01	28.00	81
1000个国外中学物理好题	2012—04	48.00	174
300个日本高考数学题	2012—05	38.00	142
700个早期日本高考数学试题	2017—02	88.00	752
500个前苏联早期高考数学试题及解答	2012—05	28.00	185
546个早期俄罗斯大学生数学竞赛题	2014—03	38.00	285
548个来自美苏的数学好问题	2014—11	28.00	396
20所苏联著名大学早期入学试题	2015—02	18.00	452
161道德国工科大学生必做的微分方程习题	2015—05	28.00	469
500个德国工科大学生必做的高数习题	2015—06	28.00	478
360个数学竞赛问题	2016—08	58.00	677
200个趣味数学故事	2018—02	48.00	857
470个数学奥林匹克中的最值问题	2018—10	88.00	985
德国讲义日本考题.微积分卷	2015—04	48.00	456
德国讲义日本考题.微分方程卷	2015—04	38.00	457
二十世纪中叶中、英、美、日、法、俄高考数学试题精选	2017—06	38.00	783

刘培杰数学工作室
已出版(即将出版)图书目录——初等数学

书　名	出版时间	定　价	编号
中国初等数学研究　2009 卷(第 1 辑)	2009—05	20.00	45
中国初等数学研究　2010 卷(第 2 辑)	2010—05	30.00	68
中国初等数学研究　2011 卷(第 3 辑)	2011—07	60.00	127
中国初等数学研究　2012 卷(第 4 辑)	2012—07	48.00	190
中国初等数学研究　2014 卷(第 5 辑)	2014—02	48.00	288
中国初等数学研究　2015 卷(第 6 辑)	2015—06	68.00	493
中国初等数学研究　2016 卷(第 7 辑)	2016—04	68.00	609
中国初等数学研究　2017 卷(第 8 辑)	2017—01	98.00	712
初等数学研究在中国.第 1 辑	2019—03	158.00	1024
初等数学研究在中国.第 2 辑	2019—10	158.00	1116
初等数学研究在中国.第 3 辑	2021—05	158.00	1306
初等数学研究在中国.第 4 辑	2022—06	158.00	1520
几何变换(Ⅰ)	2014—07	28.00	353
几何变换(Ⅱ)	2015—06	28.00	354
几何变换(Ⅲ)	2015—01	38.00	355
几何变换(Ⅳ)	2015—12	38.00	356
初等数论难题集(第一卷)	2009—05	68.00	44
初等数论难题集(第二卷)(上、下)	2011—02	128.00	82,83
数论概貌	2011—03	18.00	93
代数数论(第二版)	2013—08	58.00	94
代数多项式	2014—06	38.00	289
初等数论的知识与问题	2011—02	28.00	95
超越数论基础	2011—03	28.00	96
数论初等教程	2011—03	28.00	97
数论基础	2011—03	18.00	98
数论基础与维诺格拉多夫	2014—03	18.00	292
解析数论基础	2012—08	28.00	216
解析数论基础(第二版)	2014—01	48.00	287
解析数论问题集(第二版)(原版引进)	2014—05	88.00	343
解析数论问题集(第二版)(中译本)	2016—04	88.00	607
解析数论基础(潘承洞,潘承彪著)	2016—07	98.00	673
解析数论导引	2016—07	58.00	674
数论入门	2011—03	38.00	99
代数数论入门	2015—03	38.00	448
数论开篇	2012—07	28.00	194
解析数论引论	2011—03	48.00	100
Barban Davenport Halberstam 均值和	2009—01	40.00	33
基础数论	2011—03	28.00	101
初等数论 100 例	2011—05	18.00	122
初等数论经典例题	2012—07	18.00	204
最新世界各国数学奥林匹克中的初等数论试题(上、下)	2012—01	138.00	144,145
初等数论(Ⅰ)	2012—01	18.00	156
初等数论(Ⅱ)	2012—01	18.00	157
初等数论(Ⅲ)	2012—01	28.00	158

刘培杰数学工作室
已出版(即将出版)图书目录——初等数学

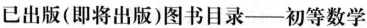

书　　名	出版时间	定　价	编号
平面几何与数论中未解决的新老问题	2013-01	68.00	229
代数数论简史	2014-11	28.00	408
代数数论	2015-09	88.00	532
代数、数论及分析习题集	2016-11	98.00	695
数论导引提要及习题解答	2016-01	48.00	559
素数定理的初等证明.第2版	2016-09	48.00	686
数论中的模函数与狄利克雷级数(第二版)	2017-11	78.00	837
数论:数学导引	2018-01	68.00	849
范氏大代数	2019-02	98.00	1016
解析数学讲义.第一卷,导来式及微分、积分、级数	2019-04	88.00	1021
解析数学讲义.第二卷,关于几何的应用	2019-04	68.00	1022
解析数学讲义.第三卷,解析函数论	2019-04	78.00	1023
分析·组合·数论纵横谈	2019-04	58.00	1039
Hall 代数:民国时期的中学数学课本:英文	2019-08	88.00	1106
基谢廖夫初等代数	2022-07	38.00	1531
数学精神巡礼	2019-01	58.00	731
数学眼光透视(第2版)	2017-06	78.00	732
数学思想领悟(第2版)	2018-01	68.00	733
数学方法溯源(第2版)	2018-08	68.00	734
数学解题引论	2017-05	58.00	735
数学史话览胜(第2版)	2017-01	48.00	736
数学应用展观(第2版)	2017-08	68.00	737
数学建模尝试	2018-04	48.00	738
数学竞赛采风	2018-01	68.00	739
数学测评探营	2019-05	58.00	740
数学技能操握	2018-03	48.00	741
数学欣赏拾趣	2018-02	48.00	742
从毕达哥拉斯到怀尔斯	2007-10	48.00	9
从迪利克雷到维斯卡尔迪	2008-01	48.00	21
从哥德巴赫到陈景润	2008-05	98.00	35
从庞加莱到佩雷尔曼	2011-08	138.00	136
博弈论精粹	2008-03	58.00	30
博弈论精粹.第二版(精装)	2015-01	88.00	461
数学 我爱你	2008-01	28.00	20
精神的圣徒　别样的人生——60位中国数学家成长的历程	2008-09	48.00	39
数学史概论	2009-06	78.00	50
数学史概论(精装)	2013-03	158.00	272
数学史选讲	2016-01	48.00	544
斐波那契数列	2010-02	28.00	65
数学拼盘和斐波那契魔方	2010-07	38.00	72
斐波那契数列欣赏(第2版)	2018-08	58.00	948
Fibonacci 数列中的明珠	2018-06	58.00	928
数学的创造	2011-02	48.00	85
数学美与创造力	2016-01	48.00	595
数海拾贝	2016-01	48.00	590
数学中的美(第2版)	2019-04	68.00	1057
数论中的美学	2014-12	38.00	351

刘培杰数学工作室
已出版(即将出版)图书目录——初等数学

书　名	出版时间	定　价	编号
数学王者　科学巨人——高斯	2015—01	28.00	428
振兴祖国数学的圆梦之旅:中国初等数学研究史话	2015—06	98.00	490
二十世纪中国数学史料研究	2015—10	48.00	536
数字谜、数阵图与棋盘覆盖	2016—01	58.00	298
时间的形状	2016—01	38.00	556
数学发现的艺术:数学探索中的合情推理	2016—07	58.00	671
活跃在数学中的参数	2016—07	48.00	675
数海趣史	2021—05	98.00	1314
数学解题——靠数学思想给力(上)	2011—07	38.00	131
数学解题——靠数学思想给力(中)	2011—07	48.00	132
数学解题——靠数学思想给力(下)	2011—07	38.00	133
我怎样解题	2013—01	48.00	227
数学解题中的物理方法	2011—06	28.00	114
数学解题的特殊方法	2011—06	48.00	115
中学数学计算技巧(第2版)	2020—10	48.00	1220
中学数学证明方法	2012—01	58.00	117
数学趣题巧解	2012—03	28.00	128
高中数学教学通鉴	2015—05	58.00	479
和高中生漫谈:数学与哲学的故事	2014—08	28.00	369
算术问题集	2017—03	38.00	789
张教授讲数学	2018—07	38.00	933
陈永明实话实说数学教学	2020—04	68.00	1132
中学数学学科知识与教学能力	2020—06	58.00	1155
怎样把课讲好:大罕数学教学随笔	2022—03	58.00	1484
中国高考评价体系下高考数学探秘	2022—03	48.00	1487
自主招生考试中的参数方程问题	2015—01	28.00	435
自主招生考试中的极坐标问题	2015—04	28.00	463
近年全国重点大学自主招生数学试题全解及研究.华约卷	2015—02	38.00	441
近年全国重点大学自主招生数学试题全解及研究.北约卷	2016—05	38.00	619
自主招生数学解证宝典	2015—09	48.00	535
中国科学技术大学创新班数学真题解析	2022—03	48.00	1488
中国科学技术大学创新班物理真题解析	2022—03	58.00	1489
格点和面积	2012—07	18.00	191
射影几何趣谈	2012—04	28.00	175
斯潘纳尔引理——从一道加拿大数学奥林匹克试题谈起	2014—01	28.00	228
李普希兹条件——从几道近年高考数学试题谈起	2012—10	18.00	221
拉格朗日中值定理——从一道北京高考试题的解法谈起	2015—10	18.00	197
闵科夫斯基定理——从一道清华大学自主招生试题谈起	2014—01	28.00	198
哈尔测度——从一道冬令营试题的背景谈起	2012—08	28.00	202
切比雪夫逼近问题——从一道中国台北数学奥林匹克试题谈起	2013—04	38.00	238
伯恩斯坦多项式与贝齐尔曲面——从一道全国高中数学联赛试题谈起	2013—03	38.00	236
卡塔兰猜想——从一道普特南竞赛试题谈起	2013—06	18.00	256
麦卡锡函数和阿克曼函数——从一道前南斯拉夫数学奥林匹克试题谈起	2012—08	18.00	201
贝蒂定理与拉姆贝克莫斯尔定理——从一个拣石子游戏谈起	2012—08	18.00	217
皮亚诺曲线和豪斯道夫分球定理——从无限集谈起	2012—08	18.00	211
平面凸图形与凸多面体	2012—10	28.00	218
斯坦因豪斯问题——从一道二十五省市自治区中学数学竞赛试题谈起	2012—07	18.00	196

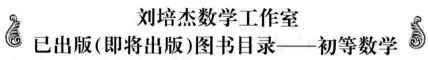

刘培杰数学工作室
已出版(即将出版)图书目录——初等数学

书　　名	出版时间	定　价	编号
纽结理论中的亚历山大多项式与琼斯多项式——从一道北京市高一数学竞赛试题谈起	2012—07	28.00	195
原则与策略——从波利亚"解题表"谈起	2013—04	38.00	244
转化与化归——从三大尺规作图不能问题谈起	2012—08	28.00	214
代数几何中的贝祖定理(第一版)——从一道IMO试题的解法谈起	2013—08	18.00	193
成功连贯理论与约当块理论——从一道比利时数学竞赛试题谈起	2012—04	18.00	180
素数判定与大数分解	2014—08	18.00	199
置换多项式及其应用	2012—10	18.00	220
椭圆函数与模函数——从一道美国加州大学洛杉矶分校(UCLA)博士资格考题谈起	2012—10	28.00	219
差分方程的拉格朗日方法——从一道2011年全国高考理科试题的解法谈起	2012—08	28.00	200
力学在几何中的一些应用	2013—01	38.00	240
从根式解到伽罗华理论	2020—01	48.00	1121
康托洛维奇不等式——从一道全国高中联赛试题谈起	2013—03	28.00	337
西格尔引理——从一道第18届IMO试题的解法谈起	即将出版		
罗斯定理——从一道前苏联数学竞赛试题谈起	即将出版		
拉克斯定理和阿廷定理——从一道IMO试题的解法谈起	2014—01	58.00	246
毕卡大定理——从一道美国大学数学竞赛试题谈起	2014—07	18.00	350
贝齐尔曲线——从一道全国高中联赛试题谈起	即将出版		
拉格朗日乘子定理——从一道2005年全国高中联赛试题的高等数学解法谈起	2015—05	28.00	480
雅可比定理——从一道日本数学奥林匹克试题谈起	2013—04	48.00	249
李天岩—约克定理——从一道波兰数学竞赛试题谈起	2014—06	28.00	349
整系数多项式因式分解的一般方法——从克朗耐克算法谈起	即将出版		
布劳维不动点定理——从一道前苏联数学奥林匹克试题谈起	2014—01	38.00	273
伯恩赛德定理——从一道英国数学奥林匹克试题谈起	即将出版		
布查特—莫斯特定理——从一道上海市初中竞赛试题谈起	即将出版		
数论中的同余数问题——从一道普特南竞赛试题谈起	即将出版		
范·德蒙行列式——从一道美国数学奥林匹克试题谈起	即将出版		
中国剩余定理:总数法构建中国历史年表	2015—01	28.00	430
牛顿程序与方程求根——从一道全国高考试题解法谈起	即将出版		
库默尔定理——从一道IMO预选试题谈起	即将出版		
卢丁定理——从一道冬令营试题的解法谈起	即将出版		
沃斯滕霍姆定理——从一道IMO预选试题谈起	即将出版		
卡尔松不等式——从一道莫斯科数学奥林匹克试题谈起	即将出版		
信息论中的香农熵——从一道近年高考压轴题谈起	即将出版		
约当不等式——从一道希望杯竞赛试题谈起	即将出版		
拉比诺维奇定理	即将出版		
刘维尔定理——从一道《美国数学月刊》征解问题的解法谈起	即将出版		
卡塔兰恒等式与级数求和——从一道IMO试题的解法谈起	即将出版		
勒让德猜想与素数分布——从一道爱尔兰竞赛试题谈起	即将出版		
天平称重与信息论——从一道基辅市数学奥林匹克试题谈起	即将出版		
哈密尔顿—凯莱定理:从一道高中数学联赛试题的解法谈起	2014—09	18.00	376
艾思特曼定理——从一道CMO试题的解法谈起	即将出版		

刘培杰数学工作室
已出版(即将出版)图书目录——初等数学

书　名	出版时间	定　价	编号
阿贝尔恒等式与经典不等式及应用	2018—06	98.00	923
迪利克雷除数问题	2018—07	48.00	930
幻方、幻立方与拉丁方	2019—08	48.00	1092
帕斯卡三角形	2014—03	18.00	294
蒲丰投针问题——从2009年清华大学的一道自主招生试题谈起	2014—01	38.00	295
斯图姆定理——从一道"华约"自主招生试题的解法谈起	2014—01	18.00	296
许瓦兹引理——从一道加利福尼亚大学伯克利分校数学系博士生试题谈起	2014—08	18.00	297
拉姆塞定理——从王诗宬院士的一个问题谈起	2016—04	48.00	299
坐标法	2013—12	28.00	332
数论三角形	2014—04	38.00	341
毕克定理	2014—07	18.00	352
数林掠影	2014—09	48.00	389
我们周围的概率	2014—10	38.00	390
凸函数最值定理:从一道华约自主招生题的解法谈起	2014—10	28.00	391
易学与数学奥林匹克	2014—10	38.00	392
生物数学趣谈	2015—01	18.00	409
反演	2015—01	28.00	420
因式分解与圆锥曲线	2015—01	18.00	426
轨迹	2015—01	28.00	427
面积原理:从常庚哲命的一道CMO试题的积分解法谈起	2015—01	48.00	431
形形色色的不动点定理:从一道28届IMO试题谈起	2015—01	38.00	439
柯西函数方程:从一道上海交大自主招生的试题谈起	2015—02	28.00	440
三角恒等式	2015—02	28.00	442
无理性判定:从一道2014年"北约"自主招生试题谈起	2015—01	38.00	443
数学归纳法	2015—03	18.00	451
极端原理与解题	2015—04	28.00	464
法雷级数	2014—08	18.00	367
摆线族	2015—01	38.00	438
函数方程及其解法	2015—05	38.00	470
含参数的方程和不等式	2012—09	28.00	213
希尔伯特第十问题	2016—01	38.00	543
无穷小量的求和	2016—01	28.00	545
切比雪夫多项式:从一道清华大学金秋营试题谈起	2016—01	38.00	583
泽肯多夫定理	2016—03	38.00	599
代数等式证题法	2016—01	28.00	600
三角等式证题法	2016—01	28.00	601
吴大任教授藏书中的一个因式分解公式:从一道美国数学邀请赛试题的解法谈起	2016—06	28.00	656
易卦——类万物的数学模型	2017—08	68.00	838
"不可思议"的数与数系可持续发展	2018—01	38.00	878
最短线	2018—01	38.00	879
幻方和魔方(第一卷)	2012—05	68.00	173
尘封的经典——初等数学经典文献选读(第一卷)	2012—07	48.00	205
尘封的经典——初等数学经典文献选读(第二卷)	2012—07	38.00	206
初级方程式论	2011—03	28.00	106
初等数学研究(Ⅰ)	2008—09	68.00	37
初等数学研究(Ⅱ)(上、下)	2009—05	118.00	46,47
初等数学专题研究	2022—10	68.00	1568

刘培杰数学工作室
已出版(即将出版)图书目录——初等数学

书　名	出版时间	定　价	编号
趣味初等方程妙题集锦	2014—09	48.00	388
趣味初等数论选美与欣赏	2015—02	48.00	445
耕读笔记(上卷):一位农民数学爱好者的初数探索	2015—04	28.00	459
耕读笔记(中卷):一位农民数学爱好者的初数探索	2015—05	28.00	483
耕读笔记(下卷):一位农民数学爱好者的初数探索	2015—05	28.00	484
几何不等式研究与欣赏.上卷	2016—01	88.00	547
几何不等式研究与欣赏.下卷	2016—01	48.00	552
初等数列研究与欣赏·上	2016—01	48.00	570
初等数列研究与欣赏·下	2016—01	48.00	571
趣味初等函数研究与欣赏.上	2016—09	48.00	684
趣味初等函数研究与欣赏.下	2018—09	48.00	685
三角不等式研究与欣赏	2020—10	68.00	1197
新编平面解析几何解题方法研究与欣赏	2021—10	78.00	1426
火柴游戏(第2版)	2022—05	38.00	1493
智力解谜.第1卷	2017—07	38.00	613
智力解谜.第2卷	2017—07	38.00	614
故事智力	2016—07	48.00	615
名人们喜欢的智力问题	2020—01	48.00	616
数学大师的发现、创造与失误	2018—01	48.00	617
异曲同工	2018—09	48.00	618
数学的味道	2018—01	58.00	798
数学千字文	2018—10	68.00	977
数贝偶拾——高考数学题研究	2014—04	28.00	274
数贝偶拾——初等数学研究	2014—04	38.00	275
数贝偶拾——奥数题研究	2014—04	48.00	276
钱昌本教你快乐学数学(上)	2011—12	48.00	155
钱昌本教你快乐学数学(下)	2012—03	58.00	171
集合、函数与方程	2014—01	28.00	300
数列与不等式	2014—01	38.00	301
三角与平面向量	2014—01	28.00	302
平面解析几何	2014—01	38.00	303
立体几何与组合	2014—01	28.00	304
极限与导数、数学归纳法	2014—01	38.00	305
趣味数学	2014—03	28.00	306
教材教法	2014—04	68.00	307
自主招生	2014—05	58.00	308
高考压轴题(上)	2015—01	48.00	309
高考压轴题(下)	2014—10	68.00	310
从费马到怀尔斯——费马大定理的历史	2013—10	198.00	I
从庞加莱到佩雷尔曼——庞加莱猜想的历史	2013—10	298.00	II
从切比雪夫到爱尔特希(上)——素数定理的初等证明	2013—07	48.00	III
从切比雪夫到爱尔特希(下)——素数定理100年	2012—12	98.00	III
从高斯到盖尔方特——二次域的高斯猜想	2013—10	198.00	IV
从库默尔到朗兰兹——朗兰兹猜想的历史	2014—01	98.00	V
从比勃巴赫到德布朗斯——比勃巴赫猜想的历史	2014—02	298.00	VI
从麦比乌斯到陈省身——麦比乌斯变换与麦比乌斯带	2014—02	298.00	VII
从布尔到豪斯道夫——布尔方程与格论漫谈	2013—10	198.00	VIII
从开普勒到阿诺德——三体问题的历史	2014—05	298.00	IX
从华林到华罗庚——华林问题的历史	2013—10	298.00	X

刘培杰数学工作室
已出版(即将出版)图书目录——初等数学

书　名	出版时间	定　价	编号
美国高中数学竞赛五十讲.第1卷(英文)	2014—08	28.00	357
美国高中数学竞赛五十讲.第2卷(英文)	2014—08	28.00	358
美国高中数学竞赛五十讲.第3卷(英文)	2014—09	28.00	359
美国高中数学竞赛五十讲.第4卷(英文)	2014—09	28.00	360
美国高中数学竞赛五十讲.第5卷(英文)	2014—10	28.00	361
美国高中数学竞赛五十讲.第6卷(英文)	2014—11	28.00	362
美国高中数学竞赛五十讲.第7卷(英文)	2014—12	28.00	363
美国高中数学竞赛五十讲.第8卷(英文)	2015—01	28.00	364
美国高中数学竞赛五十讲.第9卷(英文)	2015—01	28.00	365
美国高中数学竞赛五十讲.第10卷(英文)	2015—02	38.00	366
三角函数(第2版)	2017—04	38.00	626
不等式	2014—01	38.00	312
数列	2014—01	38.00	313
方程(第2版)	2017—04	38.00	624
排列和组合	2014—01	28.00	315
极限与导数(第2版)	2016—04	38.00	635
向量(第2版)	2018—08	58.00	627
复数及其应用	2014—08	28.00	318
函数	2014—01	38.00	319
集合	2020—01	48.00	320
直线与平面	2014—01	28.00	321
立体几何(第2版)	2016—04	38.00	629
解三角形	即将出版		323
直线与圆(第2版)	2016—11	38.00	631
圆锥曲线(第2版)	2016—09	48.00	632
解题通法(一)	2014—07	38.00	326
解题通法(二)	2014—07	38.00	327
解题通法(三)	2014—05	38.00	328
概率与统计	2014—01	28.00	329
信息迁移与算法	即将出版		330
IMO 50 年.第1卷(1959—1963)	2014—11	28.00	377
IMO 50 年.第2卷(1964—1968)	2014—11	28.00	378
IMO 50 年.第3卷(1969—1973)	2014—09	28.00	379
IMO 50 年.第4卷(1974—1978)	2016—04	38.00	380
IMO 50 年.第5卷(1979—1984)	2015—04	38.00	381
IMO 50 年.第6卷(1985—1989)	2015—04	58.00	382
IMO 50 年.第7卷(1990—1994)	2016—01	48.00	383
IMO 50 年.第8卷(1995—1999)	2016—06	38.00	384
IMO 50 年.第9卷(2000—2004)	2015—04	58.00	385
IMO 50 年.第10卷(2005—2009)	2016—01	48.00	386
IMO 50 年.第11卷(2010—2015)	2017—03	48.00	646

刘培杰数学工作室
已出版(即将出版)图书目录——初等数学

书 名	出版时间	定 价	编号
数学反思(2006—2007)	2020—09	88.00	915
数学反思(2008—2009)	2019—01	68.00	917
数学反思(2010—2011)	2018—05	58.00	916
数学反思(2012—2013)	2019—01	58.00	918
数学反思(2014—2015)	2019—03	78.00	919
数学反思(2016—2017)	2021—03	58.00	1286
历届美国大学生数学竞赛试题集.第一卷(1938—1949)	2015—01	28.00	397
历届美国大学生数学竞赛试题集.第二卷(1950—1959)	2015—01	28.00	398
历届美国大学生数学竞赛试题集.第三卷(1960—1969)	2015—01	28.00	399
历届美国大学生数学竞赛试题集.第四卷(1970—1979)	2015—01	18.00	400
历届美国大学生数学竞赛试题集.第五卷(1980—1989)	2015—01	28.00	401
历届美国大学生数学竞赛试题集.第六卷(1990—1999)	2015—01	28.00	402
历届美国大学生数学竞赛试题集.第七卷(2000—2009)	2015—08	18.00	403
历届美国大学生数学竞赛试题集.第八卷(2010—2012)	2015—01	18.00	404
新课标高考数学创新题解题诀窍:总论	2014—09	28.00	372
新课标高考数学创新题解题诀窍:必修1~5分册	2014—08	38.00	373
新课标高考数学创新题解题诀窍:选修2—1,2—2,1—1,1—2分册	2014—09	38.00	374
新课标高考数学创新题解题诀窍:选修2—3,4—4,4—5分册	2014—09	18.00	375
全国重点大学自主招生英文数学试题全攻略:词汇卷	2015—07	48.00	410
全国重点大学自主招生英文数学试题全攻略:概念卷	2015—01	28.00	411
全国重点大学自主招生英文数学试题全攻略:文章选读卷(上)	2016—09	38.00	412
全国重点大学自主招生英文数学试题全攻略:文章选读卷(下)	2017—01	58.00	413
全国重点大学自主招生英文数学试题全攻略:试题卷	2015—07	38.00	414
全国重点大学自主招生英文数学试题全攻略:名著欣赏卷	2017—03	48.00	415
劳埃德数学趣题大全.题目卷.1:英文	2016—01	18.00	516
劳埃德数学趣题大全.题目卷.2:英文	2016—01	18.00	517
劳埃德数学趣题大全.题目卷.3:英文	2016—01	18.00	518
劳埃德数学趣题大全.题目卷.4:英文	2016—01	18.00	519
劳埃德数学趣题大全.题目卷.5:英文	2016—01	18.00	520
劳埃德数学趣题大全.答案卷:英文	2016—01	18.00	521
李成章教练奥数笔记.第1卷	2016—01	48.00	522
李成章教练奥数笔记.第2卷	2016—01	48.00	523
李成章教练奥数笔记.第3卷	2016—01	38.00	524
李成章教练奥数笔记.第4卷	2016—01	38.00	525
李成章教练奥数笔记.第5卷	2016—01	38.00	526
李成章教练奥数笔记.第6卷	2016—01	38.00	527
李成章教练奥数笔记.第7卷	2016—01	38.00	528
李成章教练奥数笔记.第8卷	2016—01	48.00	529
李成章教练奥数笔记.第9卷	2016—01	28.00	530

刘培杰数学工作室
已出版(即将出版)图书目录——初等数学

书　名	出版时间	定　价	编号
第19~23届"希望杯"全国数学邀请赛试题审题要津详细评注(初一版)	2014—03	28.00	333
第19~23届"希望杯"全国数学邀请赛试题审题要津详细评注(初二、初三版)	2014—03	38.00	334
第19~23届"希望杯"全国数学邀请赛试题审题要津详细评注(高一版)	2014—03	28.00	335
第19~23届"希望杯"全国数学邀请赛试题审题要津详细评注(高二版)	2014—03	38.00	336
第19~25届"希望杯"全国数学邀请赛试题审题要津详细评注(初一版)	2015—01	38.00	416
第19~25届"希望杯"全国数学邀请赛试题审题要津详细评注(初二、初三版)	2015—01	58.00	417
第19~25届"希望杯"全国数学邀请赛试题审题要津详细评注(高一版)	2015—01	48.00	418
第19~25届"希望杯"全国数学邀请赛试题审题要津详细评注(高二版)	2015—01	48.00	419
物理奥林匹克竞赛大题典——力学卷	2014—11	48.00	405
物理奥林匹克竞赛大题典——热学卷	2014—04	28.00	339
物理奥林匹克竞赛大题典——电磁学卷	2015—07	48.00	406
物理奥林匹克竞赛大题典——光学与近代物理卷	2014—06	28.00	345
历届中国东南地区数学奥林匹克试题集(2004~2012)	2014—06	18.00	346
历届中国西部地区数学奥林匹克试题集(2001~2012)	2014—07	18.00	347
历届中国女子数学奥林匹克试题集(2002~2012)	2014—08	18.00	348
数学奥林匹克在中国	2014—06	98.00	344
数学奥林匹克问题集	2014—01	38.00	267
数学奥林匹克不等式散论	2010—06	38.00	124
数学奥林匹克不等式欣赏	2011—09	38.00	138
数学奥林匹克超级题库(初中卷上)	2010—01	58.00	66
数学奥林匹克不等式证明方法和技巧(上、下)	2011—08	158.00	134,135
他们学什么:原民主德国中学数学课本	2016—09	38.00	658
他们学什么:英国中学数学课本	2016—09	38.00	659
他们学什么:法国中学数学课本.1	2016—09	38.00	660
他们学什么:法国中学数学课本.2	2016—09	28.00	661
他们学什么:法国中学数学课本.3	2016—09	38.00	662
他们学什么:苏联中学数学课本	2016—09	28.00	679
高中数学题典——集合与简易逻辑·函数	2016—07	48.00	647
高中数学题典——导数	2016—07	48.00	648
高中数学题典——三角函数·平面向量	2016—07	48.00	649
高中数学题典——数列	2016—07	58.00	650
高中数学题典——不等式·推理与证明	2016—07	38.00	651
高中数学题典——立体几何	2016—07	48.00	652
高中数学题典——平面解析几何	2016—07	78.00	653
高中数学题典——计数原理·统计·概率·复数	2016—07	48.00	654
高中数学题典——算法·平面几何·初等数论·组合数学·其他	2016—07	68.00	655

刘培杰数学工作室
已出版(即将出版)图书目录——初等数学

书　名	出版时间	定　价	编号
台湾地区奥林匹克数学竞赛试题.小学一年级	2017－03	38.00	722
台湾地区奥林匹克数学竞赛试题.小学二年级	2017－03	38.00	723
台湾地区奥林匹克数学竞赛试题.小学三年级	2017－03	38.00	724
台湾地区奥林匹克数学竞赛试题.小学四年级	2017－03	38.00	725
台湾地区奥林匹克数学竞赛试题.小学五年级	2017－03	38.00	726
台湾地区奥林匹克数学竞赛试题.小学六年级	2017－03	38.00	727
台湾地区奥林匹克数学竞赛试题.初中一年级	2017－03	38.00	728
台湾地区奥林匹克数学竞赛试题.初中二年级	2017－03	38.00	729
台湾地区奥林匹克数学竞赛试题.初中三年级	2017－03	28.00	730
不等式证题法	2017－04	28.00	747
平面几何培优教程	2019－08	88.00	748
奥数鼎级培优教程.高一分册	2018－09	88.00	749
奥数鼎级培优教程.高二分册.上	2018－04	68.00	750
奥数鼎级培优教程.高二分册.下	2018－04	68.00	751
高中数学竞赛冲刺宝典	2019－04	68.00	883
初中尖子生数学超级题典.实数	2017－07	58.00	792
初中尖子生数学超级题典.式、方程与不等式	2017－08	58.00	793
初中尖子生数学超级题典.圆、面积	2017－08	38.00	794
初中尖子生数学超级题典.函数、逻辑推理	2017－08	48.00	795
初中尖子生数学超级题典.角、线段、三角形与多边形	2017－07	58.00	796
数学王子——高斯	2018－01	48.00	858
坎坷奇星——阿贝尔	2018－01	48.00	859
闪烁奇星——伽罗瓦	2018－01	58.00	860
无穷统帅——康托尔	2018－01	48.00	861
科学公主——柯瓦列夫斯卡娅	2018－01	48.00	862
抽象代数之母——埃米·诺特	2018－01	48.00	863
电脑先驱——图灵	2018－01	58.00	864
昔日神童——维纳	2018－01	48.00	865
数坛怪侠——爱尔特希	2018－01	68.00	866
传奇数学家徐利治	2019－09	88.00	1110
当代世界中的数学.数学思想与数学基础	2019－01	38.00	892
当代世界中的数学.数学问题	2019－01	38.00	893
当代世界中的数学.应用数学与数学应用	2019－01	38.00	894
当代世界中的数学.数学王国的新疆域(一)	2019－01	38.00	895
当代世界中的数学.数学王国的新疆域(二)	2019－01	38.00	896
当代世界中的数学.数林撷英(一)	2019－01	38.00	897
当代世界中的数学.数林撷英(二)	2019－01	48.00	898
当代世界中的数学.数学之路	2019－01	38.00	899

书　名	出版时间	定　价	编号
105 个代数问题:来自 AwesomeMath 夏季课程	2019—02	58.00	956
106 个几何问题:来自 AwesomeMath 夏季课程	2020—07	58.00	957
107 个几何问题:来自 AwesomeMath 全年课程	2020—07	58.00	958
108 个代数问题:来自 AwesomeMath 全年课程	2019—01	68.00	959
109 个不等式:来自 AwesomeMath 夏季课程	2019—04	58.00	960
国际数学奥林匹克中的 110 个几何问题	即将出版		961
111 个代数和数论问题	2019—05	58.00	962
112 个组合问题:来自 AwesomeMath 夏季课程	2019—05	58.00	963
113 个几何不等式:来自 AwesomeMath 夏季课程	2020—08	58.00	964
114 个指数和对数问题:来自 AwesomeMath 夏季课程	2019—09	48.00	965
115 个三角问题:来自 AwesomeMath 夏季课程	2019—09	58.00	966
116 个代数不等式:来自 AwesomeMath 全年课程	2019—04	58.00	967
117 个多项式问题:来自 AwesomeMath 夏季课程	2021—09	58.00	1409
118 个数学竞赛不等式	2022—08	78.00	1526
紫色彗星国际数学竞赛试题	2019—02	58.00	999
数学竞赛中的数学:为数学爱好者、父母、教师和教练准备的丰富资源.第一部	2020—04	58.00	1141
数学竞赛中的数学:为数学爱好者、父母、教师和教练准备的丰富资源.第二部	2020—07	48.00	1142
和与积	2020—10	38.00	1219
数论:概念和问题	2020—12	68.00	1257
初等数学问题研究	2021—03	48.00	1270
数学奥林匹克中的欧几里得几何	2021—10	68.00	1413
数学奥林匹克题解新编	2022—01	58.00	1430
图论入门	2022—09	58.00	1554
澳大利亚中学数学竞赛试题及解答(初级卷)1978~1984	2019—02	28.00	1002
澳大利亚中学数学竞赛试题及解答(初级卷)1985~1991	2019—02	28.00	1003
澳大利亚中学数学竞赛试题及解答(初级卷)1992~1998	2019—02	28.00	1004
澳大利亚中学数学竞赛试题及解答(初级卷)1999~2005	2019—02	28.00	1005
澳大利亚中学数学竞赛试题及解答(中级卷)1978~1984	2019—03	28.00	1006
澳大利亚中学数学竞赛试题及解答(中级卷)1985~1991	2019—03	28.00	1007
澳大利亚中学数学竞赛试题及解答(中级卷)1992~1998	2019—03	28.00	1008
澳大利亚中学数学竞赛试题及解答(中级卷)1999~2005	2019—03	28.00	1009
澳大利亚中学数学竞赛试题及解答(高级卷)1978~1984	2019—05	28.00	1010
澳大利亚中学数学竞赛试题及解答(高级卷)1985~1991	2019—05	28.00	1011
澳大利亚中学数学竞赛试题及解答(高级卷)1992~1998	2019—05	28.00	1012
澳大利亚中学数学竞赛试题及解答(高级卷)1999~2005	2019—05	28.00	1013
天才中小学生智力测验题.第一卷	2019—03	38.00	1026
天才中小学生智力测验题.第二卷	2019—03	38.00	1027
天才中小学生智力测验题.第三卷	2019—03	38.00	1028
天才中小学生智力测验题.第四卷	2019—03	38.00	1029
天才中小学生智力测验题.第五卷	2019—03	38.00	1030
天才中小学生智力测验题.第六卷	2019—03	38.00	1031
天才中小学生智力测验题.第七卷	2019—03	38.00	1032
天才中小学生智力测验题.第八卷	2019—03	38.00	1033
天才中小学生智力测验题.第九卷	2019—03	38.00	1034
天才中小学生智力测验题.第十卷	2019—03	38.00	1035
天才中小学生智力测验题.第十一卷	2019—03	38.00	1036
天才中小学生智力测验题.第十二卷	2019—03	38.00	1037
天才中小学生智力测验题.第十三卷	2019—03	38.00	1038

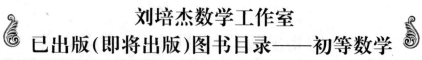

刘培杰数学工作室
已出版(即将出版)图书目录——初等数学

书　　名	出版时间	定　价	编号
重点大学自主招生数学备考全书:函数	2020—05	48.00	1047
重点大学自主招生数学备考全书:导数	2020—08	48.00	1048
重点大学自主招生数学备考全书:数列与不等式	2019—10	78.00	1049
重点大学自主招生数学备考全书:三角函数与平面向量	2020—08	68.00	1050
重点大学自主招生数学备考全书:平面解析几何	2020—07	58.00	1051
重点大学自主招生数学备考全书:立体几何与平面几何	2019—08	48.00	1052
重点大学自主招生数学备考全书:排列组合·概率统计·复数	2019—09	48.00	1053
重点大学自主招生数学备考全书:初等数论与组合数学	2019—08	48.00	1054
重点大学自主招生数学备考全书:重点大学自主招生真题.上	2019—04	68.00	1055
重点大学自主招生数学备考全书:重点大学自主招生真题.下	2019—04	58.00	1056
高中数学竞赛培训教程:平面几何问题的求解方法与策略.上	2018—05	68.00	906
高中数学竞赛培训教程:平面几何问题的求解方法与策略.下	2018—06	78.00	907
高中数学竞赛培训教程:整除与同余以及不定方程	2018—01	88.00	908
高中数学竞赛培训教程:组合计数与组合极值	2018—04	48.00	909
高中数学竞赛培训教程:初等代数	2019—04	78.00	1042
高中数学讲座:数学竞赛基础教程(第一册)	2019—06	48.00	1094
高中数学讲座:数学竞赛基础教程(第二册)	即将出版		1095
高中数学讲座:数学竞赛基础教程(第三册)	即将出版		1096
高中数学讲座:数学竞赛基础教程(第四册)	即将出版		1097
新编中学数学解题方法 1000 招丛书.实数(初中版)	2022—05	58.00	1291
新编中学数学解题方法 1000 招丛书.式(初中版)	2022—05	48.00	1292
新编中学数学解题方法 1000 招丛书.方程与不等式(初中版)	2021—04	58.00	1293
新编中学数学解题方法 1000 招丛书.函数(初中版)	2022—05	38.00	1294
新编中学数学解题方法 1000 招丛书.角(初中版)	2022—05	48.00	1295
新编中学数学解题方法 1000 招丛书.线段(初中版)	2022—05	48.00	1296
新编中学数学解题方法 1000 招丛书.三角形与多边形(初中版)	2021—04	48.00	1297
新编中学数学解题方法 1000 招丛书.圆(初中版)	2022—05	48.00	1298
新编中学数学解题方法 1000 招丛书.面积(初中版)	2021—07	28.00	1299
新编中学数学解题方法 1000 招丛书.逻辑推理(初中版)	2022—06	48.00	1300
高中数学题典精编.第一辑.函数	2022—01	58.00	1444
高中数学题典精编.第一辑.导数	2022—01	68.00	1445
高中数学题典精编.第一辑.三角函数·平面向量	2022—01	68.00	1446
高中数学题典精编.第一辑.数列	2022—01	58.00	1447
高中数学题典精编.第一辑.不等式·推理与证明	2022—01	58.00	1448
高中数学题典精编.第一辑.立体几何	2022—01	58.00	1449
高中数学题典精编.第一辑.平面解析几何	2022—01	68.00	1450
高中数学题典精编.第一辑.统计·概率·平面几何	2022—01	58.00	1451
高中数学题典精编.第一辑.初等数论·组合数学·数学文化·解题方法	2022—01	58.00	1452
历届全国初中数学竞赛试题分类解析.初等代数	2022—09	98.00	1555
历届全国初中数学竞赛试题分类解析.初等数论	2022—09	48.00	1556
历届全国初中数学竞赛试题分类解析.平面几何	2022—09	38.00	1557
历届全国初中数学竞赛试题分类解析.组合	2022—09	38.00	1558

联系地址:哈尔滨市南岗区复华四道街 10 号　哈尔滨工业大学出版社刘培杰数学工作室
网　　址:http://lpj.hit.edu.cn/
邮　　编:150006
联系电话:0451—86281378　　13904613167
E-mail:lpj1378@163.com